今すぐ使える かんたんEx

Android アプリ

〈スマートフォン&タブレット対応〉

GIHYO SELECTION

厳選 BEST セレクション

PREMIUM

田中拓也／永田一八／朝岳健二 著

技術評論社

本書の使い方

アプリをインストールする

本書で紹介しているアプリを使うには、アプリをインストールする作業が必要です。インストールは「Playストア」で行います。ホーム画面にある<Playストア>のアイコンをタップして、目的のアプリを探しましょう。

1 ホーム画面にある<Playストア>のアイコンをタップすると、「Playストア」が起動し、トップ画面が表示される

2 探したいアプリの名前がわかっているときは、検索バーをタップし、アプリ名を入力すると検索できる。目的のアプリが見つかったら画面をタップしよう。アプリの詳細情報が表示され、アプリの説明やアプリ内課金の有無などを確認できる。<インストール>あるいは価格をタップして、画面の指示に従ってインストールを行おう

ここではAndroid 10での使い方を紹介しています。
それ以外のバージョンでは画面や操作方法が異なる場合があります。

QRコードを利用してアプリをインストールする

本書ではアプリをかんたんにインストールできるように、すべてのアプリにQRコードを付けています。QRコードを読み取るには、標準のGoogle Lensが使えます。Google LensはGoogleアシスタントから呼び出せます（一部のスマートフォンはカメラアプリからも呼び出せます）。

1 「OK Google」や検索バーのアイコンからGoogleアシスタントを呼び出し（古いスマートフォンはホームボタンを長押しする）、Google Lensのアイコンを見つける。タップするとカメラ画面が起動するので、QRコードが画面に収まるようにカメラを移動すると、QRコードを読み込める。スマートフォンにもよるが、距離が近すぎてもピントが合いにくいので、読み取れないときはレンズとの距離を15cm程度離すとよい

2 QRコードの読み取りが完了すると、「play.google.com」というポップアップが表示されるので、これをタップする。「Playストア」アプリが起動して、該当のアプリのページが開くので、インストールを実行しよう。URLをタップしても何も表示されない場合は、「Playストア」からアプリが削除されたか、公開を一時的に中止している可能性がある

POINT Google Lensをインストールする

Google Lensがインストールされていない場合は、Playストアからインストール（Android 6.0以降に対応）するか、ほかのQRコード読み取りアプリを利用してもかまわない。

Google Lensは、次のQRコードからアクセスしてダウンロードすることができる。

POINT アプリをアンインストールする

アプリのアイコンを長押しして、アイコンを移動できるようにする。画面右上に表示されているゴミ箱(アンインストール)のアイコンにアプリをドロップすると、アプリをアンインストールできる。アンインストールしたアプリは、いつでも再インストールできる。有料アプリも「Playストア」から削除されない限り、いつでも再インストールが可能だ。

アプリの起動と終了

新しいアプリをインストールできたら、さっそく起動してみましょう。アイコンをタップするとアプリが起動します。アプリを終了するときは、画面下端を上方向にスワイプするか、下記の2の方法を行います。

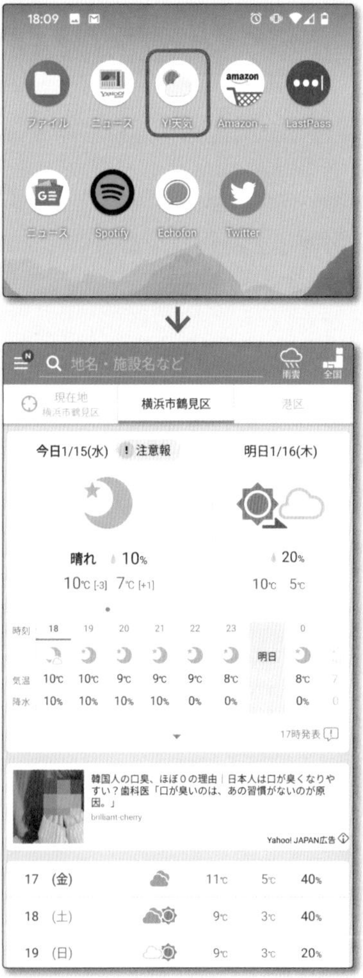

1 アプリをインストールするとホーム画面の空いている場所にアイコンが作られる。アイコンをタップすると、アプリが起動する。画面は天気情報を表示する「Yahoo!天気」を起動したところ

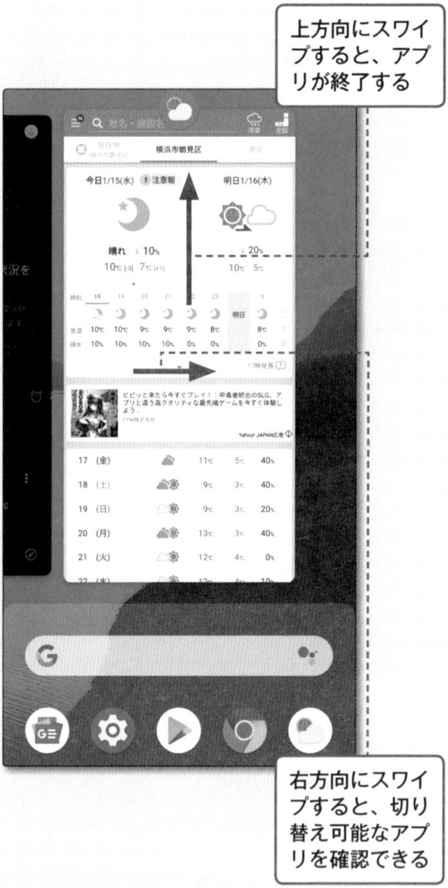

2 画面下端を上方向に少しスワイプして止めると、マルチタスク画面になる（スマートフォンによってはタスクボタンをタップ）。右方向にスワイプすると、過去に起動したアプリが次々に表示され、タップすることでアプリを切り替えることができる。アプリを上方向にスワイプすると、画面が消えてなくなり、アプリも終了する

アプリ内課金を利用する

多くのアプリは、追加のコンテンツ（広告の削除やレベルロック解除、機能の追加など）をアプリ内課金で購入できます。アプリ内課金を利用するには、アプリ内で購入手続きを行います。一部のコンテンツは、アプリを再インストールしても利用できます。

1 アプリ内課金の有無は、「Playストア」のアプリの商品ページで確認できる。アプリ内課金でコンテンツを購入する方法はアプリによって異なり、購入ボタンをタップしたり、メニューから購入を選択したりする。アプリ内課金でコンテンツを購入するときは承認が必要となる（初期設定）。パスワード入力など認証を行って購入手続きを進めよう

2 アプリを再インストールした場合など、アプリ内課金で購入した機能やコンテンツを利用するのに、復元（リストア）手続きが必要になることが多い。このようなときはアプリ内のメニューから復元機能を実行し、購入したコンテンツを再び利用できるようにする。ただしゲームのライフなどのように消費型のコンテンツは再ダウンロードできない場合もある

POINT アプリ内課金の種類について

アプリ内課金には、「広告の非表示」など一度購入すれば永続的に利用できるもの、ゲーム内のガチャを回すのに必要な「チケット」のように消費してしまうもの、雑誌や音楽などのコンテンツを利用するのに必要なサブスクリプション（購読）の3種類がある。

CONTENTS

第1章 定番アプリ …… 13

Section 001 これだけは入れておきたい超定番アプリ …… 14
Section 002 みんなとつながるSNSの定番アプリ …… 16
Section 003 お出かけに必携の定番アプリ …… 18
Section 004 毎日の暮らしが豊かになる定番アプリ …… 20
Section 005 音楽・動画・読書がもっと充実する定番アプリ …… 22

第2章 SNS／メール／電話 …… 25

Section 006 SNSや多機能チャットでコミュニケーション …… 26
Section 007 同じ趣味を持つユーザーと交流する …… 28
Section 008 気兼ねせずにコミュニケーションを楽しむ …… 30
Section 009 SNSやメッセージサービスを便利に楽しく活用する …… 32
Section 010 Twitterを効率的に利用する …… 34
Section 011 メールをもっと便利に使いこなす …… 36
Section 012 連絡先を効率的に管理・バックアップする …… 38
Section 013 無料／格安のIP電話で通話を楽しむ …… 40
Section 014 着信音をカスタマイズする …… 42

第3章 カメラ／写真 …… 43

Section 015 メインで使いたいカメラアプリ …… 44
Section 016 一芸に秀でた個性派カメラを楽しむ …… 46
Section 017 思いどおりの写真にレタッチする …… 48
Section 018 オシャレなフィルターでアートを楽しむ …… 50
Section 019 写真から似顔絵やイラストを生み出す …… 52

Section 020 写真を楽しく自在に加工する 54
Section 021 驚きの修整機能を試す 56
Section 022 写真を共有する／情報を保護する 58
Section 023 写真をすばやく整理する／クラウドにバックアップする 60
Section 024 写真をフォトブックや高画質プリントに印刷して楽しむ 62
Section 025 世界に１つのオリジナルアイテムを作る 64
Section 026 個性的なはがきやポストカードを作る 66

第4章 お出かけ／グルメ／旅行 67

Section 027 天気予報を調べる 68
Section 028 徒歩や自転車のルートをガイドしてもらう 70
Section 029 電車やバスを便利に利用する 72
Section 030 ナビや渋滞情報を使ってドライブを快適にする 74
Section 031 タクシーをより便利に利用する 76
Section 032 人気店や話題の店のグルメ情報を入手する 78
Section 033 周辺の施設をすばやく探し出す 80
Section 034 旅行に役立つ情報を集める 82
Section 035 ホテルや航空券をお得に見つける 84
Section 036 テーマパークを余すことなくエンジョイする 86
Section 037 海外旅行を安心して楽しむ 88
Section 038 地図のおもしろさを発見する 90
Section 039 旅の思い出を記録に残す 92
Section 040 家族や友達がいる位置をすばやく把握する 94

第5章 ネット通販／生活 95

Section 041 ネットショッピングでお得に買い物を楽しむ 96
Section 042 フリマやオークションを便利に利用する 98
Section 043 キャッシュレス決済を活用する 100
Section 044 ポイントやクーポンをお得に活用する 102

Section 045 ファッションの最新情報を手に入れる …… 104
Section 046 毎日楽しみながら日記をつける …… 106
Section 047 家計簿でお金をしっかり管理する …… 108
Section 048 引っ越しや家探しを効率的に行う …… 110
Section 049 もしもの災害に備えて準備する …… 112
Section 050 仕事探しやシフト管理に活用する …… 114
Section 051 飲み会やパーティーで楽しく盛り上がる …… 116
Section 052 占いや心理テストを楽しむ …… 118
Section 053 頻繁に登場する広告表示をブロックする …… 120

第6章 健康／ダイエット／料理 …… 121

Section 054 室内で効果的にエクササイズをする …… 122
Section 055 生活習慣改善のために運動や行動を記録する …… 124
Section 056 ダイエットのサポートに活用する …… 126
Section 057 アウトドアでのストレス発散に役立てる …… 128
Section 058 心と体をやさしくお手入れする …… 130
Section 059 快適な眠りと目覚めを実現する …… 132
Section 060 さまざまな方法を駆使して二度寝を防止する …… 134
Section 061 毎日の料理メニューのアイデアを入手する …… 136
Section 062 いつもと少し違う料理にチャレンジする …… 138
Section 063 お弁当向けのレシピを手に入れる …… 140

第7章 育児／キッズ …… 141

Section 064 子供の成長を記録として残す …… 142
Section 065 子供と遊べる最新情報を入手する …… 144
Section 066 子供や家族の健康を管理する …… 146
Section 067 動いたり音が出たりする絵本で楽しむ …… 148
Section 068 歌って踊って親子で楽しむ …… 150
Section 069 子供のやる気を伸ばす／才能を引き出す …… 152

Section 070　見て触って感性を育てる …… 154
Section 071　知育アプリで楽しく学習する …… 156
Section 072　「学び」の楽しさをサポートする …… 158
Section 073　遊び感覚でプログラミングを体験する …… 160
Section 074　スマートフォンにどっぷり浸かってしまうのを防ぐ …… 162

第8章　読書／語学／学習 …… 163

Section 075　電子書籍を快適に楽しむ …… 164
Section 076　人気のコミックを存分に楽しむ …… 166
Section 077　雑誌の読み放題サービスを便利に利用する …… 168
Section 078　電子辞書やオンライン事典を活用する …… 170
Section 079　時間割やノートを共有する …… 172
Section 080　集中できる学習環境を作り効率よく学習する …… 174
Section 081　ビジネスや旅行など目的に合わせて英語を学ぶ …… 176
Section 082　英語のリスニング力をアップさせる …… 178
Section 083　英語以外の多様な外国語を学習する …… 180
Section 084　漢字を楽しみながら学習する …… 182
Section 085　楽しみながら地理を学ぶ …… 184
Section 086　楽しみながら日本と世界の歴史を学習する …… 186
Section 087　科学への興味と知識を掘り下げる …… 188
Section 088　宇宙の最新知識をもっと深める …… 190
Section 089　アートの世界を心ゆくまで楽しむ …… 192
Section 090　雑学を身に付けて知識の幅を広げる …… 194

第9章　音楽／ラジオ／動画 …… 195

Section 091　多彩なスタイルで音楽を聴く …… 196
Section 092　好みの音楽を見つけ出す …… 198
Section 093　ハイクオリティな音楽を再生する …… 200
Section 094　カラオケの練習に役立てる …… 202

Section 095 DJプレイで盛り上がる …… 204
Section 096 楽器の演奏や練習に役立てる …… 206
Section 097 世界中のインターネットラジオを楽しむ …… 208
Section 098 定額制の音楽配信サービスを利用する …… 210
Section 099 無料の動画配信サービスを楽しむ …… 212
Section 100 有料の動画配信サービスを楽しむ …… 214
Section 101 ビデオクリップを撮影・編集する …… 216
Section 102 クラウドやサーバーに保存した動画を再生する …… 218

第10章 ニュース／情報収集 …… 219

Section 103 毎日のニュースを効率よく読む …… 220
Section 104 経済のニュースをすばやくチェックする …… 222
Section 105 新聞社や通信社のニュースを読む …… 224
Section 106 動画や音声でニュースをチェックする …… 226
Section 107 専門のニュースアプリで趣味の分野を広げる …… 228
Section 108 最新のスポーツニュースをいち早く手に入れる …… 230
Section 109 おもしろニュースやコラムで雑談のネタを仕入れる …… 232
Section 110 SNSやブログの最新記事をまとめて読む …… 234
Section 111 テレビドラマや映画の最新情報を調べる …… 236
Section 112 質問や悩みを解決する …… 238

第11章 ビジネス …… 239

Section 113 仕事のスケジュールを効率的に管理する …… 240
Section 114 ToDoやタスクを忘れないようにする …… 242
Section 115 仕事上で気になったことをメモとして記録する …… 244
Section 116 アイデアやひらめきを整理してまとめる …… 246
Section 117 Office文書やPDFをモバイルで確認／編集する …… 248
Section 118 効率的なプレゼンテーションをサポートする …… 250
Section 119 会議や打ち合わせの内容をしっかり録音する …… 252

Section 120 仕事で使うデータをクラウドに保存する …… 254
Section 121 紙の資料や名刺をデジタル化して管理する …… 256
Section 122 ビジネス文書や写真を印刷する …… 258
Section 123 パスワードや個人情報をセキュアに管理する …… 260
Section 124 仕事のチーム内でコミュニケーションを高める …… 262
Section 125 ビジネスの計算をすばやく正確に行う …… 264

第12章 カスタマイズ …… 265

Section 126 使いやすいホーム画面に変更する …… 266
Section 127 クオリティの高い壁紙でホーム画面を彩る …… 268
Section 128 文字入力をスムーズに行う …… 270
Section 129 スマートフォンの操作方法を改良する …… 272
Section 130 さまざまな操作を自動化する …… 274
Section 131 ファイルをかんたん便利に操作／管理する …… 276
Section 132 スマートフォンの機能やアプリをロックする …… 278
Section 133 安心して使えるようにセキュリティ機能を強化する …… 280
Section 134 スマートフォンやネットワークの状態を確認する …… 282
Section 135 メモリを解放して動作を軽快にする …… 284

第13章 ビジネス …… 285

Section 136 誰でも楽しめる定番ゲーム …… 286
Section 137 緊迫感のある対戦バトルを繰り広げる …… 288
Section 138 異世界での冒険にどっぷり浸かる …… 290
Section 139 昔ながらのレトロゲームを楽しむ …… 292
Section 140 週末は謎を解いて過ごす …… 294
Section 141 やり始めたら止まらないパズルゲームにハマる …… 296
Section 142 頭の体操で脳力をアップする …… 298
Section 143 スポーツゲームで手に汗握る …… 300
Section 144 テーブルゲームで盛り上がる …… 302

Section 145　お手軽ゲームで集中力を高める ……………………………… 304
Section 146　やりこみ度の高いゲームに何度も挑戦する ……………………… 306
Section 147　自分のペースでほのぼの楽しむ ……………………………… 308
Section 148　未来を体験！VRを楽しむ ……………………………………… 310

ご注意：ご購入・ご利用の前に必ずお読みください

●本書に記載された内容は、情報の提供のみを目的としています。したがって、本書を用いた運用は、必ずお客様自身の責任と判断によって行ってください。これらの情報の運用の結果について、技術評論社および著者はいかなる責任も負いません。

●ソフトウェアに関する情報は、特に断りのないかぎり、2020年3月現在での最新バージョンをもとに掲載しています。ソフトウェアはバージョンアップされる場合があり、本書での説明とは機能内容や画面図などが異なってしまうこともあり得ます。また、紹介しているアプリについても、値段が変更されていたり、なくなっていたりすることがあります。アプリの名称については、長いアプリ名もあることから、本書では省略している場合もあります。なお、無料と表記されているアプリでも、別途コンテンツ料金（課金）が必要になるアプリもあります。

●本書はAndroid 8.1のOS環境で検証しています。掲載しているQRコードは、それ以下のバージョンでは読み込めないことがあります。同様に、キャリアの違い、機種による違いで読み込めなかったり、ダウンロード画面が表示されなかったりすることがあります。

●インターネットの情報については、URLや画面等が変更されている可能性があります。ご注意ください。

以上の注意事項をご承諾いただいた上で、本書をご利用願います。これらの注意事項をお読みいただかずにお問い合わせいただいても、技術評論社および著者は対処しかねます。あらかじめ、ご承知おきください。

第1章

定番アプリ

Sec.001 これだけは入れておきたい超定番アプリ
Sec.002 みんなとつながるSNSの定番アプリ
Sec.003 お出かけに必携の定番アプリ
Sec.004 毎日の暮らしが豊かになる定番アプリ
Sec.005 音楽・動画・読書がもっと充実する定番アプリ

Section 001

これだけは入れておきたい超定番アプリ

超定番

ニュースや天気をすばやくチェック

Yahoo! JAPAN

作者 Yahoo Japan Corp.
価格 無料

「Yahoo! JAPAN」の各サービスが利用できる公式アプリです。ニュースや地震、豪雨予報などの災害情報から、スポーツ速報、その日の運勢まで、毎日使える機能がたっぷり詰まっています。それぞれのアプリを用意しなくても、これ1本あればすべて使えます。

アプリを起動すればその日のニュースを一覧できて、大事な出来事を逃さない。画面上部にはよく使う機能がまとまっていて、ワンタップで利用可能。Yahooアカウントでサインインすれば、普段使っているサービスがすぐ利用できるようになる

「ツール」タブを開くと、Yahoo!JAPANのすべてのサービスが表示される。検索やメールなど、Yahoo!の人気サービスがそのまま利用可能。経路検索や天気予報のチェックなど、専用のアプリがなくてもさっとチェックできる

Gmailを読むのに最適なアプリ

Gmail

作者 Google LLC
価格 無料

Gmailの公式メールアプリです。パソコン版のGmailと同等の機能を持っており、タブごとにメールを読んだり、スワイプ操作でメールをアーカイブしたりと、受信箱をサクサク整理できます。また、メールの全文検索が可能で、必要なメールをすぐに取り出せます。

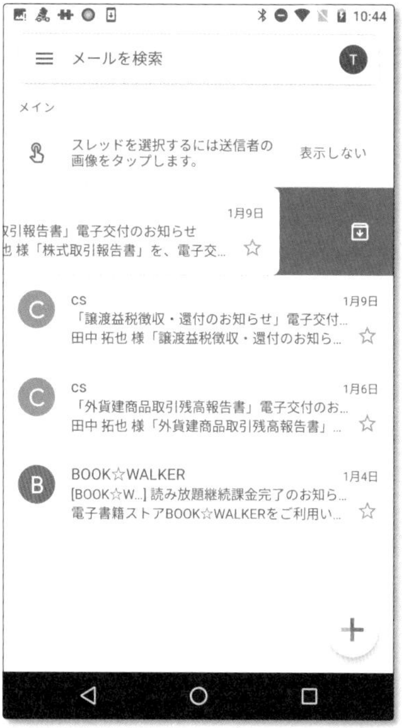

Gmailの公式アプリ。必要なメールをすぐに確認し、スワイプするだけで整理できる。ケアレスミスを防ぐ送信取り消しもある

予定をシンプルに管理する

Yahoo!カレンダー

作者 Yahoo Japan Corp.
価格 無料

スタンプを貼り付けるだけの直感的な操作で予定登録ができるカレンダーアプリです。スタンプは600種類以上あり、予定に合わせて使い分けられます。豊富なきせかえテーマが用意されているのも人気の1つです。Googleのカレンダーと同期して、すぐに使い始めることができます。

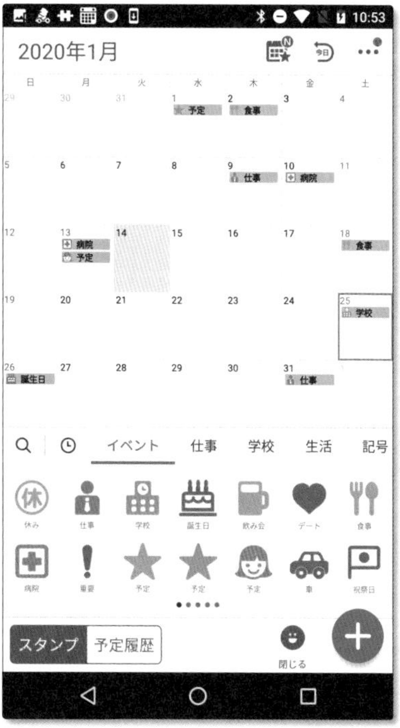

スタンプとテーマを選んで自分だけのカレンダーを作れる。天気やスポーツの試合日程、占いなども表示可能

Section 002

SNS

みんなとつながる SNSの定番アプリ

大人気のコミュニケーションツール

LINE

作者 LINE Corporation
価格 無料

メッセージやスタンプ、写真や動画などを、リアルタイムでやり取りできるアプリです。グループトークに対応し、チャット感覚で友達と連絡を取り合ったり、写真やノートを共有できます。無料の音声&ビデオ通話機能は親しい人とのコミュニケーションに大活躍です。

テキストやスタンプをやり取りできるトークはもちろん、音声/ビデオ通話はどれだけ利用しても無料なので、電話代わりに利用している人も多い。知り合いのほかに、公式アカウントを友だちに追加して情報収集やお得なクーポンを手に入れることもできる

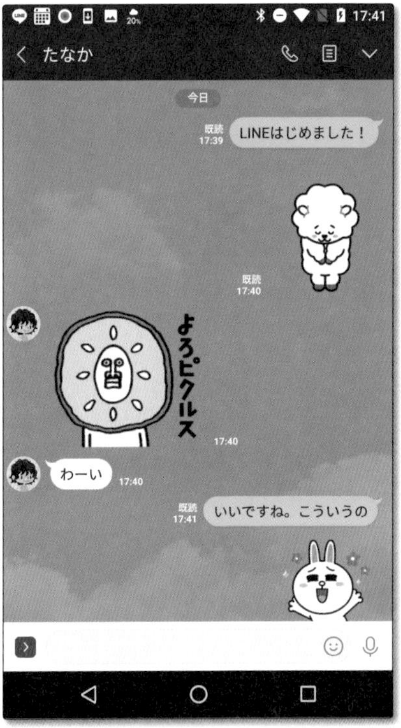

LINEの醍醐味と言えるのが、小気味よく会話できるトーク。吹き出しでテキストやスタンプ、写真、動画などを送ることができる。1対1のトークのほか、複数人とのやり取りが可能。スタンプストアではさまざまなスタンプが手に入る

友達と近況を伝え合う

Facebook

作者 Facebook
価格 無料［課金有］

リアルな友達や知り合いとつながり、近況をシェアできる世界最大のSNSです。アルバムを作って写真やビデオを共有できます。情報収集や情報発信の場として、ビジネスパーソンも必携のアプリとなっています。

友達の近況や気になるニュースをチェックできるニュースフィード。FacebookページやWebサイトで「いいね!」を付けることで情報を広められる

日常をシェアする

Instagram

作者 Instagram
価格 無料

写真や動画をシェアできる大人気のSNSです。友達どうしで写真や動画を24時間限定で公開するストーリーや、写真をおしゃれに仕上げる多数のフィルターが利用できます。トレンドに敏感な人たちの情報収集ツールとしても人気です。

フォローしているユーザーの写真がタイムラインに表示される。Facebookの友達や、連絡先に登録されているユーザーとつながることができる

Section 003

お出かけに必携の定番アプリ

お出かけ

これさえあれば迷わない

マップ

作者 Google LLC
価格 無料

Android OS標準の地図アプリです。今いる場所を表示して、目的地までの経路を検索できます。交通情報を表示する機能や、音声付きのカーナビ機能があり、目的地までの到着をサポート。周囲のレストランやお店の情報を表示して、電話をかけたり口コミ情報を調べたりすることが可能です。

住所や施設名などから検索し、場所に関する多くの情報を表示する。リアルタイムの経路検索や交通情報を活用し、目的地まで楽に到着できる。国と地域を広くカバーしているため、海外旅行でも活用可能。地図の種類も切り替えられる

近くにあるお店や施設の情報をかんたんに検索できるので、初めて行く場所でも安心。営業時間や混雑具合を調べることや、お気に入りの場所のリストを作って共有することが可能。グループでのお出かけ計画もかんたんに立てられる

待ち合わせに遅れない

Yahoo!乗換案内

作者 Yahoo Japan Corp.
価格 無料

出発地から目的地までの電車やバスの乗り換えルートを検索できるアプリです。よく使うルートメモを保存しておくと、すぐ呼び出せて便利です。徒歩区間も地図で表示するので、これ1本あれば目的地まで迷うことがありません。

経路検索では途中駅のほかに、乗車位置や乗車ホームなども表示。アラーム機能もあるので、乗り過ごしを防ぐことができる

突然の雨にも対応

Yahoo!天気

作者 Yahoo Japan Corp.
価格 無料

毎日の天気をスムーズにチェックできるアプリです。現在地や登録地点の1時間ごとの天気や最大17日先までの天気予報を確認できます。雨雲が接近してくると通知で知らせてくれるので、急な降雨に備えておくと安心です。

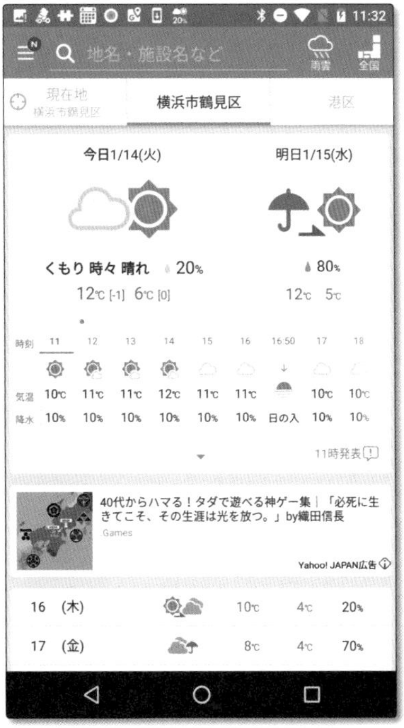

最大17日先までの天気予報を表示。今日と明日は1時間ごとの天気や気温を表示できる。Yahoo!アカウントでログインすれば、地点を登録しておくと雨雲が近づいたときに通知を受け取れる

Section 004

暮らし

毎日の暮らしが豊かになる定番アプリ

スッキリ目覚める

Sleep Cycle

作者 Sleep Cycle AB
価格 無料［課金有］

睡眠のパターンを追跡し、眠りの浅いタイミングでアラームを鳴らすアプリです。最初は小さく、徐々に音量を上げていくため、標準のアラームよりも自然に目覚められます。毎朝、その日の快眠度や睡眠の様子がグラフで表示されるので、快適な睡眠を取るための参考になります。

使い方は、起きたい時間にアラームをセットして、端末を枕元に置いておくだけ。設定時刻から30分前までの時間帯で、目覚めやすいタイミングを見つけて起こしてくれる。スリープエイドと呼ばれる睡眠導入機能も備えている

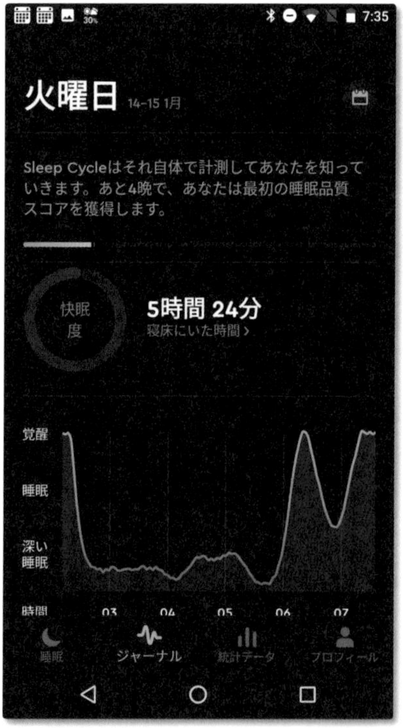

いびきなどの音や寝返りなどによる振動を分析し、その日の睡眠状態をグラフで表示する。快眠度が低いときは、睡眠時間が短いということ。しっかり睡眠を取ろう。日々の睡眠サイクルを記録することで、毎日の体調管理にも使える

お金の動きを「見える化」する

マネーフォワード ME

作者 Money Forward, Inc.
価格 無料［課金有］

銀行やクレジットカード、電子マネーなどと連携することで、口座残高や入出金データを自動で反映する家計簿アプリ。無駄な出費を把握することで、節約にもつながります。

複数の口座をまとめて管理して、残高情報を表示。レシートを撮影して家計簿を付ける機能もあり、家計をまとめて管理できる

タイムセールを逃さない

Amazon ショッピングアプリ

作者 Amazon Mobile LLC
価格 無料

Amazonで買い物を楽しむためのアプリです。時間限定でお得に買い物できるタイムセールアイテムの通知機能があり、セールの開始前に商品を登録しておくと、セール開始直前に通知を受け取ることができます。

欲しい商品が安く手に入るタイムセールをチェック。ビッグセールもたびたび開催されており、お買い得品が満載だ

Section 005

音楽・動画・読書

音楽・動画・読書がもっと充実する定番アプリ

レシピ動画で料理が身近に

DELISH KITCHEN

作者 every, Inc.
価格 無料［課金有］

毎日の献立に役立つレシピを動画でわかりやすく紹介するアプリです。管理栄養士や調理師、料理研究家など専門家が作ったレシピが毎日更新されています。栄養成分の表示や掲載レシピのすべてが見放題になる、プレミアムサービス（有料）も提供しています。

食の専門家が作ったレシピを毎日配信。一週間分の献立や季節のイベント、お弁当、パーティなどさまざまなテーマからレシピを探せる。もちろん食材やカテゴリー、料理名などから検索することも可能。作りたいレシピがかんたんに見つかる

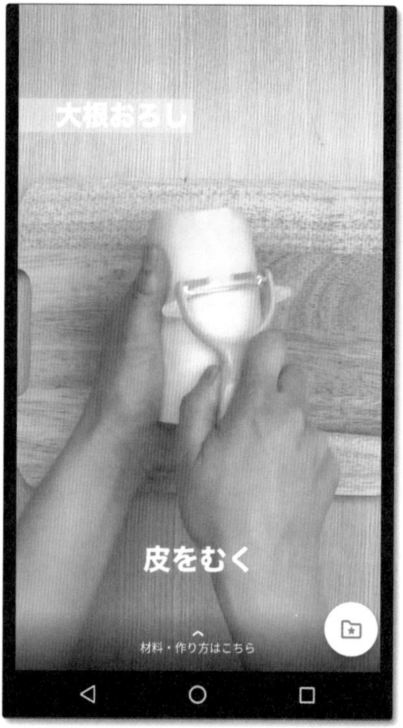

料理の作り方はすべて動画で見ることができる。調理手順ごとに解説してくれるので、初めて作る料理でも失敗が少なくなるはず。動画の下の解説文もためになる。気に入ったレシピはお気に入りに保存しておくことができる

世界中の注目動画を楽しむ

YouTube

作者 Google LLC
価格 無料

世界中のユーザーが投稿した動画を楽しめるYouTubeの公式アプリです。Googleアカウントでログインすれば、自分専用のおすすめ動画や登録したお気に入りのチャンネルの最新動画をいち早く楽しめます。

起動すると再生履歴などから選ばれたおすすめ動画が表示される。人気動画や登録チャンネルの最新動画などをすばやく見ることができる。自分で撮影した動画をアップロードして公開することも可能

公式楽曲やMVが楽しめる

YouTube Music

作者 Google LLC
価格 無料

YouTubeの音楽コンテンツを利用できるアプリです。月額980円の有料会員に登録すると、バックグラウンド再生やオフライン再生が可能になります。音楽だけでなく、ミュージックビデオやライブ、さらにカバーなど、多彩な音楽が楽しめます。

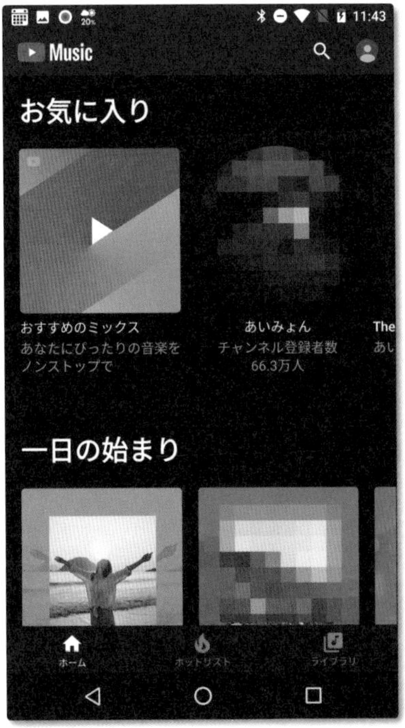

公式アルバムやミュージックビデオ、カバー、ライブなど多彩な音楽コンテンツを楽しめる。歌詞の一部や特徴などから曲を探せるスマート検索を備えている。有料会員は広告なしで利用できる

いつでもどこでも読書を楽しむ

Kindle

作者 Amazon Mobile LLC
価格 無料

AmazonのKindleストアでの電子書籍の購入と読書が楽しめるアプリです。プライム会員向けの「オーナーライブラリ」や読み放題の「Kindle Unlimited」など読書が好きな人向けのサービスが充実しています。紙の本にない便利な機能が満載です。

文字サイズなどを調節し、見やすく表示するカスタマイズ機能を持つ。ハイライトやコメントを加えることや、単語の意味を調べながら読むことができる

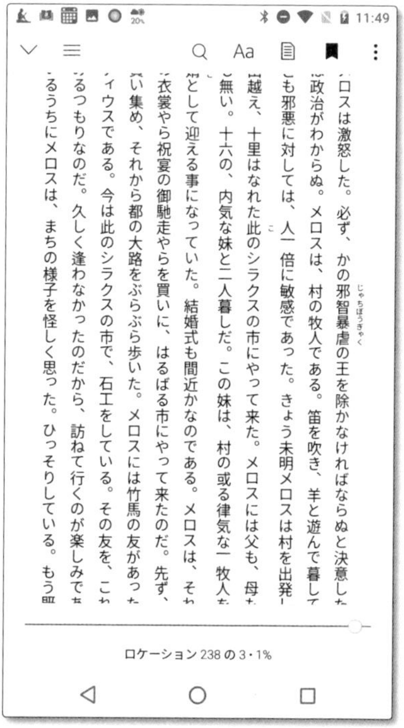
11:49
Aa
ロスは激怒した。必ず、かの邪智暴虐《じゃちぼうぎゃく》の王を除かなければならぬと決意し
政治がわからぬ。メロスは、村の牧人である。笛を吹き、羊と遊んで暮し
も邪悪に対しては、人一倍に敏感であった。きょう未明メロスは村を出発
越え、十里はなれた此《こ》のシラクスの市にやって来た。メロスには父も、母
無い。十六の、内気な妹と二人暮しだ。この妹は、村の或る律気な一牧人
として迎える事になっていた。結婚式も間近かなのである。メロスは、そ
衣裳やら祝宴の御馳走やらを買いに、はるばる市にやって来たのだ。先ず、
い集め、それから都の大路をぶらぶら歩いた。メロスには竹馬の友があっ
イウスである。今は此のシラクスの市で、石工をしている。その友を、こ
るつもりなのだ。久しく逢わなかったのだから、訪ねて行くのが楽しみで
るうちにメロスは、まちの様子を怪しく思った。ひっそりしている。もう
ロケーション 238 の 3・1%

250以上の配信番組が無料

TVer

作者 PRESENTCAST INC.
価格 無料

民放テレビ局が放送した番組を、配信期間内であれば好きなときに見ることができるアプリです。見逃した番組をチェックするのに最適です。お気に入りにタレントや番組を登録して、専用の番組リストを作ることができます。

広告が表示されるものの、すべての配信番組を無料で楽しめる。見たい番組を通知するアラート機能や、ネットで話題のテレビニュースや全国対応の番組表も備える

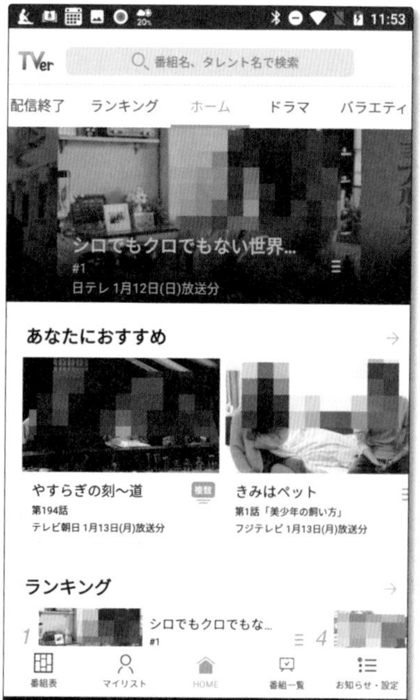
11:53
TVer
番組名、タレント名で検索
配信終了
ランキング
ホーム
ドラマ
バラエティ
シロでもクロでもない世界...
#1
日テレ 1月12日(日)放送分
あなたにおすすめ
やすらぎの刻～道
複数
第194話
テレビ朝日 1月13日(月)放送分
きみはペット
第1話「美少年の飼い方」
フジテレビ 1月13日(月)放送分
ランキング
1
シロでもクロでもな...
#1
4
番組表
マイリスト
HOME
番組一覧
お知らせ・設定

第2章

SNS／メール／電話

Sec.006 SNSや多機能チャットでコミュニケーション
Sec.007 同じ趣味を持つユーザーと交流する
Sec.008 気兼ねせずにコミュニケーションを楽しむ
Sec.009 SNSやメッセージサービスを便利に楽しく活用する
Sec.010 Twitterを効率的に利用する
Sec.011 メールをもっと便利に使いこなす
Sec.012 連絡先を効率的に管理・バックアップする
Sec.013 無料／格安のIP電話で通話を楽しむ
Sec.014 着信音をカスタマイズする

Section 006

SNS

SNSや多機能チャットでコミュニケーション

第1章では定番のSNS（ソーシャルネットワーキングサービス）アプリを紹介しましたが、SNSアプリはほかにも数多くあります。単なる交流の手段としてだけではなく、情報収集やビジネスで活用している人も少なくありません。ここでは、さまざまなSNSアプリを紹介しましょう。

ライブ配信でコミュニケーション

ツイキャス・ビュワー

作者 Moi Corporation
価格 無料［課金有］

約2,300万人が利用している生放送サービス「ツイキャス」を楽しむためのビュワーアプリ。Wi-Fiでもモバイル通信でも快適なライブ配信が楽しめ、視聴しながらコメントを投稿することもできる

消えるスナップ写真でやり取り

Snapchat

作者 Snap Inc
価格 無料

撮影したスナップ写真をメッセージとして送受信して楽しめる人気のチャットアプリ。スナップ写真は相手が閲覧してしばらくすると自動で消えてしまうユニークな仕組みで、安心して利用できる

海外で多くのユーザーを誇る

WhatsApp Messenger

作者 WhatsApp Inc.
価格 無料

友達や家族とのメッセージのやり取りや通話にWhatsAppを使いませんか？無料でダウンロードできます。https://whatsapp.com/dl/
こんにちは!
メッセージを入力

家族や友達とメッセージや写真、音声などのやり取りを行えるツール。ユーザーネーム不要で気軽に使える

グループチャットも快適に行える

カカオトーク

作者 Kakao Corporation
価格 無料［課金有］

カカオチーム
トークできないチャンネルです。

無料通話、チャットをはじめ写真、音声メール、動画も共有できる。グループチャット機能も充実している

グローバルに利用できて対応デバイスも多彩

WeChat

作者 WeChat
価格 無料［課金有］

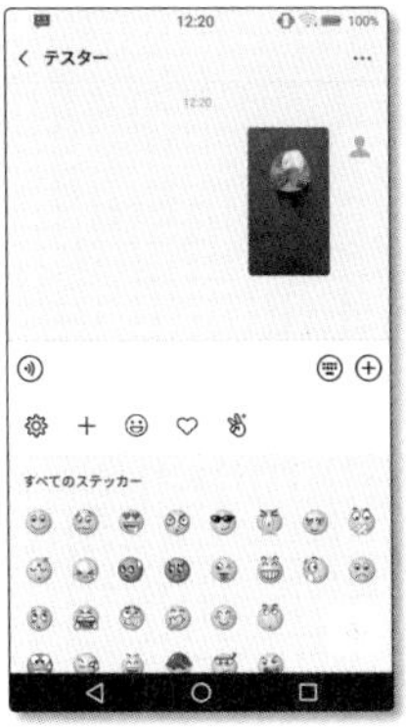
テスター
すべてのステッカー

世界中で利用されているチャットアプリ。Androidスマートフォンだけでなく、iPhone、Windows、Macなどでも利用できる

ビジネスのつながりを支援する

LinkedIn

作者 LinkedIn
価格 無料

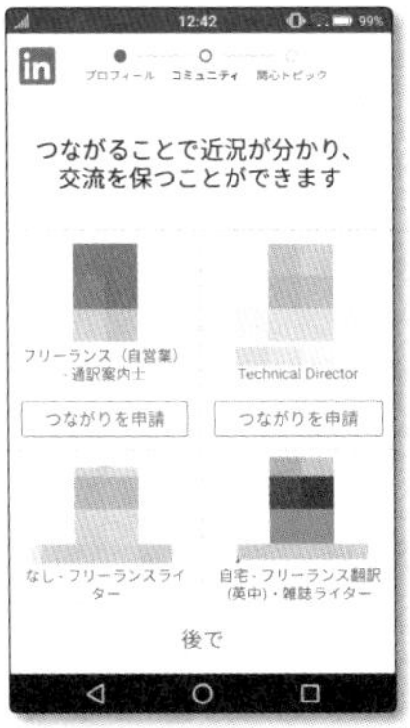
つながることで近況が分かり、交流を保つことができます
Technical Director
つながりを申請
つながりを申請
後で

ビジネスのコミュニケーションを強力に支援するSNS。関連する企業や個人とつながり、関係を構築できるようになる

Section
007
SNS（趣味）

同じ趣味を持つユーザーと交流する

共通の趣味を持つ人たちとの交流は楽しいものです。ネットを通じて新たな仲間と出会うチャンスも生まれます。交流が深まれば、ネット上の世界（オンライン）を離れて、実際の場（オフライン）で会う“オフ会”に発展するケースもあります。趣味の世界に新たな魅力を見つけてみましょう。

コミュニティを作って交流

Meetup

作者 Meetup
価格 無料

住んでいる地域や共通の趣味をキーにしてコミュニティを作り、交流できるSNS。世界中で人気を呼んでおり、日本のユーザー数も増加している。コミュニティの種類は多彩なので、好きなものに出会える

趣味や知識をリブログで共有する

Tumblr

作者 Tumblr, Inc.
価格 無料

画像やフレーズ、動画など多様なコンテンツを投稿できる。ほかのユーザーの投稿を自分のダッシュボードに再投稿（リブログ）できるなど、ブックマークとSNSの要素を合わせたようなサービス

✓400万枚以上のこだわりの部屋を確認

RoomClip

(作者) RoomClip Inc.
(価格) 無料

部屋のインテリアや家具、雑貨などの写真を公開して共有するアプリ。400万枚以上のこだわりの部屋が投稿されている

✓ゲーム好きな仲間とコミュニケーション

Lobi

(作者) KAYAC Inc.
(価格) 無料［課金有］

20万以上のグループ数を誇る、日本最大級のゲームコミュニティ。攻略情報の交換やマルチプレイの参加募集などが行える

✓イヌ・ネコ好き向けのSNSで楽しく交流

ドコノコ

(作者) Hobonichi Co., Ltd.
(価格) 無料

イヌやネコの写真が毎日1万枚投稿されるSNS。気になる写真を見つけたらコメントを通じて交流できる

✓カーライフを楽しみたいユーザーが集まる

みんカラ

(作者) 株式会社カービュー
(価格) 無料

クルマ好きが集まるSNSで、「カーライフ」を意味する。愛車自慢からパーツ・整備の知識まで幅広い情報が集まる

Section
008
コミュニケーション

気兼ねせずにコミュニケーションを楽しむ

知らない相手とのコミュニケーションを気軽に楽しみたいこともあります。ここでは、会ったことのない相手とかんたんにやり取りできたり、完全匿名でコミュニケーションを楽しんだりできるSNSやアプリを紹介します。気兼ねのないトークを楽しみましょう。

知らない誰かとゆるーくやり取り

星の王子様メッセージ

作者 Star Prince LLC.
価格 無料［課金有］

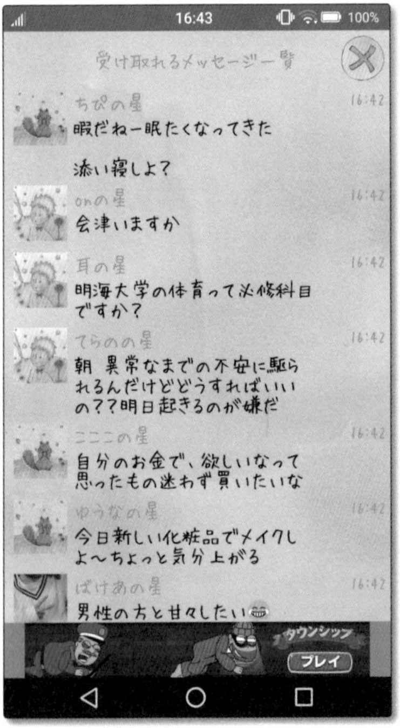
16:43
100%
受け取れるメッセージ一覧
ちびの星
16:42
暇だねー眠たくなってきた
添い寝しよ?
onの星
会津いますか
耳の星
明海大学の体育って必修科目ですか?
てらのの星
朝 異常なまでの不安に駆られるんだけどどうすればいいの??明日起きるのが嫌だ
自分のお金で、欲しいなって思ったもの迷わず買いたいな
ゆうなの星
今日新しい化粧品でメイクしよ〜ちょっと気分上がる
ぱけあの星
男性の方と甘々したい
タウンシップ
プレイ

名作「星の王子様」をテーマにしたメッセージアプリ。流れ星をとおして知らない誰かとメッセージのやり取りが行える。空き時間や暇なときに楽しむのにピッタリのユルさがポイント

ひとりで楽しむSNSで自分を見つめ直す

つながらないSNS ilka

作者 jakkrokk
価格 無料

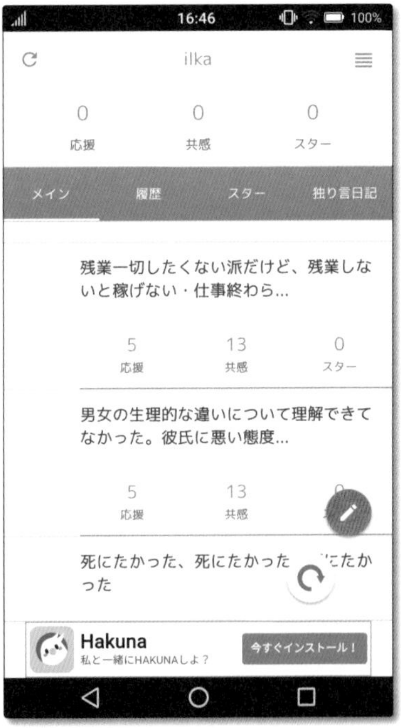
16:46
100%
ilka
0 応援
0 共感
0 スター
メイン
履歴
スター
独り言日記
残業一切したくない派だけど、残業しないと稼げない・仕事終わら...
5 応援
13 共感
0 スター
男女の生理的な違いについて理解できてなかった。彼氏に悪い態度...
5 応援
13 共感
死にたかった、死にたかった
った
Hakuna
私と一緒にHAKUNAしよ?
今すぐインストール!

完全匿名で時系列もランダムなため、誰がいつ投稿したのかわからないという、一風変わったSNS。好きなときに投稿したり、ほかのユーザーの投稿を見たりしたりして気軽に楽しめる

全国のおひまなユーザーとトークを楽しむ

ひまチャット

作者 タマゴクラブ
価格 無料

面倒な登録作業が不要で、名前を入力するだけでユーザーとのトークが楽しめる。連絡先の交換は禁止となっている

愚痴ってストレスを発散したいときに活用

愚痴バブル

作者 Hobby Bowl
価格 無料

完全匿名の掲示板サービス。思ったことや悩みや愚痴を投稿すると、コメントや「共感」をもらえるため、ストレスの発散になる

ゲームや日記感覚でメッセージをやり取り

しまぐらし

作者 MeisterBrain Inc.
価格 無料［課金有］

自分の「しま」を作って、ゲーム感覚でコミュニケーションを楽しむアプリ。メッセージのやり取りでしまがにぎやかになる

匿名で悩みを相談

HONNE

作者 bravesoft
価格 無料［課金有］

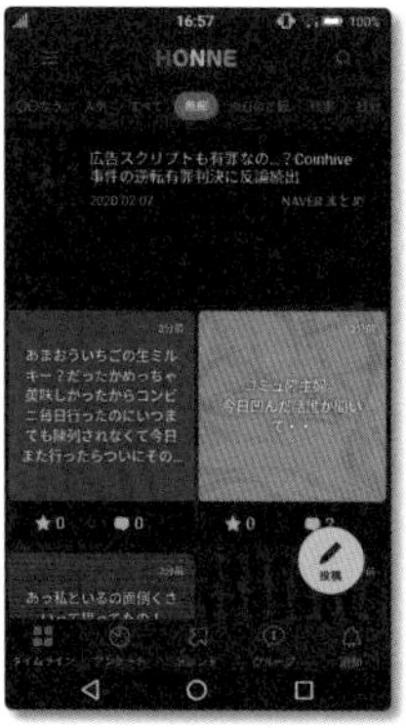

弱音や愚痴など、実際の知り合いには言えない「本音」を匿名で投稿してほかのユーザーに相談できる

Section 009

コミュニケーションサポート

SNSやメッセージサービスを便利に楽しく活用する

ここでは、SNSやメッセンジャー、Twitter、チャットなどのコミュニケーションツールを楽しく便利に使うためのアプリを紹介します。オリジナルのアバターを作成できるアプリや、顔文字や絵文字の入力を快適に行えるアプリ、かわいいスタンプが使い放題のアプリなど、盛りだくさんです。

オリジナルのアバターを作成

Bitmoji

作者 Bitstrips
価格 無料

表情豊かなアニメ調のアバターを作成して、Snapchatなどのコミュニケーションツールで使用可能。パーツごとに細かく設定できるので、自分の特徴を生かしたリアルでキュートなアバターが作成できる

顔文字や絵文字の入力に便利

Simeji

作者 バイドゥ株式会社
価格 無料［課金有］

チャットやSNS、メッセージなどでの利用に好適な日本語入力アプリ。顔文字や絵文字が豊富に収録されており、キーボードのタップですばやく入力できる。スタンプが充実しているのも見逃せないポイント

人気の顔文字がかんたんに使える

顔文字(かおもじ)パック

作者 BENIGUMO.COM
価格 無料

大勢のユーザーが使っている人気の顔文字を、コミュニケーションツールなどでかんたんに利用できる

豊富な顔文字が使えて入力もかんたんに

GOキーボード

作者 Best Free Video Editor & Video Maker Dev
価格 無料［課金有］

豊富なテーマが用意され、変換精度も高い日本語入力アプリ。多数の顔文字が用意されており、便利に活用することができる

かわいいスタンプが取り放題

スタンプ@DECOR

作者 LeafNet Co.,Ltd.
価格 無料

無料ながら3万点以上のスタンプを利用できるアプリ。新着、ランキングなどからスタンプをかんたんに送信できる

既読を付けずにメッセージを確認

既読回避アプリ のぞきみ

作者 masaibar
価格 無料

LINE、Facebook Messenger、Twitterで既読を付けることなくメッセージを確認できるアプリ

Section 010 Twitter

Twitterを効率的に利用する

友達や仲間と盛り上がるイメージが強い一般的なSNSとは趣が異なり「Twitter」はオープンで、匿名性も高いツールです。Twitter公式アプリ以外にも多彩なクライアントアプリが登場しているので、操作性や機能を試し、自分好みのアプリを見つけましょう。

Twitter標準のクライアントアプリ

Twitter

作者 Twitter, Inc.
価格 無料

17:33 100%
#とれせん リスナーの皆様が温かくて嬉しい
ウイカ、あたい、がんばるよー!!
15:00〜19:00
FM横浜『Tresen』
本日のテーマは…
【恥ずかしい！】
赤面話、勘違いスタイル、すっとこどっこい!!沢山のエピソードお待ちしてます
Fm yokohama 84.7
Tresen
MON - FRI 15:00~19:00
FMヨコハマ『Tresen』オフィシャルサイト
tresen.fmyokohama.jp
6 13 153
DAZN ダゾーンさんがリツイートしま

Twitterサービスの標準アプリ。最新のニュース速報から最新トレンド、友人や仲間のコメント、災害時の被害・避難情報まで、さまざまなツイートを閲覧・投稿できる。動画ツイートにも対応している

気になるテーマでタイムラインを作成

Janetter for Twitter

作者 Jane, Inc.
価格 無料

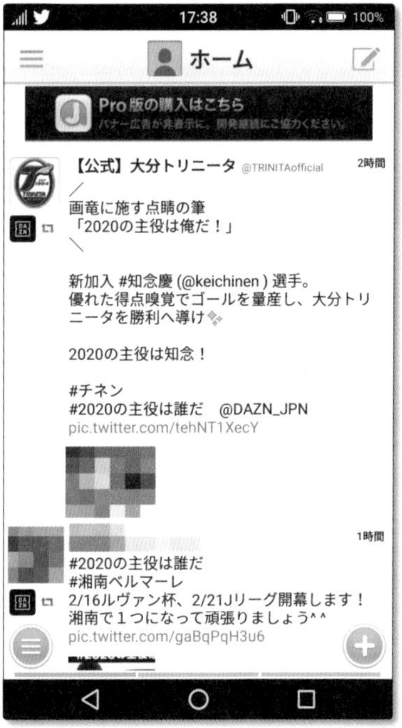
17:38 100%
ホーム
Pro版の購入はこちら
【公式】大分トリニータ @TRINITAofficial 2時間
／
画竜に施す点睛の筆
「2020の主役は俺だ！」
＼
新加入 #知念慶 (@keichinen) 選手。
優れた得点嗅覚でゴールを量産し、大分トリニータを勝利へ導け
2020の主役は知念！
#チネン
#2020の主役は誰だ @DAZN_JPN
pic.twitter.com/tehNT1XecY
1時間
#2020の主役は誰だ
#湘南ベルマーレ
2/16ルヴァン杯、2/21Jリーグ開幕します！
湘南で１つになって頑張りましょう^^
pic.twitter.com/gaBqPqH3u6

検索結果が表示されたタイムラインをカラムとして登録し、ブックマークとして登録可能。スワイプ操作でカラムを切り替え、気になる情報を表示することができる多機能クライアントアプリ

便利機能を満載したクライアントアプリ

Tweecha Lite

作者 sinProject Inc.
価格 無料

見やすさと操作のしやすさに定評があるTwitterクライアントアプリ。タイムラインにツイートした日時も表示される

話題のテーマをランキング表示

Yahoo! リアルタイム検索

作者 Yahoo Japan Corp.
価格 無料

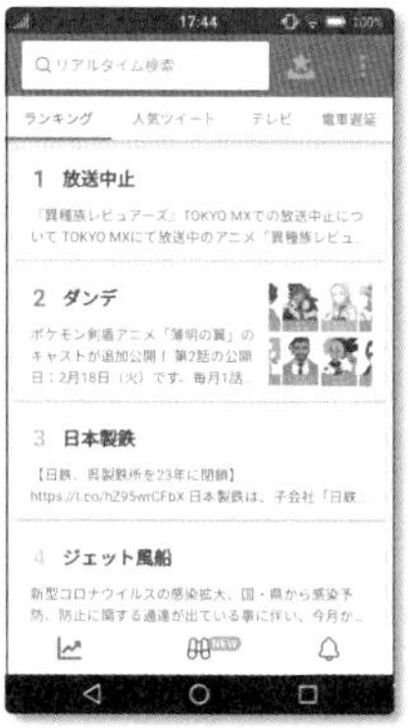

世の中で話題のテーマのツイートを「ランキング」「人気ツイート」といったカテゴリで表示。電車遅延情報も確認できる

アカウントを使わずにTwitterを検索

検索 for Twitter on Android

作者 rgb
価格 無料［課金有］

Twitterアカウントでログインしなくても、入力したキーワードに関連するツイートを検索することが可能

各種SNSに一括投稿

Hootsuite

作者 Hootsuite
価格 無料［課金有］

TwitterだけでなくFacebookやLinkedInなどほかのSNSの投稿もスムーズに行える。各SNSへの一括投稿も可能

Section 011
メール

メールをもっと便利に使いこなす

多くの人がSNSを使うようになって、メールの使用頻度は少なくなっているようです。とはいえ、メールは現在もコミュニケーションの重要なツールであることには変わりありません。ここでは、Webメールやプロバイダーメールをもっと便利に使えるアプリを紹介します。

マイクロソフト純正の定番メールアプリ

Microsoft Outlook

作者 Microsoft Corporation
価格 無料

Microsoft Exchange、Outlook.com（Hotmail、MSN含む）といったマイクロソフトのメール関連サービスに加えて、Gmail、Yahoo!メール、iCloudなどにも対応。予定表機能も備える

多数のメールを効率的に管理可能

Spark

作者 Readdle Inc.
価格 無料

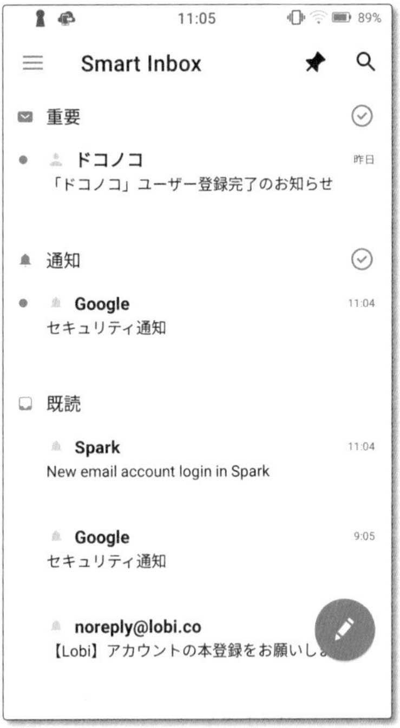

プライベートやビジネスでのメール活用を効率化するメールアプリ。スワイプ操作の一括アクションや、メール分類機能、迷惑メール検出機能などを備えており、多数のメールを効率的に扱える

主要なメールプロバイダーを網羅

Blue Mail

作者 Blix Inc.
価格 無料

Gmailをはじめ、Yahoo!メール、Outlook、iCloud、プロバイダーメールに対応。かんたんに切り替えできる

Yahoo! メールをスマートフォンで

Yahoo!メール

作者 Yahoo Japan Corp.
価格 無料

Yahoo!メールを利用するユーザーに便利な機能を満載。スワイプ操作でメール表示や削除ができるなど、軽快な操作性が特徴

POP3メールの受信にも対応

myMail

作者 My.com B.V.
価格 無料

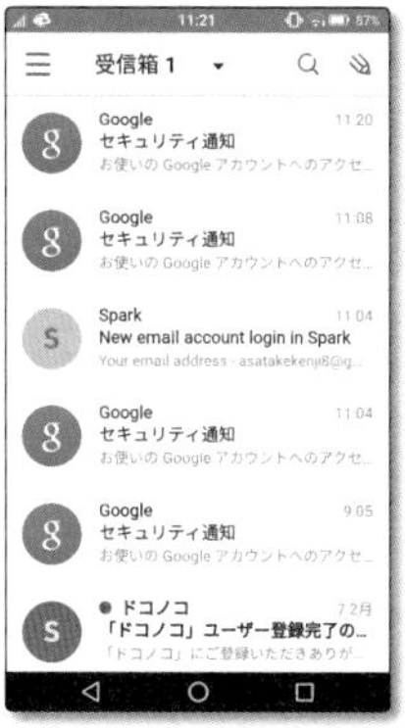

シンプルで使いやすいインターフェイスを採用したメールアプリ。POP3のプロバイダーメールにも対応している

チャットライクにメールを送受信

CosmoSia

作者 株式会社ACCESS
価格 無料［課金有］

キャリアメールやSMSにも対応した使いやすいメールアプリ。チャットライクなインターフェイスでメールを返信することも可能

Section 012

連絡先

連絡先を効率的に管理・バックアップする

連絡先アプリは、電話やメール、メッセージのやり取りをする際に必須のツールといえます。プライベートやビジネスで付き合いがある人を連絡先に登録している人は多いことでしょう。好みのアプリを導入することで連絡先をグループ管理したり、バックアップしたりと、より便利に使えます。

日本語の連絡先に特化し容易に検索

電話帳X

作者 Snow Technology
価格 無料

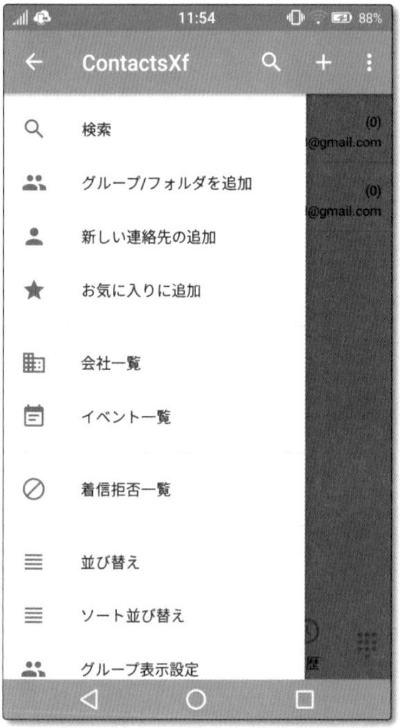

日本語に特化したインデックスを採用した電話／連絡先アプリの無料版。グループフォルダ機能や着信拒否機能など便利な機能を多数備え、通話履歴の確認もスムーズに実行することが可能

電話利用時のセキュリティを強化

電話帳ナビ

作者 RIDE AND CONNECT,INC.
価格 無料［課金有］

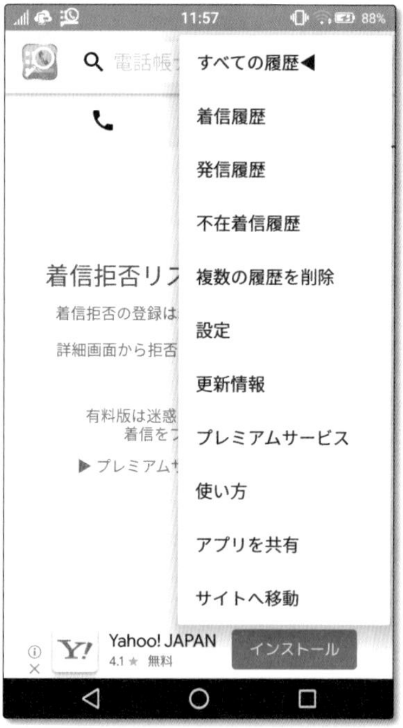

迷惑電話を判別する機能が盛り込まれたアプリ。独自の解析技術で迷惑電話を検出し、安心して電話を使えるようになる。有料版では人工知能による自動判別・着信拒否にも対応する

✔シンプルな操作でグループを管理

電話帳 A+

作者 URECY WORKS LLC
価格 無料［課金有］

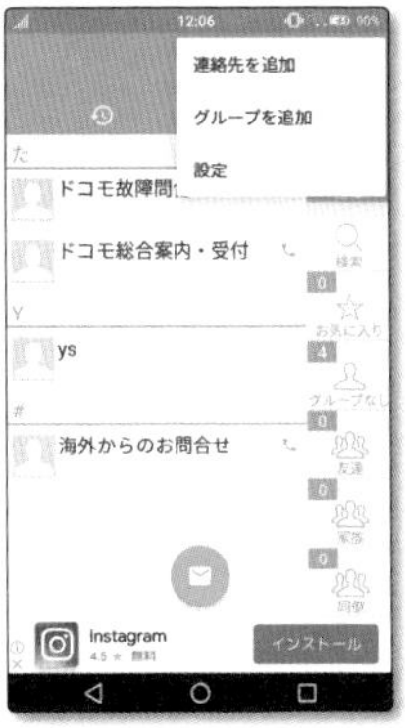

グループ分けをドラッグ&ドロップで行う電話帳アプリ。グループ管理にアイコンと色を設定できるのもわかりやすい

✔ほかのデバイスから連絡先を移行

連絡先の移行/バックアップ

作者 MADAJEVI
価格 無料

古い携帯電話やiPhone、Windowsパソコンなどから連絡先を移行（コピー）。バックアップ用途にも活用できる

✔連絡先の整理がかんたんに行える

Simpler

作者 Simpler Apps Inc
価格 無料

重複した連絡先を検出・統合できる電話／連絡先アプリ。迷惑電話の特定・ブロックが行え、セキュリティ強化にも有効

✔連絡先以外もバックアップできる

Yahoo! かんたんバックアップ

作者 Yahoo Japan Corp.
価格 無料

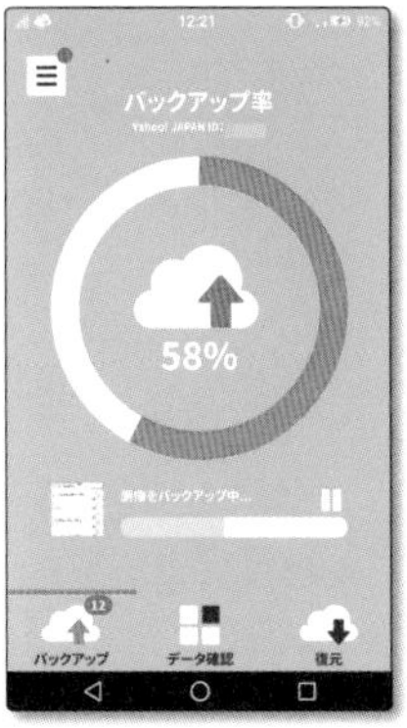

Yahoo! アカウントを利用して連絡先や写真・動画をバックアップ。新しく更新された連絡先は自動でバックアップされる

Section 013

IP電話

無料／格安のIP電話で通話を楽しむ

最近では、インターネット回線を利用して音声通話を行う「IP電話」も多く使われています。従来のキャリア電話でも、同じキャリア内などは無料もしくは安価にかけられますが、IP電話は国内に限らず国際通話でもリーズナブルに電話をかけられるうえ、基本料金も安く設定されています。

超定番のIP電話アプリ

Skype

作者 Skype
価格 無料

全世界に多くのユーザーを持ち、ビジネスでも活用されるIP電話／チャットアプリ。Skypeアプリどうしなら音声通話やビデオ通話が無料で行えるほか、固定電話や携帯電話にも格安で通話できる

かんたん操作で無料通話が楽しめる

Viber

作者 Viber Media S.a r.l.
価格 無料［課金有］

Viberアプリのユーザーどうしであれば、音声／ビデオ通話やチャットが無料で行える。さらに、固定電話・携帯電話相手に安価な料金で通話できるViber Out機能もある

専用の050番号でIP電話を活用

050 plus

作者 NTT Communications Corporation
価格 無料

お得な料金で一般の固定電話・携帯電話と通話できる。留守番電話機能で受信した音声をメール添付で送信も可能

ユーザーどうしなら無料で高音質通話

SkyPhone

作者 QuadSystem Co., Ltd.
価格 無料［課金有］

ユーザー登録不要でかんたんに利用できるのが大きな魅力。ユーザーどうしなら高音質な通話を無料で楽しむことができる

スマートフォンの通話料を安くできる

SMARTalk

作者 楽天コミュニケーションズ
価格 無料

楽天コミュニケーションズが提供するIP-Phone SMARTの公式IP電話（VoIP）アプリ。月額基本料0円で利用可能

050番号が持てるアプリ

LaLa Call

作者 OPTAGE
価格 無料

携帯電話や固定電話にお得な料金でIP電話をかけられる。アプリ間での通話はもちろん無料。留守電・転送機能も備えている

Section 014

着信音

着信音をカスタマイズする

好みのメロディーを着信音に使うと、電話がかかってくるのが楽しくなります。Androidスマートフォンに標準で用意されている着信音をそのまま使っている人も多いと思いますが、ここで紹介するアプリを導入し、オリジナル着信音に変えてみるのもおすすめです。

独自の着信音をかんたんに作成可能

着信音メーカー & MP3カッター

作者 MeiHillMan
価格 無料

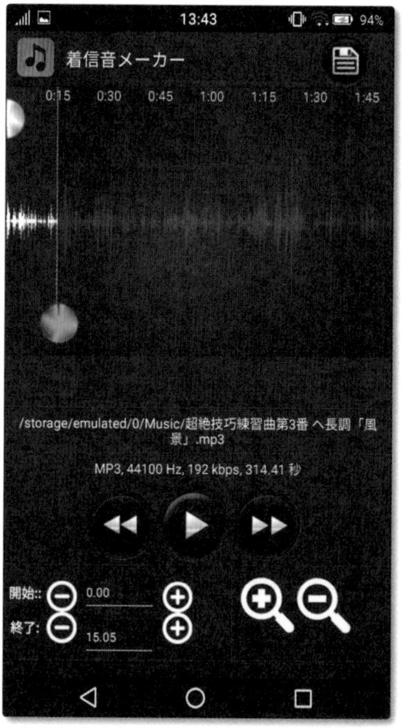

スマートフォンに保存されているサウンドを適当な長さでカットして、オリジナルの着信音を作成可能。ユニークな着信音を作成して設定しておけば、誰からの着信なのかがすぐにわかるようになる

着信音やアラームを自由に設定

PaPatto♪♪

作者 MOBILE FACTORY,Inc
価格 無料

電話の着信音をはじめ、アプリの通知音やアラーム音声をかんたんな操作で設定可能。さまざまな着うた・着メロサイトの楽曲、スマートフォン内の音楽ファイルが利用できる

第3章

カメラ／写真

Sec.015 メインで使いたいカメラアプリ
Sec.016 一芸に秀でた個性派カメラを楽しむ
Sec.017 思いどおりの写真にレタッチする
Sec.018 オシャレなフィルターでアートを楽しむ
Sec.019 写真から似顔絵やイラストを生み出す
Sec.020 写真を楽しく自在に加工する
Sec.021 驚きの修整機能を試す
Sec.022 写真を共有する／情報を保護する
Sec.023 写真をすばやく整理する／クラウドにバックアップする
Sec.024 写真をフォトブックや高画質プリントに印刷して楽しむ
Sec.025 世界に1つのオリジナルアイテムを作る
Sec.026 個性的なはがきやポストカードを作る

Section 015

メインで使いたい カメラアプリ

撮影

デジカメを忘れることがあっても、いつも持ち歩いているスマートフォンがあれば心配いりません。マニュアル撮影やホワイトバランスの調整、ライブフィルターといった最新のデジカメに負けない撮影機能を備えています。静かなところで撮影するなら、無音で撮影できるアプリも便利です。

タップだけですばやく撮影

シンプル無音カメラ

作者 kaname surya
価格 無料［課金有］

シャッター音の鳴らないシンプルなカメラアプリ。無音撮影ができるので、撮る場所を選ばない。ホーム画面のウィジェットをタップするだけで撮影できる機能も備えており、シャッターチャンスを逃さない

300以上のカメラエフェクトを備える

Cameringo Lite

作者 Perraco Labs
価格 無料

多機能なカメラアプリ。Lomoフィルターやビンテージカメラ、魚眼レンズや広角レンズといったカメラ効果を含めて300以上のカメラエフェクトを備えている。エフェクトを使って、ビデオの撮影も可能

シンプルに使えるカメラ

HDカメラ

作者 KX Camera Team
価格 無料

シンプルな使い勝手のカメラアプリ。WBの調節や、スポーツ、夜景、パーティなどの撮影モードを切り替えて撮影できる

オールインワンカメラアプリ

カメラZOOM FX Premium

作者 androidslide
価格 490円

ピントやISO、シャッタースピードなどを細かく調整できるカメラアプリ。RAWキャプチャ(対応デバイスのみ)にも対応している

本格的なマニュアル撮影が可能

Camera FV-5 Lite

作者 FGAE
価格 無料

マニュアル撮影が可能なカメラアプリ。長時間露出をサポートし、美しい夜間撮影が可能。ロスレス写真で高画質に保存できる

連続撮影が可能

無音カメラ [最高画質]

作者 Peace
価格 無料 [課金有]

シャッター音なしで撮影する無音撮影に対応している。40コマ／秒という連続撮影が可能で、動きのある被写体の撮影に最適

Section 016

一芸撮影

一芸に秀でた個性派カメラを楽しむ

実用的なカメラアプリがある一方で、個性的な表現に長けているカメラアプリもあります。たとえば、空間を把握して被写体をいろいろな角度から眺められるようにしたり、画面の中の人物にスタンプやオブジェクトを配置したりと、これまでにない撮影を楽しめます。

写真の傾きを自動で調整

Horizon Camera

作者 Horizon Video Technologies Inc.

価格 無料［課金有］

撮影した写真をその場で水平に修整してくれるカメラアプリ。ジャイロを利用して、常に傾きを修整してくれるので、スマートフォンの向きを気にせずに撮影ができる。静止画だけでなく動画にも対応

1,500種類以上のスタンプ

B612

作者 SNOW, Inc.

価格 無料

1,500種類以上の顔認識スタンプを使って静止画や動画を撮影できる。表情を真似するAREmojiやキャラクターを平面に配するARスタンプのほか、女性向けの美肌フィルターも充実

モノクロ写真を極める

Hypocam

作者 IOAPPS
価格 無料［課金有］

モノクロ写真の作品作りが楽しめるカメラアプリ。無料・有料のさまざまなフィルター使って、好みの質感に近づけることができる

食べ物をきれいに写す

Foodie

作者 SNOW, Inc.
価格 無料

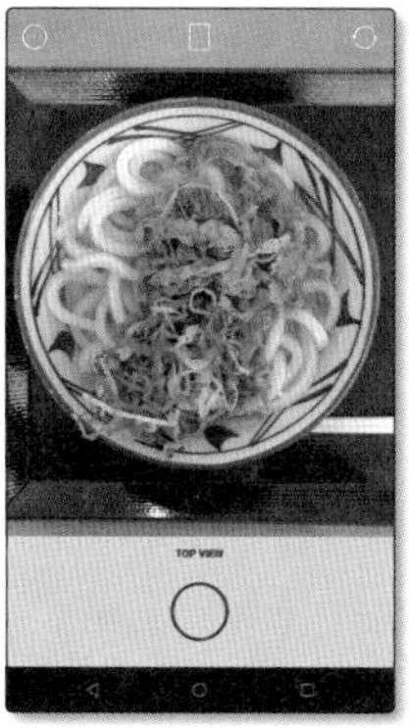

フィルターを30種類以上備え、毎日の食事や生活をおしゃれに残せる。食べ物の撮影に特化したベストアングル機能を持つ

ナチュラルに盛れる

LINE Camera

作者 LINE Corporation
価格 無料［課金有］

顔認識スタンプやおしゃれなフィルター機能を持ち、かわいい写真を撮影可能。ビューティ機能は自然に盛りたい人におすすめ

レトロな写真撮影を楽しむ

Huji Cam

作者 Manhole, Inc.
価格 無料［課金有］

レンズ付きのフィルムカメラで撮影したような写真を撮影できる。光漏れが再現されるなど、アナログ感がたっぷり

Section 017

レタッチ

思いどおりの写真にレタッチする

撮影した写真をそのままレタッチできるのが、スマートフォンの便利なところです。撮れた写真が自分のイメージと違っても、修整やエフェクトを加えて、風景をドラマチックなものにしたり、人物の魅力をさらに引き出したりなど、写真の見栄えをかんたんに変化させられます。

素材も豊富な無料の編集アプリ

Pixlr

作者　123RF Limited
価格　無料［課金有］

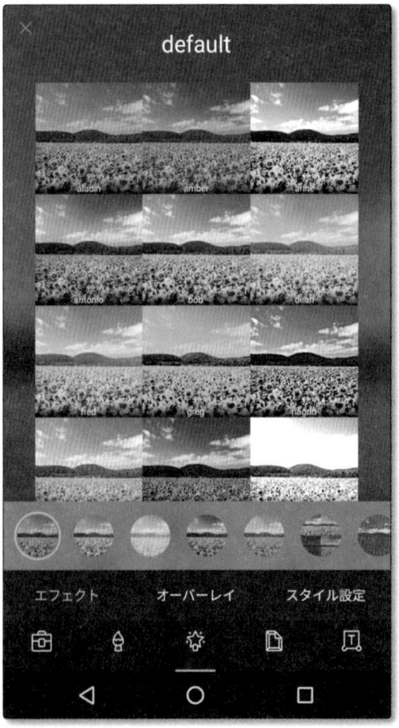

エフェクトやフィルターはもちろん、自動修整や二重露光、コラージュの作成など、さまざまな機能を備えた写真編集アプリ。コミュニティに参加して撮影テクニックを学ぶこともできる

シンプルでも多機能

Snapseed

作者　Google LLC
価格　無料

Googleが開発した写真編集アプリ。広告が表示されないのがうれしい。レンズぼかしやシミ除去、二重露出など29種のツールとフィルターを使って画質調整を行える。RAWファイルの現像にも対応している

✓オリジナル作品を販売できる

Fotor

作者 Everimaging Ltd.
価格 無料［課金有］

画像加工やコラージュができる高性能なアプリ。ブラウザ版も人気がある。申請をすることでオリジナル作品の販売もできる

✓写真編集に必要な機能を網羅

Polarr フォトエディタ

作者 Polarr
価格 無料［課金有］

写真編集のオールインワンアプリ。ブレンドモードを駆使した写真加工が可能。チュートリアルが充実している

✓加工からコラージュの作成まで

Adobe Photoshop Express

作者 Adobe
価格 無料

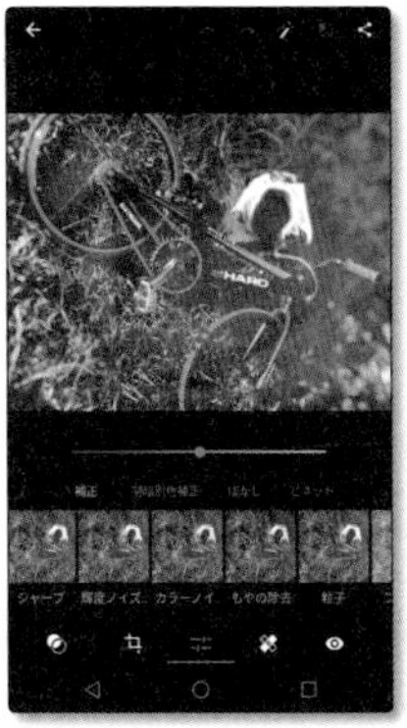

Photoshopゆずりの強力な編集機能を持つ。自動修整や傷の除去などのツールなどを使って、写真を見栄えよく仕上げられる

✓シンプルな写真編集アプリ

Photo Editor

作者 dev.macgyver
価格 無料［課金有］

カラー調整やドローイングなどさまざまな編集機能を搭載。JPEGの品質を調整したり、EXIFデータを編集したりする機能もある

Section 018

フィルター

オシャレなフィルターでアートを楽しむ

カメラアプリを使う楽しみの1つにフィルターがあります。フィルターには、アナログ写真のような雰囲気に変えるものや、水彩画や油絵風に変化させるもの、オリジナル写真のイメージを大きく変化させてしまうものなどがあります。ここでは、フィルターに特徴のあるアプリを紹介します。

フィルムの質感を再現する

VSCO

作者 VSCO
価格 無料［課金有］

アナログカメラで撮影したような雰囲気を手軽に再現できるカメラアプリ。無料版では10種類のプリセットを使った編集や、基本的な編集ツールが利用可能。作品を公開するための機能もある

AIを使って写真をアートに変身

Prisma

作者 Prisma Labs, Inc.
価格 無料［課金有］

有名アーティストを模したさまざまなアートフィルターを使って写真をアーティスティックに加工するアプリ。その場で撮影することも可能。フリートライアルをキャンセルすれば課金されることもない

✓写真の一部を白黒化

写真モノクロカラー

作者 addquick
価格 無料

一部だけを白黒にした写真が作れる。写真をモノクロに加工したあと、色を残したい部分をタッチするとカラーが浮き出てくる

✓59種類のフィルターを用意

Afterlight

作者 Afterlight Collective, Inc
価格 無料［課金有］

多彩な調整機能とフィルターを持った編集アプリ。アナログ写真のような光漏れ効果やさまざまなテクスチャーを素材を収録

✓レトロなピクセルアートに変換

8Bit Photo Lab

作者 Ilixa
価格 無料［課金有］

8ビット(256色)のピクセルアートに変換できるアプリ。50以上のカラーパレットやカスタムパレットが利用可能

✓しきい値効果で写真を加工

カーボンフォトラボ

作者 Photo Cool Apps
価格 無料［課金有］

用意されているさまざまなパターンの写真をブレンドし、グラフィカルなイラストに加工する。ロゴなどの作成にぴったり

Section 019

ポートレート

写真から似顔絵やイラストを生み出す

ここでは、写真を読み込むだけでアバターやイラストを作れるアプリを紹介します。アバターはSNSのプロフィール写真やメッセンジャーに貼り付けるスタンプなどに使えますし、油絵や鉛筆画などさまざまな画風の画像に変換するのは写真加工の1つとしても楽しめます。

かわいい3Dキャラを作る

ZEPETO

作者 SNOW Corporation
価格 無料［課金有］

カメラで撮影した自分の顔や読み込んだ写真をベースに3Dキャラクターを作れるアプリ。作ったアバターで着せ替えや自撮り、絵文字の作成などが楽しめる。ジェスチャーも豊富に用意している

個性的なポートレートを作る

ディープアートエフェクト。

作者 Deep Art Effects GmbH
価格 無料［課金有］

40種類以上のアートスタイルを選択するだけで、味のあるポートレートに変身できるアプリ。ゴッホやモネ、ピカソなど多くのアーティストのスタイルが用意されている。処理中に広告が表示される

自分の写真が有名絵画に

Picas

作者 Picas, Inc.
価格 無料[課金有]

100以上のアートフィルタやスタイルを使って、ポートレート写真を作れる。フィルターを切り替えるだけでも楽しい

スケッチ風に加工

DeepSketch

作者 gepetto
価格 無料

写真を読み込むと、鉛筆で描いたような画像に加工してくれる。芯の硬さや色鉛筆、パステル、クレヨンなどの画材が選べる

似顔絵アバターを作る

Meitu

作者 Meitu (China) Limited
価格 無料[課金有]

カメラをトラッキングしてアニメーションする似顔絵アバターを作成可能。作ったアバターは写真や動画で残せる

コミックやスケッチ画像に変身

Sketch Me!

作者 XnView
価格 無料

20種類のエフェクトを選んで、コミックやスケッチ風の画像に変換できる。エッジや不透明度、明るさなども調節可能

Section 020

コラージュ／加工

写真を楽しく自在に加工する

何枚も写真を撮ったあとに、その中からたった1枚を選ぶのは難しいと感じることもあるでしょう。せっかくたくさん撮影したのなら複数の写真を組み合わせて、コラージュやポスターを作って楽しんでみましょう。たくさんの情報を1枚の写真に詰め込んで、思い出を美しく残せます。

おしゃれなデザインがたくさん

April

作者 PinGuo Inc.
価格 無料

最高9枚の写真を組み合わせてコラージュを作成するアプリ。写真を自由に並べてレイアウトできる。おしゃれなポスターを作るためのテンプレートや、写真を加工するための編集機能を豊富に備えている

本格的な画像合成に挑戦

Adobe Photoshop Mix

作者 Adobe
価格 無料

画像の切り抜きや合成、レイヤーを使ったブレンド、タイポグラフィなど、本格的な機能を備えた加工ツール。作品はデスクトップ版のPhotoshop CCに送信して連携できる

✓きれいな履歴書を作成

かんたん・キレイな証明写真

作者 Recruit Co.,Ltd.
価格 無料

履歴書やパスポート、免許証などに使える各種証明写真を作成できるアプリ。肌補正やクマ消し機能で写真をきれいに修整可能

✓写真をかんたんに切り抜く

背景透明化：写真切り取り

作者 handyCloset Inc.
価格 無料

写真を切り抜いて透過画像にする。画面をなぞるだけで削除する範囲を判別してくれる。画像加工用の素材作りにぴったり

✓LINEのスタンプを作る

LINE Creators Studio

作者 LINE Corporation
価格 無料

スタンプショップで販売可能なLINEスタンプを作るアプリ。写真を切り抜きテキストやイラストでメッセージを付けられる

✓動く写真を作成する

Enlight Pixaloop

作者 Lightricks Ltd.
価格 無料［課金有］

写真に動きをつけるフォトアニメーションアプリ。空を入れ替えて、雨雲から雨を降らるなどドラマチックな写真が作れる

Section 021

写真修整

驚きの修整機能を試す

「被写体が暗くなってしまった」「肌の荒れがひどく目立つ」など、写真にまつわる失敗はいろいろあります。がっくり肩を落とす前に、アプリの修整機能を試してみましょう。最近のアプリは、専門的な知識が一切なくてもタッチするだけで写真をかんたんに修整できます。

なぞるだけで余計なものを除去

TouchRetouch

作者 ADVA Soft
価格 210円

写真に写り込んでしまった余計なものを除去するための修整アプリ。除去したいものを指でなぞるだけのかんたんな操作で消すことができる。電線を除去するための「ライン除去」も電線の多い日本国内で便利

修整に特化したPhotoshop

Adobe Photoshop Fix

作者 Adobe
価格 無料

変形ツールや除去ツール、ペイントツールを使って、写真のレタッチと復元を行う。顔を認識して表情を変化させたり、肌に付いた汚れを取り除いたり、滑らかにしたりと、人体の修整機能がとくに充実

自撮り写真を美しく

Facetune2

作者 Lightricks Ltd.
価格 無料［課金有］

思いどおりのポートレートを作成するためのアプリ。歯を白くしたり、シミやにきびを取り除いたりさまざまなツールを備えている

ワンタッチで美肌・美顔

AirBrush

作者 Meitu (China) Limited
価格 無料［課金有］

シミやニキビをワンタッチで除去するツールで美肌を実現。スカルプト機能（要課金）では顔の輪郭やパーツ修整を行える

強力なビューティカメラ

Cymera Camera

作者 SK Communications
価格 無料［課金有］

自動顔認識で目を大きくしたり、スマイルにしたりできるビューティカメラ。体型補正もあり全身を美しく仕上げられる

やりたいことがすぐに見つかる

Fotogenic

作者 Best Photo Editing Apps
価格 無料［課金有］

写真の加工とさまざまなビューティ効果を備えた編集アプリ。ビデオ付きのチュートリアルを見て作業できるのがわかりやすい

Section 022

写真共有／情報保護

写真を共有する／情報を保護する

写真アプリのアルバム機能は使い勝手がイマイチと感じている人もいるかもしれません。そのようなときは、直感的な操作でアルバム編集ができるアプリを使ってみましょう。また、写真を共有して楽しみたいときは、SNSやオンラインアルバムを利用すると、かんたんに共有できて便利です。

写真アルバムを作る

Scene

作者 Ripplex Inc.
価格 無料［課金有］

写真を撮影日ごとに一覧表示するアプリ。見たい写真が探しやすい。アルバムを作成して整理したり、家族や知り合いと共有したりできる。作ったアルバムからフォトブックを注文することも可能

写真の一部をぼかす

ぼかし丸

作者 kenji hara
価格 無料

指でなぞった部分だけをぼかすことができるアプリ。ぼかしだけでなく、図形やタイルなど50種類以上のモザイクを使い分けられるようになっている。異なるぼかし効果を重ねることも可能

✓ナンバープレートを塗りつぶす

ナンバー合成

作者 K2Leaf
価格 無料

写真に写っているクルマのナンバープレートを自動検出して塗りつぶせるアプリ。色で塗りつぶすほか、モザイク処理も選べる

✓合い言葉でアルバムを共有

30days Album

作者 GMOペパボ株式会社
価格 無料［課金有］

合い言葉を知っている人だけ閲覧できるオンラインアルバムを作成できる。プライベートな写真を共有するのに便利

✓アイデアの宝庫

Pinterest

作者 Pinterest
価格 無料

ネット上の画像を集めてアルバムを作れるSNSアプリ。写真を公開することや、ほかの人のコレクションを眺めて楽しめる

✓写真専用のコミュニティ

EyeEm

作者 EyeEm Mobile
価格 無料

ドイツの写真コミュニティサービス。写真を投稿したり、販売したりできる。クオリティの高い写真に刺激を受けるはず

Section 023

写真整理／バックアップ

写真をすばやく整理する／クラウドにバックアップする

スマートフォンのストレージがいっぱいになると写真を撮影できなくなります。そうなる前に、写真の整理アプリを使って不要な写真をできるだけ削除しておきましょう。反対に、大切な写真はバックアップアプリで複製を作成しておくと、万が一の備えになって安心です。

写真と動画を無料でバックアップ

Google フォト

作者 Google LLC
価格 無料

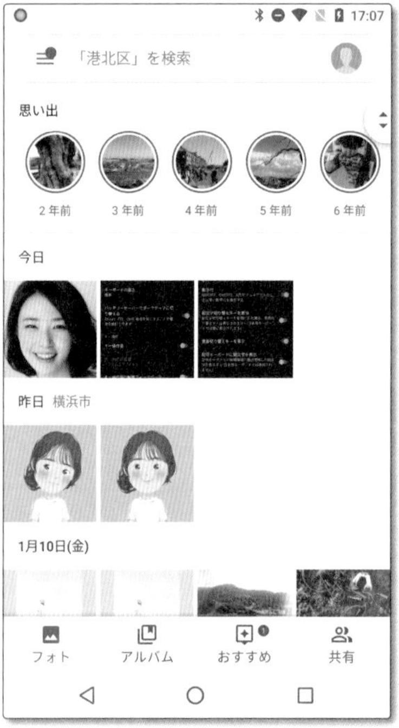

1,600万画素までの写真と1,080pHDまでのビデオを無制限に保存できる。利用料金は無料。大切な写真やビデオを安全に保護できる。転送した写真はパソコン（Webブラウザ）で見ることも可能

クラウドにバックアップ

Amazon Photos

作者 Amazon Mobile LLC
価格 無料

プライム会員向けに用意されている無料のフォトストレージ。写真やビデオを自動でバックアップする。友人や家族5人まで招待して、グループで写真管理できるのが特徴。非会員でも30日間無料で試せる

光反射を除去してスキャン

フォトスキャン by Google フォト

作者 Google LLC
価格 無料

紙焼き写真をスキャンしてデジタル化するためのアプリ。光の反射を自動的に除去し、傾きや向きなどもかんたんに補正できる

写真を自動整理する

Gallery Go by Google フォト

作者 Google LLC
価格 無料

人物や自撮り、自然、動物などグループごとに写真を自動で整理できるアルバムアプリ。自動修正などの編集機能も備えている

パスワードロックが可能

FOTOギャラリー

作者 Gion Lab
価格 無料［課金有］

写真をさまざまな方法で並べ替えられる管理アプリ。プレミアムバージョンでは写真をパスワードでロックすることも可能

快適操作で画面もシンプル

A+ ギャラリー

作者 AtomicAdd Team
価格 無料［課金有］

軽快に動作するアルバムアプリ。写真やビデオを自動で整理する。FacebookやDropboxなどクラウドの写真も表示可能

Section 024

印刷

写真をフォトブックや高画質プリントに印刷して楽しむ

よく撮れた写真はプリントしたほうが、目に触れる機会が多くなります。壁や机の上に飾っておけば、毎日眺めることができます。まとまった枚数の写真がたまったら、フォトブックを作ってみるのもよいでしょう。写真に日付けやコメントを付けられるので、記念のアルバム代わりになります。

毎月1冊もらえるフォトブック

ノハナ

作者 nohana, Inc.
価格 無料

毎月1冊、送料負担のみで写真20枚を印刷したフォトブックを注文できる。フォトブックのサイズはCDケースとほぼ同じの14×14cmで、ギフト向けの「高画質」や「プレミアム」オプションも用意している

ましかく写真を無料で注文

ALBUS

作者 ROLLCAKE Inc.
価格 無料

光沢プリントを毎月8枚、220円の送料負担だけで注文できる。プリントサイズは8.9cmの正方形。Instagramから写真を選ぶことも可能。120枚の写真を保管できる専用アルバムも用意している

安くて速いフォトブック

しまうまブック

作者 しまうまプリント
価格 無料

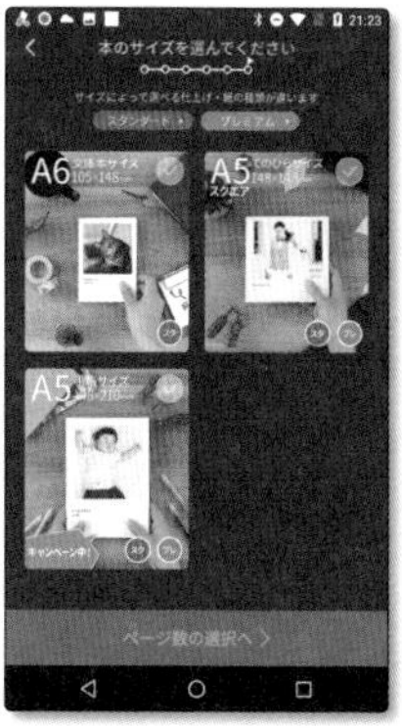

20種類以上のレイアウトからフォトブックを作成できる。1冊198円からという低料金が魅力。3種類のフォトブックに対応

ワンコインで作れるフォトブック

TOLOT

作者 TOLOT Inc.
価格 無料

1冊500円から作れるフォトブック。200種類以上の表紙デザインやテンプレートを用意している。壁掛けカレンダーも作れる

自動レイアウトでサクサク作れる

sarah book

作者 Cheetah,inc
価格 無料

自動レイアウト機能を持ち、写真を選ぶだけでフォトブックが完成する。最大96ページのフォトブックを選ぶことができる

高品質な写真プリント

vivipri

作者 Fukuta DP Inc.
価格 無料

正方形からA3サイズまで、いろいろな写真サイズに対応しているプリントアプリ。光沢やフチありなどのオプションも用意

Section 025

オリジナルグッズ

世界に1つのオリジナルアイテムを作る

子供やペットのかわいい写真や、旅先で見つけた忘れられない光景など、スマートフォンには思い出の写真がたくさん詰まっているはず。そうした写真を使って、世界にただ1つしかないものを作ってみてはどうでしょう。家族や友達などへのギフトとしても喜ばれること間違いありません。

スマートフォンケースが手軽に作れる

デザインケース

作者 株式会社デコレーションカンパニー
価格 無料

写真を使ってオジリナルのスマートフォンケースが作れるアプリ。Androidスマートフォン200種類以上に対応するマルチ手帳ケースのほかに、パスケースやモバイルバッテリーなどもオリジナルで作成が可能

オリジナルTシャツをデザイン

Snaptee

作者 Snaptee Limited
価格 無料

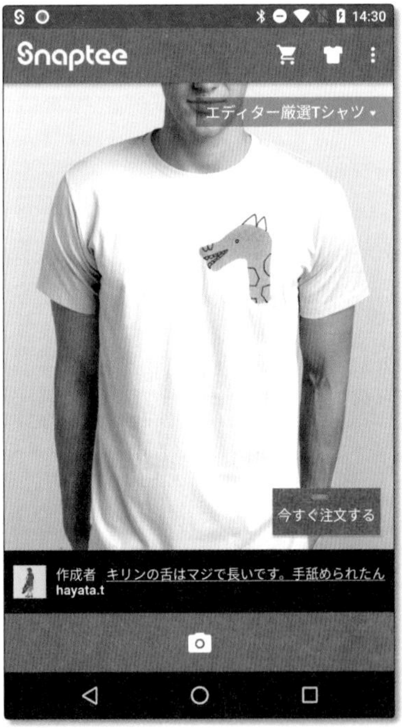

自分だけのカスタムデザインのTシャツが作れるアプリ。撮った写真を読み込んで、数回タップするだけでグラフィカルなデザインが完成。そのまま使えるおしゃれなデザインテンプレートも多数用意

シールを注文する

みんなのシール

作者 CosmoMediaService Co.,Ltd.
価格 無料

防水&UVコーティングの光沢シールを注文。シールの形を自由に指定して、1枚の台紙に最大30個のシールをレイアウト可能

ギフト用カレンダーを作る

OKURU

作者 mixi, Inc.
価格 無料

写真からカレンダーを作って発送できる。壁掛けタイプやスタンドタイプなど飾りたい場所に合わせて5つのカレンダーを用意

オリジナルグッズを作る

Seel

作者 NEW ARCH DESIGNING Co.,Ltd.
価格 無料

写真からオリジナルのシールやキーホルダーを作成できる。シールは、フレームタイプとシートタイプの2種類ある

ユニクロでTシャツを作る

ユニクロ　UTme!

作者 UNIQLO CO., LTD.
価格 無料

Tシャツをはじめ10種類のアイテムを注文できるアプリ。写真を取り込み、好きな文字や数字を入れてデザインができる

Section 026
ポストカード

個性的なはがきやポストカードを作る

家族の写真を使ってポストカードを作ってみましょう。スマートフォンで撮影した写真でも、きれいに仕上がります。引っ越しや出産の挨拶から年賀状まで、いろいろなデザインがあるので年間を通して使用できます。ポストカードは自宅で受け取ることや、相手に直接届けることが可能です。

✓ 家でプリントできる

つむぐ挨拶状

作者 Saltworks inc.
価格 無料

テンプレートを編集してオリジナルデザインのポストカードが作れる。ポストカードは宛名印刷をして1枚から注文可能。完成したデータは端末に保存できるので、自宅のプリンターで印刷したい人にもおすすめ

✓ 基本料金は0円

スマホで写真年賀状2020

作者 SFIDANTE Inc.
価格 無料

印刷代と年賀はがき代だけで注文できる年賀状アプリ。ポストへの投函代行か自宅への配送（40枚以上で送料無料）が選べる。デザインは3,000種類以上あり、ディズニーやムーミンなどのキャラクターも豊富

第4章

お出かけ／グルメ／旅行

Sec.027 天気予報を調べる
Sec.028 徒歩や自転車のルートをガイドしてもらう
Sec.029 電車やバスを便利に利用する
Sec.030 ナビや渋滞情報を使ってドライブを快適にする
Sec.031 タクシーをより便利に利用する
Sec.032 人気店や話題の店のグルメ情報を入手する
Sec.033 周辺の施設をすばやく探し出す
Sec.034 旅行に役立つ情報を集める
Sec.035 ホテルや航空券をお得に見つける
Sec.036 テーマパークを余すことなくエンジョイする
Sec.037 海外旅行を安心して楽しむ
Sec.038 地図のおもしろさを発見する
Sec.039 旅の思い出を記録に残す
Sec.040 家族や友達がいる位置をすばやく把握する

Section 027

天気予報を調べる

天気予報

朝起きると、まずその日の天気予報をチェックする人は多いでしょう。天気予報アプリはバラエティにあふれています。詳細な天気情報はもちろん、雨雲レーダーを表示したり、どんなファッションで出かけたらよいかのヒントを提供したりと、用途に合わせてさまざまな活用が可能です。

日本気象協会が提供する公式アプリ

tenki.jp

作者 日本気象協会
価格 無料

日本気象協会の公式天気予報アプリ。地域や時間を限定したきめ細かな天気予報、10日間天気予報、季節に応じた情報、気象予報士によるコラム、ウィジェット機能など天気に関するコンテンツが充実している

気象のプロによる精度の高い天気予報

ウェザーニュース

作者 Weathernews Inc.
価格 無料［課金有］

気象のプロ400人が24時間体制で配信する精度の高い予報に加えて、全国各地のユーザーが伝える実況レポートも参考になる。雨雲レーダーやピンポイント天気予報、10分ごとの天気予報も用意される

信頼性の高さから世界中で愛用される

AccuWeather

作者 AccuWeather
価格 無料［課金有］

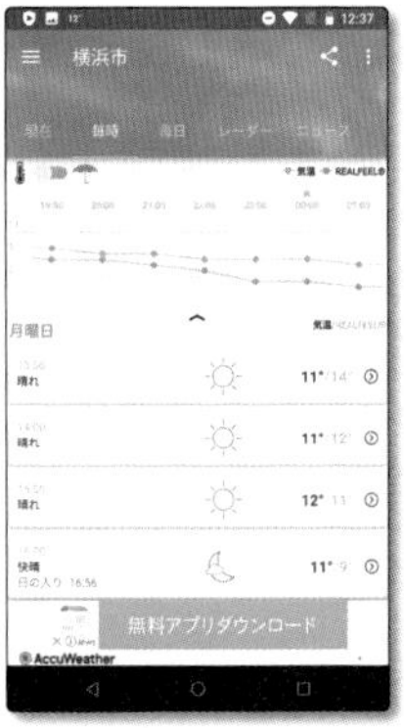

日本国内はもちろん、海外各都市の天気予報を調べるのにも適したアプリ。信頼性の高い予報を目指し、世界中で愛用されている

天気に合わせたファッションを提案

お天気&おしゃれコーディネート

作者 MEDIANO Co.,Ltd.
価格 無料

天気予報に合わせて外出時のファッションコーデが毎日紹介され、衣服選びの参考になる。ファッション情報も備える

定番地図サービスと連携する天気情報

マピオン 超ピンポイント天気

作者 ONE COMPATH CO., LTD.
価格 無料［課金有］

市区町村単位より細かい1km四方のピンポイントで天気予報がわかる。5分ごとの降水グラフや6時間先までのレーダーも表示

レーダーマップ機能で確認できる

The Weather Channel

作者 The Weather Channel
価格 無料［課金有］

クールなデザインの画面で最新の天気情報を表示する。レーダーマップでは過去とこれからの天気や降水量などを確認できる

Section 028

ルート検索

徒歩や自転車のルートをガイドしてもらう

街を歩いていたり、自転車で走ったりしていると、道がわからなくなることがあります。そのようなときはAndroidスマートフォンの位置情報を利用するアプリを使えば、ルートを示してくれるので安心です。わかりやすい案内や実際の景色を映す機能で、迷わずにルートをたどることができます。

歩くルートを地図と文章でガイド

行き方案内

作者 Jorudan Co.,Ltd.
価格 無料［課金有］

現在地から目的地までの徒歩ルートをていねいにナビゲーションしてくれる。「駅の何番出口を出て右側に歩きます」など地図と文章を使った細かいサポートが特徴。公共交通機関案内も収録している

多彩な機能でサイクリングをサポート

自転車NAVITIME

作者 NAVITIME JAPAN CO.,LTD.
価格 無料［課金有］

音声付きのルートナビゲート機能、高低差グラフ、サイクリングステーション検索機能などにより、快適なサイクリングをサポートする。走行ログ記録機能も備え、お気に入りルートを仲間と共有できる

実際に歩くルートがARで見える

迷わない地図

作者 NTT DOCOMO
価格 無料

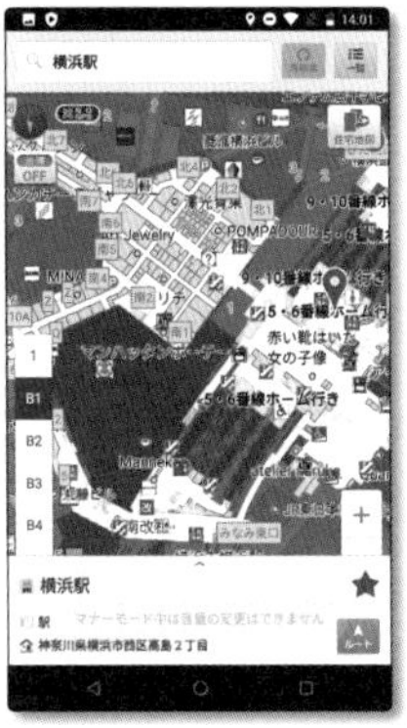

地図に加えてAR（拡張現実）機能を利用したガイドにより、歩き出しから迷わない。屋内や地下のナビゲーション機能も備える

徒歩のルートを地図上で検索できる

地図マピオン

作者 ONE COMPATH CO., LTD.
価格 無料［課金有］

徒歩のルート検索でも便利に使えるスクロール地図アプリ。料金は日数チケット制で有料だが、徒歩ルート検索なら無料

自転車ルートと距離・速度がわかる

バイクコンピュータ

作者 fitzeee.com
価格 無料

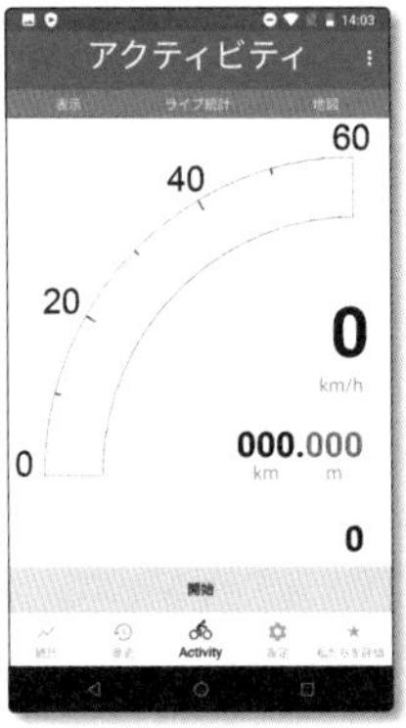

自転車の速度や移動距離などを計測して保存するサイクルコンピュータアプリ。自転車ルートのトラッキング機能も備える

シェア自転車を借りれるアプリ

HELLO CYCLING

作者 OPENSTREET CO.,LTD.
価格 無料

全国で増えている自転車のシェアリングサービスを利用可能。日常の利用から観光までさまざまなシーンで活用できる

Section 029

電車やバスを便利に利用する

乗換案内

通勤通学や旅行、お買い物や街歩きなど、あらゆる外出のシーンで公共交通機関を利用します。出発・到着時刻と乗り換えルートを手軽に調べられるアプリは心強い存在でしょう。時刻表や路線案内図とにらめっこしていた時代はもう過去のものです。現在は手元で瞬時に検索を行うことができます。

使い勝手にすぐれた定番アプリ

乗換案内

作者 Jorudan Co.,Ltd.
価格 無料［課金有］

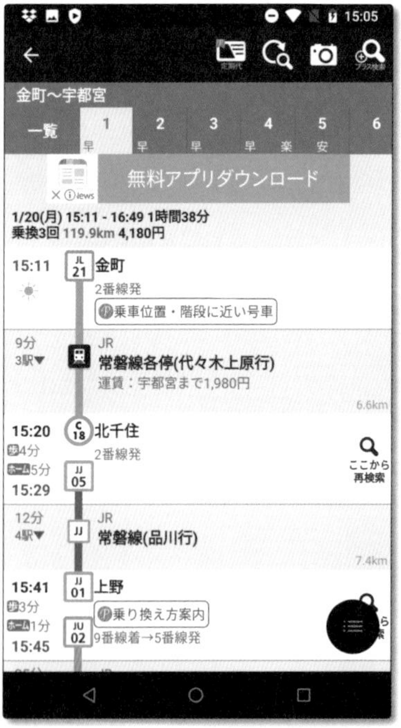

乗り換え情報検索の定番。鉄道だけでなくバスや飛行機の検索もできる。検索結果の1本前／1本後がワンタップでわかるのが便利で、徒歩の時間を含めた検索を行えるのもありがたい。駅構内情報も充実

バスを便利に活用できる

バスNAVITIME

作者 NAVITIME JAPAN CO., LTD.
価格 無料［課金有］

5台以上の路線バスを保有する全国のバス会社の路線に100％対応。停留所、時刻表、バスだけの乗り換え、一部事業者のバス接近情報など、バスに関する多彩なサポートを提供する。高速バス検索も可能

老舗の乗り換え情報検索アプリ

駅すぱあと

作者 Val Laboratory Corporation
価格 無料［課金有］

鉄道に加えてバスや飛行機の検索にも対応。通勤通学など頻繁に使うルートを登録しておけるほか、乗り換え後の経路も表示する

バスの運行状況を手元でチェック

バスあと何分?

作者 hatalab
価格 無料

対応事業者の運行状況を取得できる。非対応の事業者向けに「バスいまどこ？」というアプリも用意している

乗り換え時の便利な情報が充実

乗換ナビタイム

作者 NAVITIME JAPAN CO.,LTD.
価格 無料［課金有］

乗り換えに最適な乗車位置やホーム番線を表示する。歩行速度の指定、エレベーターを使った場合の検索なども行える

電車・バスに関する多彩な情報を表示

乗換MAPナビ

作者 MTI Ltd.
価格 無料

鉄道の通過時刻やバスと連動した時刻表。乗り換えに便利な位置、駅出口を表示するなど、公共交通機関の活用に便利

Section 030

カーナビ

ナビや渋滞情報を使ってドライブを快適にする

スマートフォンは位置情報を活用できるため、カーナビゲーションツールとしても便利に使えます。シンプル機能のアプリがある一方で、本家カーナビに匹敵するアプリも登場しています。ここでは、渋滞情報、道の駅、ガソリン、駐車場検索も含め、カーライフを快適にするアプリを紹介します。

状況に応じて柔軟にルートを変更

Waze

作者　Waze
価格　無料

渋滞・事故・工事規制・取締といったリアルタイム情報を取得し、柔軟にルート変更して案内してくれる。到着時間は渋滞情報に基づいて表示。ルート沿いの最安ガソリンスタンドを探す機能も備えている

本格的で手軽に使えるカーナビアプリ

Yahoo!カーナビ

作者　Yahoo Japan Corp.
価格　無料

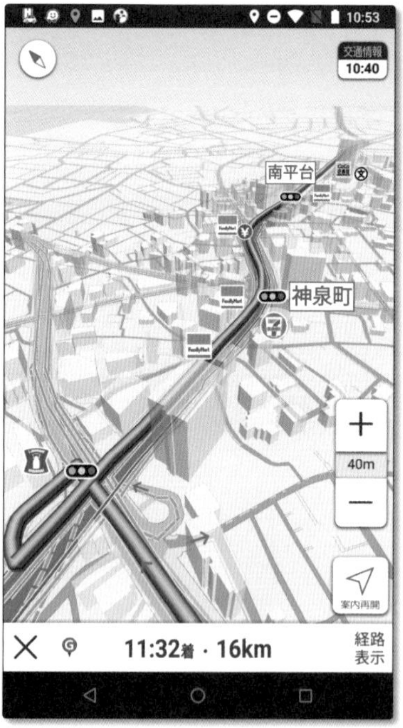

スマートフォンを本格的なカーナビとして利用できるようにしてくれる。3D地図もナビゲーションも自動更新。有料道路の入口などをイラスト表示し、渋滞情報、駐車場情報、スピード注意情報なども提供する

渋滞情報をひと目でチェック

JARTIC渋滞情報

作者 MyMapPlus.com
価格 無料［課金有］

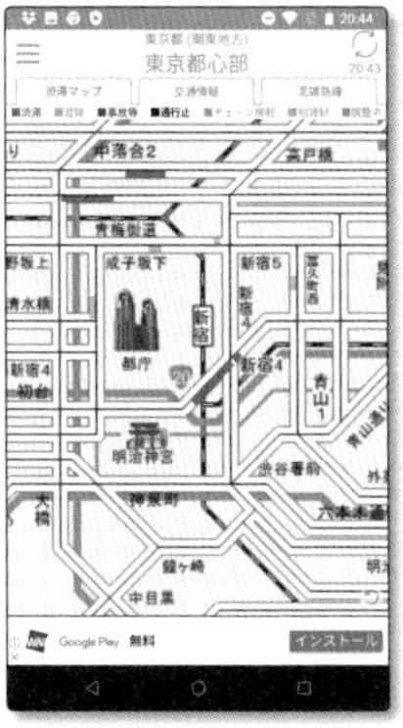

JARTICの渋滞情報を表示するシンプルなアプリ。高速道路も一般道路も同時にチェックできる。道路画像を表示することも可能

駐車場を効率的に調べられる

PPPark!

作者 interes, Inc.
価格 無料

コインパーキングを安い順に表示。日時指定で検索できるので、利用時間に応じて調べられる。割り引き料金の確認も行える

ガソリンスタンドを手軽に検索

ガソリン価格比較アプリ gogo.gs

作者 GoGoLabs,Inc.
価格 無料

現在地周辺にあるガソリンスタンドと、ユーザーのクチコミによる価格情報を検索できる。近い順／安い順での並べ替えにも対応

全国の「道の駅」情報を収録

道の駅

作者 gacool
価格 無料

全国すべての1160（2019年6月19日時点）の「道の駅」を地図上に表示。ルート・所要時間などを手軽に確認できる

Section 031

タクシー

タクシーをより便利に利用する

タクシーは道端に立って手を挙げる、電話で呼び出すといった手段を経て利用するのが一般的でした。しかし、最近ではアプリを使って指定の場所にタクシーを手配できます。ここではタクシーの配車依頼を行えるアプリに加えて、相乗りやカーシェアリングを利用できるアプリも紹介します。

世界中で便利に使える配車サービス

Uber

作者 Uber Technologies, Inc.
価格 無料

世界中の都市で利用できるアメリカ発の配車サービス。アプリで乗車場所と行き先を指定し、配車依頼を行うと、乗車場所に車がやってくる。かかる料金や車両・ドライバーの詳細情報も確認できるので安心だ

世界で5億人以上のユーザーが活用

DiDi

作者 DiDi Global
価格 無料

日本でもサービスが始まった、世界最大級のAIを利用した配車プラットフォームのアプリ。目的地を入力するだけでAIが最適なタクシーとマッチング。支払いはクレジットカードもしくはPayPayで行える

全国の6万台以上を呼び出せる

JapanTaxi

作者 JapanTaxi株式会社
価格 無料

全国47都道府県の約6万1,000台のタクシーを手軽に呼べる。料金検索・配車・予約のすべてがこのアプリ1つで完結する

神奈川、東京、大阪、京都、兵庫で使える

MOV

作者 DeNA Co., Ltd.
価格 無料

一番近くのタクシーが指定場所に配車される。サービスは神奈川県で開始し、東京都、大阪府、京都府、兵庫県でも始まっている

相乗りのシェアサービスアプリ

CREW

作者 Azit Inc.
価格 無料

マイカーの相乗りサービス。ドライバーは一定の審査を経ており、利用者とドライバーの相互評価システムを採用している点も安心

個人間でカーシェアリング

Anyca

作者 DeNA Co., Ltd.
価格 無料

個人どうしで車をシェアするサービス。保険を始めサポート体制が整っているので、乗りたい車に安心して乗れるのがうれしい

Section 032

グルメ情報

人気店や話題の店のグルメ情報を入手する

レストランや居酒屋を探すときにスマートフォンを利用する人は多いでしょう。グルメスポットを探せるアプリは数多くリリースされています。アプリごとに個性があり、メニューや予算、営業時間、クチコミなどをさまざまな形でリサーチできるので、自分の個性に合ったアプリを見つけましょう。

信頼性の高いユーザーレビューで人気

Retty

作者 Retty.Inc
価格 無料

ユーザーが実名で投稿するクチコミの信頼性が高いことで評判のグルメ情報アプリ。人気の店や話題の店を手軽に探せるほか、行った店や行きたい店を登録したオリジナルマップを作成することもできる

1億件以上のグルメレビューを掲載

Yelp

作者 Yelp, Inc
価格 無料

世界中の1億件を超えるユーザーレビューが集められたグルメ検索アプリ。カテゴリーから近くにあるグルメスポットを探し、営業時間、現在地からの距離、価格などの条件で絞り込める。予約も可能

予約満足度が高いと評判のアプリ

ホットペッパーグルメ

作者 Recruit Co.,Ltd.
価格 無料

リクルートのグルメ情報サイトの公式アプリ。クーポンが盛りだくさんと評判。対応店舗では空席状況を確認して即予約も可能

日本最大のグルメ情報検索サービス

食べログ

作者 Kakaku.com, Inc.
価格 無料［課金有］

全国80万軒以上の2,700万件を超えるクチコミが集まるグルメ情報検索の定番アプリ。お店探しに加えてネット予約も行える

フードトラックを見つけられる

TLUNCH

作者 MELLOW INC.
価格 無料

都心部を中心に利用者が増えているフードトラックを探し出せるアプリ。トラックの場所やメニュー、価格などがひと目でわかる

人気店の予約や順番待ち受付が可能

EPARKアプリ

作者 EPARK, Inc.
価格 無料

検索・予約サイトの公式アプリ。チェーン店を含めた飲食店の予約や順番待ちをスマートフォンから行えるので待ち時間がなくなる

Section 033

施設検索

周辺の施設をすばやく探し出す

自分がいる場所の近くにある施設を探したいとき、以前なら知っている人に尋ねるか、情報誌などを参考にするしかありませんでした。しかし現在は、スマートフォンの位置情報と無数のユーザーの声を活用し、施設の場所や詳細情報まで表示してくれる周辺検索アプリが大いに力を発揮します。

PayPayに対応する施設を探せる

Yahoo! MAP

作者 Yahoo Japan Corp.
価格 無料

もともとは地図アプリだが、充実した周辺施設検索機能を搭載。ジャンルのアイコンから、近くにある施設を地図と写真で表示する。混雑レーダーなど多様な機能も備える。PayPay決済対応店舗の検索も可能

近くにある施設をすぐに見つけられる

ロケスマ

作者 Digital Advantage Corp.
価格 無料

自分がいる場所の周辺にある施設を探したいとき、手軽に見つけ出し、ストリートビュー機能などですぐにアクセスできる。コンビニなどのチェーン店検索が充実しており、営業時間や店舗情報も表示してくれる

ARとマップで迷わず到着できる

周辺便利ナビ

作者 katapu.net
価格 無料

周辺施設を手軽に検索できるだけでなく、スマートフォンをかざすと方向や画像を表示するので、目的地まで迷わず到着できる

見つからないときに助かるアプリ

トイレ情報共有マップくん

作者 FARBEYOND LLC
価格 無料［課金有］

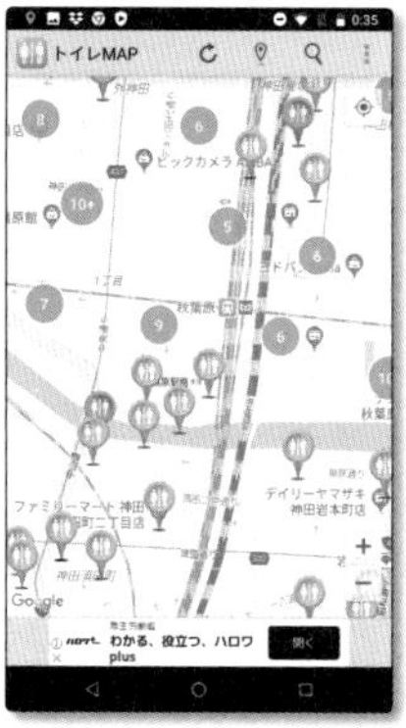

必要なときになかなか見つからないトイレの場所が、地図上の表示ですぐにわかる。トイレ情報や評価はユーザー間の共有が基本

周辺スポットを手軽に探せる

auナビウォーク

作者 KDDI/Powered by NAVITIME JAPAN
価格 無料［課金有］

フリーワードや住所、電話番号などによるスポット検索が可能。周辺検索機能では近くのコンビニや駅などの施設を確認できる

周辺のさまざまな施設を見つけられる

AroundMe

作者 Flying Code
価格 無料［課金有］

周辺にある銀行、病院、ホテル、ガソリンスタンド、スーパーマーケットなどさまざまな施設をかんたんに探し出せるアプリ

Section 034

旅行に役立つ情報を集める

旅情報

今度のお休みにどこかへ旅行しようと心に決め、いざ旅先の情報を仕入れる際、役立つ情報を提供してくれるアプリが数多くあります。誰もが訪れる定番の観光地から、ツウしか知らない隠れたスポットまで、旅行を盛り上げてくれる多彩なヒントやユーザーが足で集めたレア情報が手に入ります。

旅行に必携のクチコミアプリ

トリップアドバイザー

作者 TripAdvisor
価格 無料

世界中の旅行者から寄せられ、日々増えていく膨大な数のクチコミをチェックできる、旅行に必携のアプリ。クチコミは観光スポットからホテル、グルメ、アクティビティまでバラエティにあふれている

全国5万件のスポット情報を収録

るるぶ

作者 JTB Publishing, Inc.
価格 無料

JTB「るるぶ」提供の旅行・お出かけ情報アプリ。日本全国約5万件の観光スポット情報を収録し、名所やレストラン、立ち寄り湯などを地図から見つけられる。宿泊施設の検索・予約もこれ1本で行える

旅行情報が充実したオフライン地図

トラベルコ マップ

作者 OpenDoor Inc.
価格 無料

旅行比較サイト「トラベルコ」提供の、オフラインでも利用可能なナビゲーション機能付き地図アプリ。旅行スポット情報が充実

多彩な旅行記事を毎日配信

RETRIP

作者 trippiece inc
価格 無料

日本や世界各地の旅行記事、観光やグルメに関する情報を読める。気に入った記事はお気に入りに登録してあとで読むことも可能

掲載地図のダウンロードが可能

まっぷるリンク

作者 株式会社昭文社
価格 無料

昭文社の国内・海外旅行ガイド「まっぷるマガジン」などの出版物とスマートフォンを連動させ、旅行に役立てられるアプリ

全国の日帰り温泉がすぐ見つかる

温泉検索

作者 Olive System
価格 無料

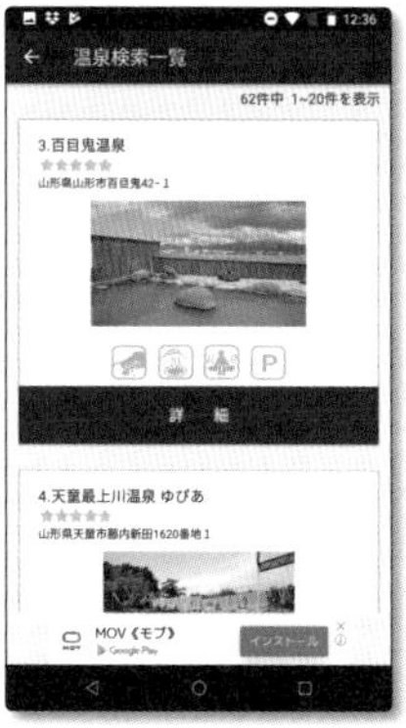

日本全国の日帰り温泉を調べられるアプリ。地域あるいは地図から温泉を見つけ、写真やクチコミで詳細情報を確認できる

Section 035

ホテル／航空券

ホテルや航空券をお得に見つける

ホテルや航空券を予約するとき、手元のスマートフォンでホテルの立地や価格、写真、クチコミを見比べ、航空券もルートや時期から自分に合ったものを比較して選べるようになりました。宿のお得な割引プランやLCC（格安航空会社）のバーゲンプライス探しにも、アプリを賢く利用できます。

日本最大級の旅行予約サイト

楽天トラベル

作者 Rakuten,Inc.
価格 無料

日本最大級の旅行予約サイトの公式アプリ。国内3万軒近くのホテル・旅館・民宿などの宿泊予約に加えて、宿と航空券がセットになったお得な宿泊ツアーも扱っている。レンタカー予約や高速バス予約にも対応する

海外航空券の購入で活躍する

Skyscanner

作者 Skyscanner Ltd
価格 無料

世界中の航空券を日時や乗り継ぎ回数、航空会社といったさまざまな条件で検索して比較・購入できる。色分けカレンダーや通知機能でより安く買えるタイミングも教えてくれる。ホテルやレンタカー予約にも対応

世界のホテル予約サイトを横断検索

trivago

作者 trivago
価格 無料

世界400社以上のホテル予約サイトを横断検索し、比較しながら予約できる。お得なプランを手軽に探し出せるのが最大の魅力

格安航空券を見つけやすい

エアトリ

作者 AirTrip Corp.
価格 無料

国内・海外航空券の価格を比較して予約できる。格安航空券探しに向いているほか、ホテルやツアー、新幹線などの予約にも対応

海外旅行のホテル予約で高い人気

ブッキングドットコム

作者 Booking.com Hotels & Vacation Rentals
価格 無料

世界中で利用される宿泊検索アプリ。地図から希望エリアの宿泊施設を手軽に探し、予約できる。予約確認書の印刷は不要だ

定番の民泊検索サービスアプリ

Airbnb

作者 Airbnb, Inc.
価格 無料

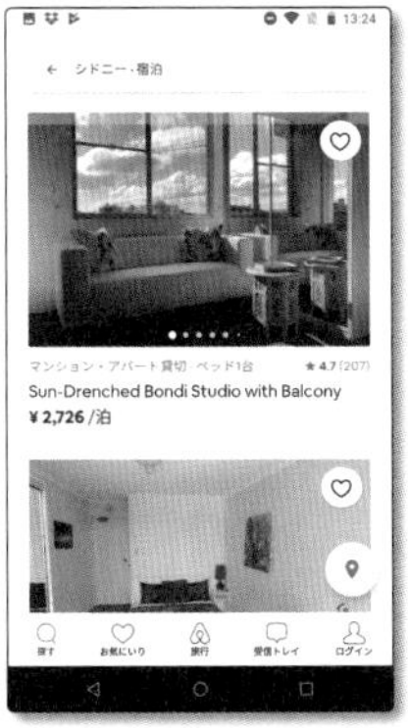

定番の民泊検索サービス。200か国近くの600万件以上から好みの部屋を選び、予約できる。ユニークな部屋も数多く揃える

Section 036 テーマパークを余すことなくエンジョイする

テーマパーク

大切な思い出づくりのためにも、テーマパークには準備万端整えてから訪れたいものです。人気テーマパークのアトラクションは常に混雑しているので、現地では待ち時間をきちんと把握することが大切でしょう。日本各地のテーマパークを存分に楽しめるアプリが数多くリリースされています。

東京ディズニーリゾートの公式アプリ

Tokyo Disney Resort App

作者 Oriental Land Co., Ltd.
価格 無料

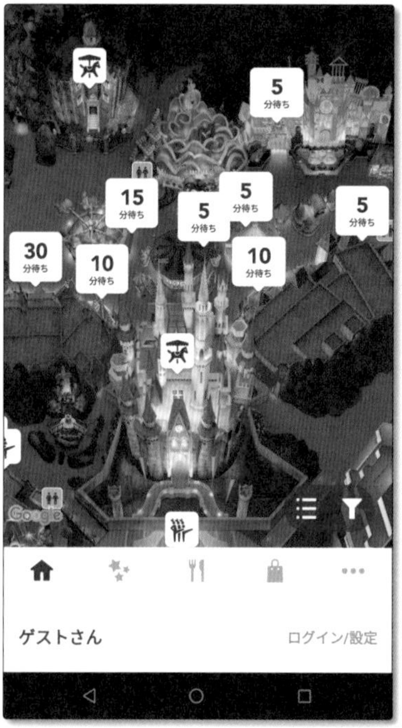

東京ディズニーランド／ディズニーシーを満喫するための公式アプリ。各アトラクション／施設の待ち時間を表示するほか、ホテルやレストランの予約、ファストパスの取得、モバイルeチケットの購入にも対応する

USJをとことん楽しめるアプリ

ユニバーサル・スタジオ・ジャパン公式アプリ

作者 ユニバーサル・スタジオ・ジャパン
価格 無料

ユニバーサル・スタジオ・ジャパンのガイドマップに加えて、アトラクションの待ち時間やショーのスケジュール、レストラン・ショップ・グッズ情報などを調べられる。効率よく楽しめるe整理券の取得も可能

サンリオのキャラクターと会える

サンリオピューロランド公式アプリ

作者 Sanrio Entertainment
価格 無料

サンリオピューロランドの最新情報やお得なクーポン、キャンペーン情報を提供。アトラクションの待ち時間もチェックできる

志摩スペイン村で写真を楽しむ

パルケカメラ

作者 志摩スペイン村
価格 無料

志摩スペイン村パルケエスパーニャが提供する公式のカメラアプリ。パーク内でしか使えない限定フレームも用意されている

動物園での思い出づくりに活躍

徳山動物園

作者 Aizu Laboratory, Inc.
価格 無料

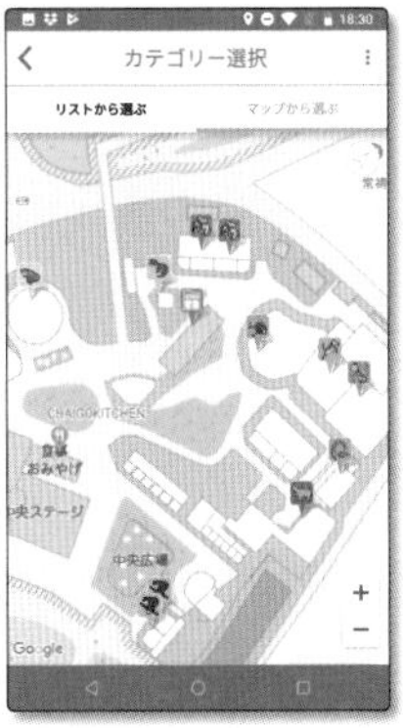

次世代型動物園を目指す徳山動物園（山口県）のアプリ。園内ナビ、スタンプラリーや図鑑、動物と一緒に撮れるカメラを備える

音声・写真の展示ガイドを使える

新江ノ島水族館

作者 新江ノ島水族館
価格 無料

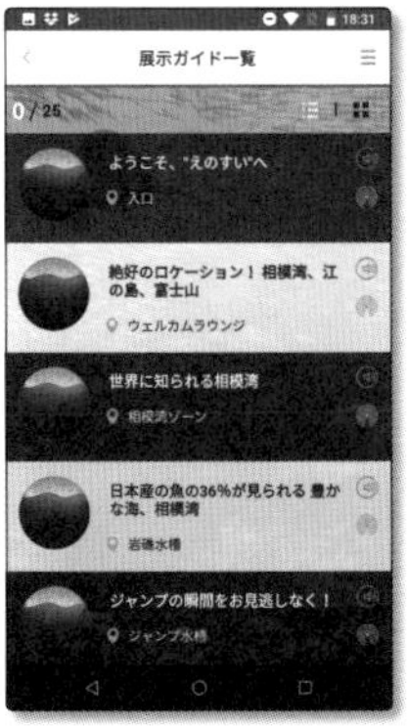

「えのすい」の略称で知られる新江ノ島水族館（神奈川県）の公式アプリ。展示ガイドや館内マップを利用できる

Section 037

海外旅行を安心して楽しむ

海外旅行

海外旅行で困るのは、言葉のコミュニケーション、通貨の計算、目的地への道順がわからないことなどでしょう。ここでは、外国語の翻訳、通貨換算、ネットに接続していなくてもオフラインで閲覧できる地図などのアプリを集めてみました。万一の際に心強いサポートアプリも紹介しています。

世界中の言語を多様な方法で翻訳

Google翻訳

作者 Google LLC
価格 無料

世界中の言語に対応する定番翻訳アプリ。テキスト／音声入力はもちろん、手書き入力やリアルタイムな2言語の会話翻訳、オフライン翻訳にも対応。テキストをカメラ撮影して翻訳することもできる

世界中の多様な通貨を瞬時に換算

通貨換算プラス

おすすめ

作者 Digitalchemy, LLC
価格 無料［課金有］

世界中のさまざまな通貨を換算できるアプリ。通貨換算はオフラインモードでも表示できる。計算機機能を備えており、買い物時の計算やチップの計算などにも利用可能。ビットコインや貴金属の換算にも対応する

オフラインでも詳細な地図を閲覧

MAPS.ME

作者 My.com B.V.
価格 無料［課金有］

詳細地図をあらかじめダウンロードしておくことで、オフライン環境でも地図データを閲覧できるアプリ

海外各地の安全情報をチェックできる

外務省 海外安全アプリ 2019

作者 外務省
価格 無料

外務省がリリースする海外安全情報アプリ。海外各地の危険情報を確認できるほか、困ったときの各国での連絡先も掲載する

もしものときに役立つ情報アプリ

海外サポート

作者 au損害保険株式会社
価格 無料

名前のとおり多彩な機能で海外旅行の安心安全をサポート。海外で万一の事態に遭遇した際、緊急連絡先や病院リストが心強い

海外現地ツアーを予約できる

VELTRA

作者 株式会社ジェーシービー
価格 無料

海外発現地ツアーで知られるベルトラのツアー検索と予約が可能。予約状況確認や事前の連絡もアプリを通して行えるのが安心

Section 038

地図のおもしろさを発見する

地図

地図は、旅先で欠かせない大切なお供となるのはもちろんですが、日頃から眺めているだけでもさまざまな楽しみを与えてくれるアイテムです。たとえば古地図アプリは、いつも暮らしている街の昔の様子を確認できます。多くの地図関連アプリを実際に使い、地図の魅力を見つけ出してください。

日本や世界の古地図で散策する

こちずぶらり

作者 Stroly Inc.
価格 無料

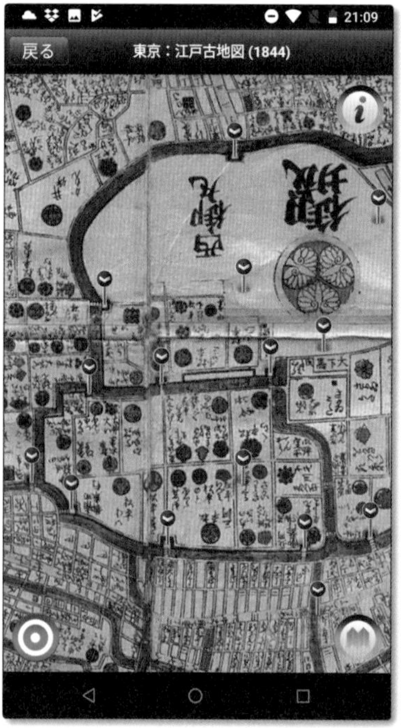

世界各地の古地図を見られるアプリ。江戸・東京、京都、福岡、長崎などの国内各都市だけでなく、ロンドン、パリ、ニューヨークといった海外の街も含め、豊富な古地図を現在のGPS情報と対応して閲覧できる

半世紀近く前の航空写真と現在を比較

昔の航空写真地図

作者 Wana Kijiji
価格 無料［課金有］

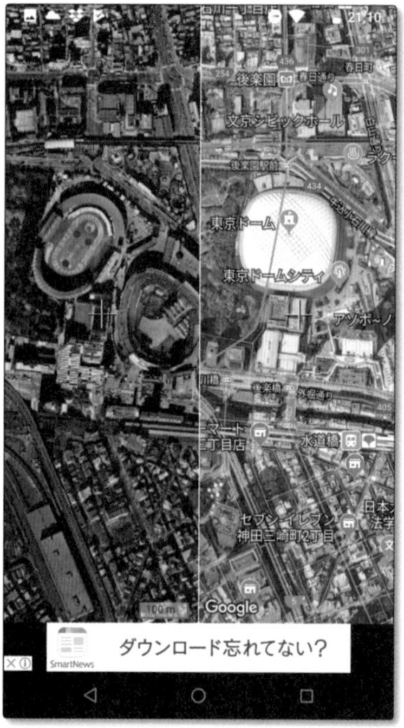

国土地理院が公開している1970年代の航空写真と現在の地図（Googleマップ）を比較しながら表示できるアプリ。一部地域では1930年代、40年代、80年代、90年代の航空写真を表示することも可能

さまざまな地図を便利に活用

地図ロイド

作者 KMI Software
価格 無料

国土地理院やYahoo!、Googleなどの地図を表示。ストリートビュー、ルート検索、距離測定といった機能にも対応する

オリジナル地図を作成・編集できる

Googleマイマップ

作者 Google LLC
価格 無料

オリジナル地図を作成できる地図カスタマイズアプリ。検索ポイントを地図に加える、登録地へのルートを記録するなどが可能

ルートを作成して距離を測れる

キョリ測

作者 ONE COMPATH CO., LTD.
価格 無料［課金有］

地図上で指定した2点間の距離を簡易測定するアプリ。測った区間を移動した場合の所要時間と消費カロリーの目安も収録する

国土地理院の地図を活用

国土地図

作者 gacool
価格 無料［課金有］

現在地を国土地理院の地図上に表示。保存しておけばオフライン環境での地図表示も可能。距離測定や歩行記録保存も行える

Section 039 旅の思い出を記録に残す

記録

楽しい旅行の思い出は、訪れた場所で撮影した写真に文章を添えた旅行記として残しておきたいものです。その旅行記に位置情報を付加しておけば、あとから旅の思い出を振り返るときに便利です。また、SNSで公開すると、ほかの人がその場所へ旅したいときに役立てることもできるでしょう。

GPSログ付きの旅行記を作成

ポケット旅行記

作者 平田　大樹
価格 無料

GPSロガー機能を使い、旅先で歩いたり、ドライブやサイクリングで移動したルートを記録。思い出の写真や説明文も付加したオリジナル旅行記を作成できる。旅行記はSNSを通じて公開・共有することが可能

思い出のしおりを作って共有する

旅のしおり -tabiori-

作者 eye-putti
価格 無料［課金有］

修学旅行を思い出させる「旅のしおり」を作成し、写真や文章などとともに記録できるアプリ。作成したしおりは印刷したり共有したりできるので、仲間と一緒にスケジュールや持ち物リストを一括管理できる

訪問・宿泊経験などで都道府県を色付け

経県値

(作者)Qdan
(価格)無料

都道府県を「歩いたことがある」「泊まったことがある」「住んだことがある」などで点数化し、塗り分けていくアプリ

旅行で訪れた国をカラフルに見える化

Visited

(作者)Arriving In High Heels
(価格)無料

訪れた世界の国々を登録し、世界地図で確認できるようにしてくれる。旅先の国が増えるに従ってカラフルな地図ができあがる

全鉄道駅の乗り降りを記録

降りつぶしroid

(作者)降りつぶし.net
(価格)無料

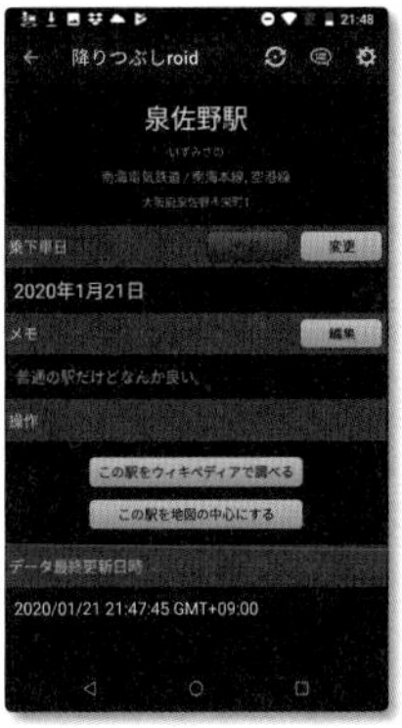

全国のすべての鉄道駅で乗り降りする楽しみである「降りつぶし」の記録を管理。駅地図のデータベースとしても活用できる

神社参拝記録と御朱印集めに役立つ

神社がいいね

(作者)Recstu Inc.
(価格)無料［課金有］

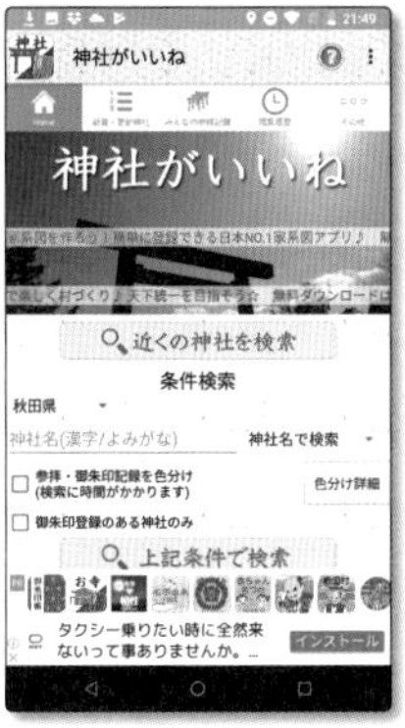

6万件以上の神社を検索して地図上に表示できるほか、参拝記録をつけたり、アプリ内の御朱印帳に御朱印を残すことができる

Section 040

位置情報

家族や友達がいる位置をすばやく把握する

携帯電話が普及する以前、自分がいる場所を誰かに知らせるのは難しいことでした。しかしスマートフォンが一般的になった現在は、電話すら使わずに、位置情報をシェアするだけで詳細な居場所を家族や友達に伝えることができます。また、位置情報は子供の居場所を確認する際にも大いに役立ちます。

今いる場所を家族や友達と共有する

Life360

作者 Life360
価格 無料［課金有］

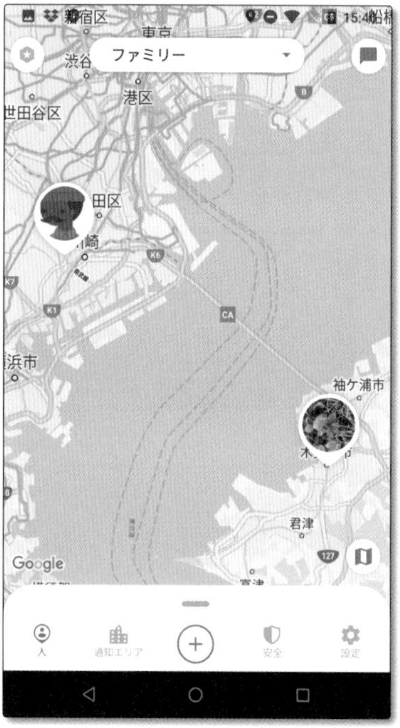

家族や友達などグループメンバーで位置情報を共有できる。完全招待制でグループを作れるので赤の他人が勝手に入ることもなく、安心して利用可能。メンバーが特定の場所に到着すると通知する機能もある

サークル仲間や家族と位置を確認

ココイル

作者 electrodream, Inc.
価格 無料

サークルを作って招待することで、仲間内の位置コミュニケーションを楽しめるアプリ。グループで街なかに出かけるとき、数人でツーリングするとき、もちろん家族内での位置確認も含め、多彩に活用できる

第 5 章

ネット通販／生活

Sec.041 ネットショッピングでお得に買い物を楽しむ
Sec.042 フリマやオークションを便利に利用する
Sec.043 キャッシュレス決済を活用する
Sec.044 ポイントやクーポンをお得に活用する
Sec.045 ファッションの最新情報を手に入れる
Sec.046 毎日楽しみながら日記をつける
Sec.047 家計簿でお金をしっかり管理する
Sec.048 引っ越しや家探しを効率的に行う
Sec.049 もしもの災害に備えて準備する
Sec.050 仕事探しやシフト管理に活用する
Sec.051 飲み会やパーティーで楽しく盛り上がる
Sec.052 占いや心理テストを楽しむ
Sec.053 頻繁に登場する広告表示をブロックする

Section 041

ネットショッピング

ネットショッピングでお得に買い物を楽しむ

ネットショッピングは今や多くの人が日常的に利用するものとなりました。スマートフォンからもアプリを使い、食品、ファッション、日用品、家電・IT製品などさまざまな商品を手軽に購入できます。家にいながらにして、あるいは出先のどこからでも、欲しい商品をすぐさま手に入れられます。

お得なキャンペーンを頻繁に開催

Yahoo!ショッピング

作者 Yahoo Japan Corp.
価格 無料

毎月5の付く日にこのアプリで買い物をするとポイントが5倍になるなど、一年中盛りだくさんのキャンペーンを実施している。PayPayでの支払いに対応し、人気の「ロハコ」や「ヤフオク!」とも連携する

アプリでポイントが効率的にたまる

楽天市場

作者 Rakuten, Inc.
価格 無料

巨大ショッピングモール「楽天市場」の公式アプリ。商品をキーワードやジャンルから検索し、賢くポイントをためながらショッピングを楽しめる。毎日開催のアプリ限定クジでポイントをさらにためることも可能

1日3回のタイムセールがお得

Qoo10

作者 eBay Japan G.K
価格 無料

1日3回開催されるタイムセールでほしい商品をお得に購入できる。クーポンを利用すればより高い割引率で買えるのもうれしい

80万店舗の巨大ショッピングモール

BASE

作者 BASE, Inc.
価格 無料

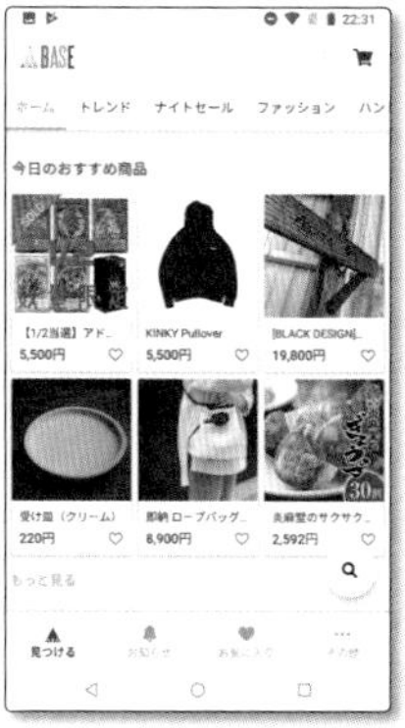

ファッション、食品、雑貨、インテリアなど多様なジャンルでショッピングを楽しめる。スタッフの厳選セレクト商品も興味深い

話題の商品を驚きの価格で買える

Geek

作者 Wish Inc.
価格 無料

スマートフォン関連や電化製品、カーアクセサリーといったアイテムの多くを、通常の半額以下で購入できるうれしいアプリ

価格を比較して賢くショッピング

価格.com

作者 Kakaku.com, Inc.
価格 無料

家電製品、IT、食品、ファッションなどあらゆる分野の製品・サービスの価格を比較し、クチコミも参考に賢く買い物できる

Section 042

フリマ／オークション

フリマやオークションを便利に利用する

ここ数年、注目度が飛躍的にアップしているのがフリーマーケット（フリマ）とオークションです。店舗ではなかなか売られていないレアな中古アイテムを見つけたり、使わなくなった服やグッズを自分で出品したりできるアプリを利用すれば、フリマやオークションに気軽に参加できます。

日本最大のフリマサービス公式アプリ

メルカリ

作者 Mercari, Inc.

価格 無料

累計出品が10億を突破した、日本最大のフリマサービスのアプリ。使わなくなった品を気軽に出品できるほか、掘り出し物を安く買うことも可能。売り手・買い手ともに安心して取り引きできるシステムがうれしい

日本最大級のネットオークション

ヤフオク!

作者 Yahoo Japan Corp.

価格 無料［課金有］

日本最大級のネットオークションサービスのアプリ。4万以上に及ぶカテゴリーに常時約6,500万点以上が出品されている。安心取り引きを実現する評価システムやトラブル補償も充実。フリマの出品にも対応する

手軽に出品できるフリマアプリ

ラクマ（旧フリル）

作者 Rakuten,Inc.
価格 無料

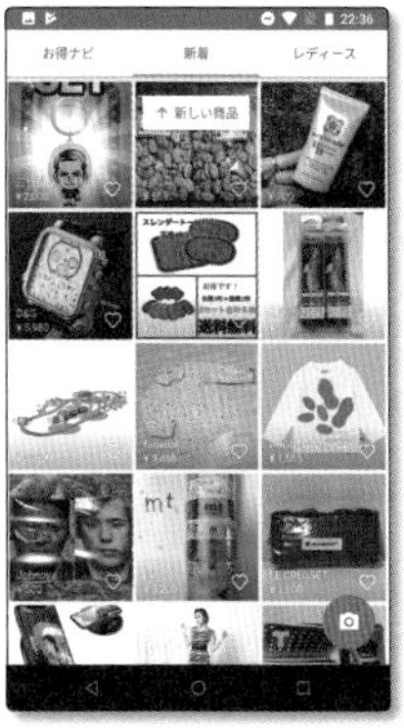

着なくなった洋服、使わなくなったアイテムなどを撮影して投稿するだけで、手軽に出品できる。匿名配送により安心して使える

地域の人々と交流しながら売買できる

ジモティー

作者 株式会社ジモティー
価格 無料［課金有］

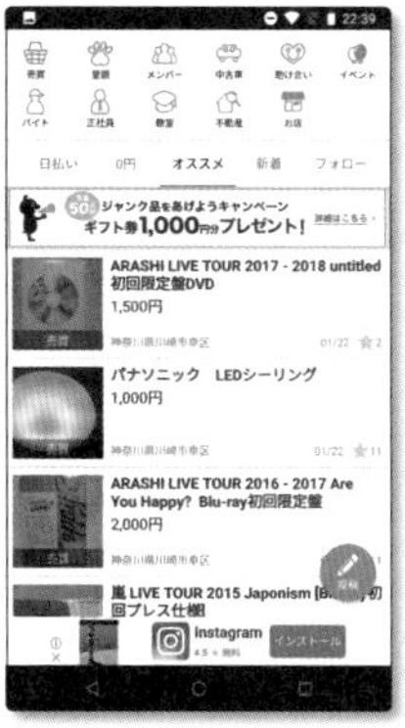

不要品の売買や処理品の取り引きなど、地域の情報掲示板として使えるアプリ。利用料・手数料不要で売買を楽しめる

アニメやマンガ、アイドルグッズを売買

オタマート

作者 A Inc.
価格 無料

アニメやマンガ、声優、アイドル関連グッズなどを扱う。商品代金は運営事務局が預かるシステムで、安心して取り引きを行える

手作りのアイテム向けフリマ

minne

作者 GMOペパボ株式会社
価格 無料

雑貨、アクセサリー、ファッション、家具といったハンドメイド向けのフリマ。全国59万人の作家による作品が公開されている

Section 043

キャッシュレス決済

キャッシュレス決済を活用する

日本ではさまざまな形のキャッシュレス決済が推進され、スマートフォンで行う決済も普及してきました。スマートフォン決済は現金を用いずに支払えるだけでなく、ポイントがたまる点でもお得です。ここでは、変化する支払いスタイルに対応したキャッシュレス決済アプリを紹介します。

お得なポイント還元を頻繁に実施

PayPay

作者 PayPay Corporation
価格 無料

大規模還元キャンペーンで話題になったスマートフォン決済サービスのアプリ。手軽に登録でき、キャッシュレス決済をスムーズに始められる。還元ポイントに加えて豊富な特典が次々と登場するのもうれしい

毎日配信のクーポンでお得に支払える

LINE Pay

作者 LINE Pay Corporation
価格 無料

LINEアプリ内の機能としてスタートしたLINE Payのアプリ。飲食店をはじめさまざまな店舗で使えるクーポンが毎日数多く配信されており、手元に財布がなくてもスマートフォンからお得に決済できる

楽天ポイントが効果的にためられる

楽天ペイ

作者 Rakuten, Inc.
価格 無料

決済方法は店舗により選択。クレジットカードのポイントに加え楽天ポイントもたまる。楽天キャッシュからの支払いにも対応

スマートフォンでお金をやり取り

Jcoin

作者 みずほ銀行
価格 無料

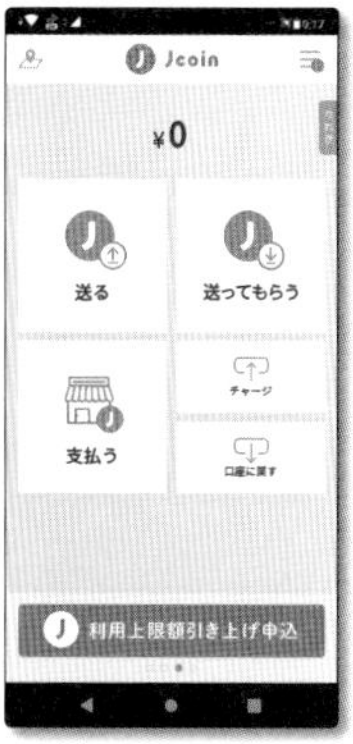

店舗での支払いに加えて、他の利用者への送金も手軽に行える。口座にお金を戻すことも可能で、ATMのように活用できる

決済とお金の管理が便利に行える

au PAY

作者 KDDI株式会社.
価格 無料

au PAYの決済機能を利用できる。au WALLET残高へのチャージやクレジットカード情報確認、金融機関の管理などが行える

電子回数券のプレゼントも可能

ファミペイ

作者 FamilyMart Co.,Ltd.
価格 無料

コンビニ「ファミリーマート」でキャッシュレス決済できるアプリ。お得なクーポンやプレゼントできる電子回数券も用意される

Section 044

ポイント／クーポン

ポイントやクーポンをお得に活用する

クーポンやポイントを活用すると、お金を節約しながらグルメやショッピングをしっかり楽しめます。キャンペーンを上手に組み合わせればお得感も倍増するでしょう。ここでは、ファストフードチェーンやファミリーレストラン、コンビニエンスストアのアプリを中心に紹介していきます。

お得なクーポンやセール情報を配信

セブン-イレブンアプリ

作者　株式会社セブン-イレブン・ジャパン

価格　無料

セブン-イレブンでの買い物をお得にしてくれるアプリ。レジでバーコードを見せるだけでキャンペーンやポイント付加に参加できる。店舗検索機能を備え、新商品やセールなどの情報も盛りだくさんとなっている

メニューの食材情報も入手できる

マクドナルド

作者　日本マクドナルド株式会社

価格　無料

マクドナルドで使えるお得なクーポンを入手できるアプリ。クーポンが利用しやすいデザインが特徴。店舗検索機能ですぐ近くのマクドナルドを探したり、メニューの食材やアレルギー情報などの閲覧も可能

グループの全レストランで利用できる

すかいらーくアプリ

作者 Skylark CO., LTD.
価格 無料

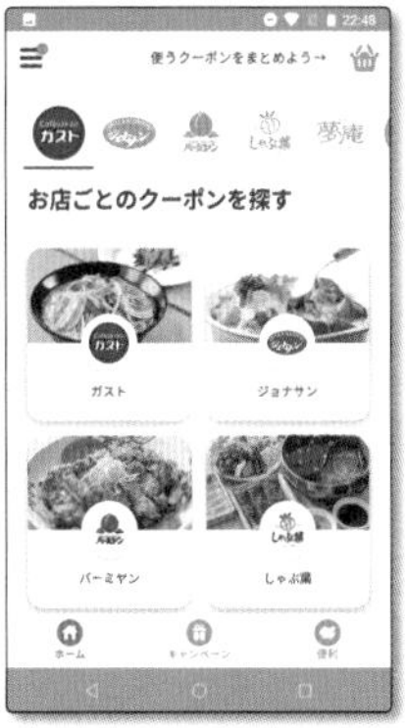

ガスト、バーミヤン、ジョナサン、夢庵、藍屋といったすかいらーくグループ全店で使えるお得なクーポンを入手できるアプリ

人気うどんチェーンのアプリ

丸亀製麺

作者 Toridoll. Corporation
価格 無料

人気うどんチェーンで使えるお得なクーポンやフェア情報を届けてくれる。会計のたびにたまるスタンプはクーポンと交換できる

ファッションやエステでも使える

Groupon

作者 Groupon, Inc.
価格 無料

グルメはもちろんファッション、エステ、レッスン、旅行などさまざまな分野の最新クーポンを毎日配信するお得感満載のアプリ

楽天スーパーポイントがたまる

楽天ポイントカード

作者 Rakuten, Inc.
価格 無料

ファストフード、カフェ、ドラッグストアなどの店頭で画面を提示すれば楽天のポイントがたまり、ポイントで買い物もできる

Section 045
ファッション

ファッションの最新情報を手に入れる

ショップへ足を運ばなくても、スマートフォンさえあれば最新ファッション情報をチェックできます。きれいな写真や店員のコメントからコーディネートに役立つ情報も入手できます。ファッションに興味を持つ人は流行をキャッチし、あまり興味がない人も日頃の身だしなみの参考にしましょう。

ユニクロでお得に買い物できる

UNIQLOアプリ

作者 UNIQLO CO., LTD.
価格 無料

ユニクロのファッション情報をチェックできるほか、レジでバーコードを提示するとクーポンが当たるくじにチャレンジ可能。アプリの新規ダウンロード、新規会員登録で500円クーポンを手に入れられる

ファストファッションの通販アプリ

SHOPLIST

作者 CROOZ, Inc.
価格 無料

レディースからメンズ、キッズまで幅広いブランドのファッションアイテムをまとめて購入できる。お得なセールやキャンペーン、プレゼント情報をいち早くキャッチでき、購入時はポイントが還元される

5 ネット通販／生活

ブランドバッグを自在にレンタル

ラクサス

作者 Laxus Technologies Inc.
価格 無料

ブランドバッグのレンタルを利用できる。月6,800円で無期限・個数無制限の借り放題。高価なバッグも自由に試せる

GUの最新ファッション情報を配信

ジーユー

作者 GU.CO.,LTD.
価格 無料

ジーユー（GU）の最新情報をお届け。商品や気になるスタイリングを探せるほか、商品をリストに登録して買い物に役立てられる

世界中のアイテムを購入できる

BUYMA

作者 株式会社エニグモ
価格 無料

世界中のファッションアイテムを購入できるアプリ。各国のパーソナルショッパーが好みや目的に合わせてセレクトしてくれる

ユーザーとショップをつなげるアプリ

FACY

作者 STYLER
価格 無料

ほしいファッションアイテムの漠然としたイメージを伝えると、その希望に沿ったトレンドの商品をショップが提案してくれる

Section 046

日記

毎日楽しみながら日記をつける

日記を意識して毎日書くようにすると、それがいつしか習慣になり、自分が過ごしてきた歴史や家族の成長、友人関係の変遷など、さまざまな物事がわかります。なかなか続けられない方もいると思いますが、飽きずに続けられるように工夫されたアプリもあります。

同じ日付の10年分の日記を一覧

10年日記

作者 Tenyear Tech
価格 無料

10年分のその日の日記をひと目で閲覧できるアプリ。1日わずか4行で書くスタイルなので、気楽に続けられる。1年前のその日に自分は何をしていたか、5年前にはどんな出来事があったかなどが瞬時にわかる

毎日の出来事を時刻とともに記録する

瞬間日記

作者 Utagoe Inc.
価格 無料［課金有］

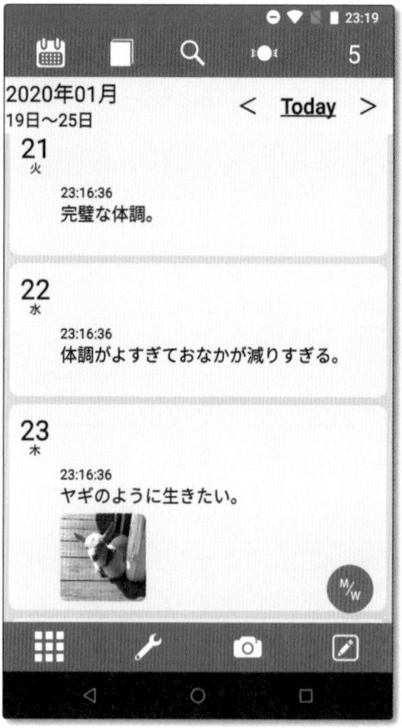

日記というと一般的には日にちで記すが、このアプリでは時刻も加えて日記を記録する。買い物メモや食事記録、ダイエット記録、あるいはアイデアの記録など、日記以外にもさまざまなスタイルでの活用が可能

天気や位置情報も自動的に付加する

Journey

作者 Two App Studio Pte. Ltd.
価格 無料［課金有］

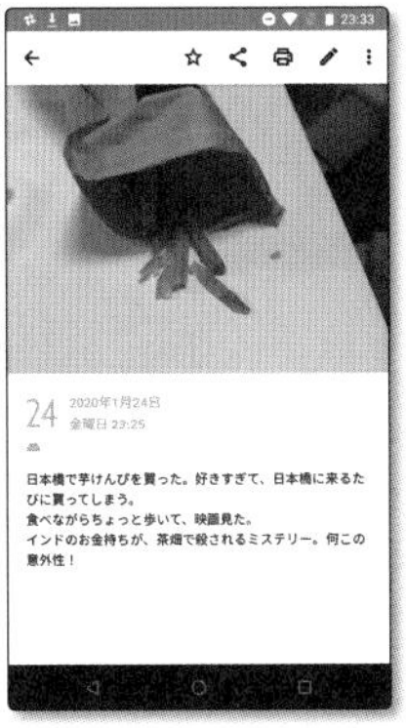
24
2020年1月24日
金曜日 23:25
日本橋で芋けんぴを買った。好きすぎて、日本橋に来るたびに買ってしまう。
食べながらちょっと歩いて、映画見た。
インドのお金持ちが、茶畑で殺されるミステリー。何この意外性！

テキスト、写真、動画で日記を書けるのはもちろん、天気や位置情報も自動的に記録。パスコードや指紋のロックを追加できる

その日の出来事をシンプルに書く

My日記

作者 my App
価格 無料［課金有］

2020 / 01 / 22 (Wed)
なんとも美しい夜明けだった。
こんなに美しい夜明けが見えるなら、
毎日、毎朝、この場所に来たいと思う。
だけども、うちからは遠い。
なにせ4時間はかかるからな。

散歩中の発見や料理など、その日に起きたなんでもない出来事を自然体で書き、写真も加えて自分だけのストーリーが出来上がる

月をフィーチャーしたユニークな日記

月に書く日記

作者 Cachalot
価格 無料［課金有］

なつみは大喜びで、26個食べていた。
コンデンスミルクの美味しさを
知ってしまったようで、ねだられた。
困ったな。チューブから吸いかねない。
虫歯、気をつけなくては。
その後温泉。久しぶりに
大きいお風呂でのびのび。
パパは運転お疲れさま！今度は泊まりたい。
2020.01.24 23:37

気分を月で表現するユニークな日記。過去30日の日記数に応じて月の状態が変化する。日記を使うと花や星が増えるのも楽しい

行動や考えたことをメモ感覚で書ける

Diaro

作者 Pixel Crater Ltd.
価格 無料［課金有］

24 金曜日 1月 2020
23.33
南の島に行きたい
まあ、はっきりいって、冬は寒いわけですよ。
で、寒ければ寒い保と、南の島に行きたいわけですよ。
南の島、よーするに写真のようなところに。
休暇
アイデア 旅 映画
プレイする

毎日の行動や考えたこと、経験などをメモ感覚で書き付けられるアプリ。フォルダーやタグで管理でき、便利な検索機能も備える

Section 047

家計簿

家計簿でお金をしっかり管理する

家計簿をつけるのは大変な作業です。しかしAndroidスマートフォンにはさまざまな家計簿アプリがあり、レシート入力などの機能によって効率的に入力できます。管理もしやすいので、飽きずに続けられるでしょう。日々の買い物から銀行口座の管理まで、お金の動きをしっかり把握できます。

レシート読み取り機能が優秀

家計簿Zaim

作者 Zaim Inc.
価格 無料［課金有］

レシート読み取り機能が秀逸で、家計簿に挫折した人の多くが「続けられる」と答えた人気アプリ。銀行口座やクレジットカードとの連携にも対応し資産管理に活用できる。グラフによる家計分析も可能

レシートのカメラ撮影でかんたん入力

家計簿レシーピ!

作者 Dai Nippon Printing Co., Ltd.
価格 無料

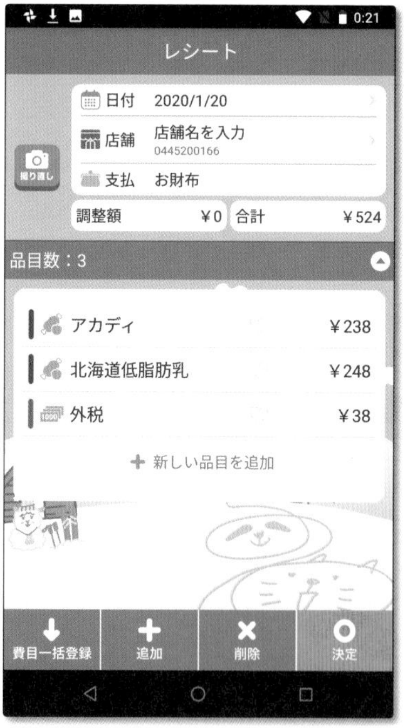

レシートをスマートフォンのカメラで撮影するだけで商品名や値段を手軽に入力できるほか、購入した食材からレシピ提案をしてくれるので、献立のメニュー検討にも役立つ。家計簿が続かない人に向いているアプリ

シンプルながら便利な機能を備える

家計簿カケイ

作者 サクラアップス
価格 無料［課金有］

家計用、個人用など複数の家計簿作成に対応しており、ネットショッピングなど特定の買い物をタグ付けして別個に集計できる

ユーザー登録なしで使用できる

かけ〜ぼ

作者 Team.Alfonsino
価格 無料

入力を手軽に行えるだけでなく、グラフを使った家計分析も可能。ユーザー登録の必要がなく、インストールしてすぐに始められる

音声認識で家計簿入力

らくな家計簿

作者 Realbyte Inc.
価格 無料［課金有］

家計簿入力を音声で行えるほか、複式簿記をサポートし、効率的な資産管理が可能。データのバックアップ／復元にも対応する

続かない人も続けられるアプリ

貯まる家計簿

作者 Advent Mobile Designs
価格 無料

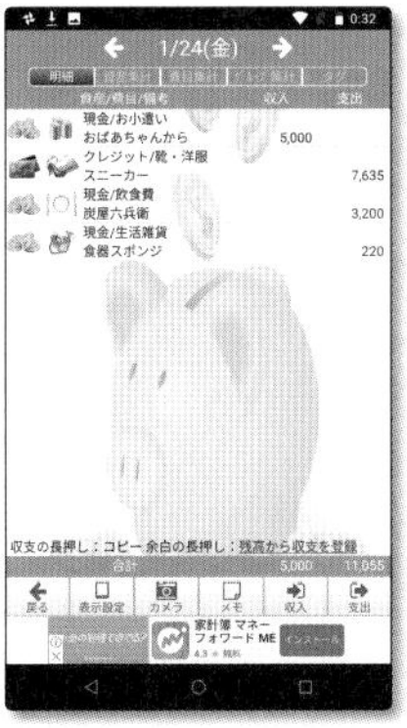

家計簿が続かない人に朗報、シンプルでわかりやすい画面など続けられる工夫が満載のアプリ。銀行などの資産管理にも使える

Section 048

引っ越し

引っ越しや家探しを効率的に行う

インターネットを利用すれば、住みたい部屋を手軽に探せます。大手不動産会社がリリースするものを中心に、不動産物件検索アプリは充実したジャンルです。検索結果が見やすいアプリ、こだわりの特集を掲載するアプリなど自分に合ったものを活用し、お気に入りの部屋を見つけてください。

賃貸・購入の多彩な物件を扱う

Yahoo!不動産

作者 Yahoo Japan Corp.
価格 無料

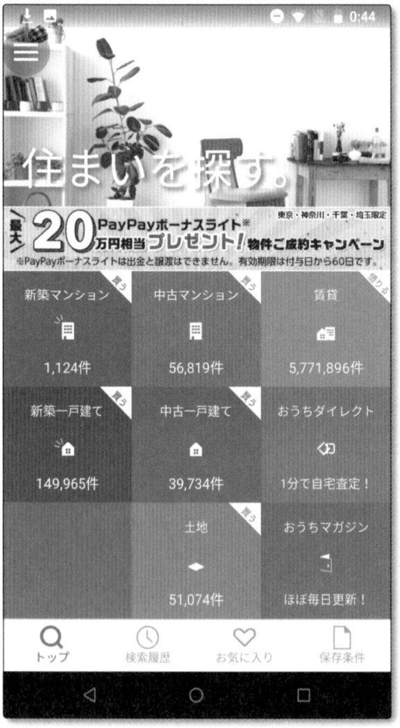

賃貸から新築・中古購入物件、土地までを幅広く扱う。気になる物件をワンタップでお気に入りに追加し、地図上に表示して周辺を確認できるほか、オートロック、宅配ボックスなどこだわり条件の検索にも対応する

こだわり条件で住みたい部屋を探せる

CHINTAI

作者 CHINTAI Corporation
価格 無料

全国の賃貸マンション・アパートを、住みたい街・路線・駅や地図上から探すことができる。バス・トイレ別、追い焚き機能などの条件はもちろん、「ペット可」なども指定できるので、住みたい部屋を見つけられる

AIなど最新技術も存分に活用

LIFULL HOMES

作者 LIFULL Co., Ltd
価格 無料

賃貸・購入の双方で物件情報が多彩。スマートフォンをかざして部屋情報を閲覧したり、AIでおすすめを表示する機能も備える

豊富な機能で物件を的確に探せる

アットホーム

作者 アットホーム株式会社
価格 無料

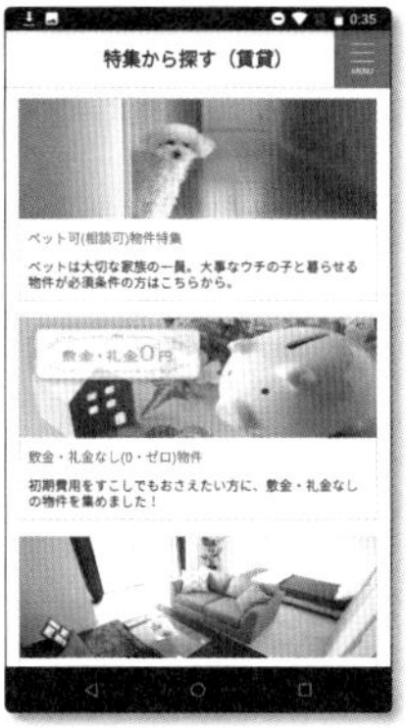

賃貸の部屋探し、一戸建て・マンション購入のどちらも得意。駅や地域、通勤時間などから探せる。写真や間取り図も豊富に掲載

地図を指でなぞって物件を見つける

SUUMO

作者 Recruit Co.,Ltd.
価格 無料

地図を指でなぞって物件を探す機能を業界で初めて搭載。ペット可、デザイナーズなど、こだわり条件も自在に付加して探せる

アプリと店頭相談がスムーズに連携

アパマンショップ

作者 Apaman Network株式会社
価格 無料

住所、沿線・駅、こだわり条件で最適な物件を検索。アプリ検索から全国に多数展開する店頭での相談へとスムーズに移行できる

Section 049

もしもの災害に備えて準備する

防災

地震、火山、台風、洪水など、日本はどこへ行っても自然災害を完全に避けることはできない国です。ですから、いたずらに怖がるのではなく、万が一に備えて常に対応を考えておくことが大切です。災害時に役立つアプリを導入し、ときどき起動して使い方を確認しておくことも重要です。

防災情報を配信するNHK公式アプリ

NHK ニュース・防災

作者 NHK（JAPAN BROADCASTING CORP.）
価格 無料

災害情報や天気予報に加えて、政治、社会、ビジネスなどさまざまなニュースを配信し、アラート通知機能も備えたNHKの公式アプリ。最新情報や現地からのライブカメラ、自治体の避難情報もていねいに伝える

全国の災害・避難情報や警報を速報

防災速報

作者 Yahoo Japan Corp.
価格 無料

地震、台風、豪雨、津波の状況、河川の洪水や土砂災害、その他各地に発表されている警報や避難情報を即座に伝えてくれる。速報を通知する地域は自宅、会社など最大3つまで設定できる。Jアラートにも対応

全国自治体の避難場所情報を収録

防災情報 全国避難所ガイド

作者 1st Media Corporation
価格 無料

自治体指定の避難場所情報を収録し、最寄りの避難場所の方向を表示。安否確認機能も備えている。火山ハザードマップにも対応

災害時に活用できるマニュアル集

東京都防災アプリ

作者 東京都総務局総合防災部防災管理課
価格 無料

防災マップや安否確認など災害時に役立つモード、災害発生時の行動を学べるモード、暮らしの中の防災対策を学ぶモードを収録

地震発生情報をすばやく通知

ゆれくるコール

作者 RC Solution Co.
価格 無料［課金有］

気象庁発表の緊急地震速報をもとにした地震発生情報をすばやく通知。市区町村と通知震度を設定でき、通知音も設定できる

防災科学技術研究所のモニタを表示

強震モニタ

作者 hirozo.net
価格 無料

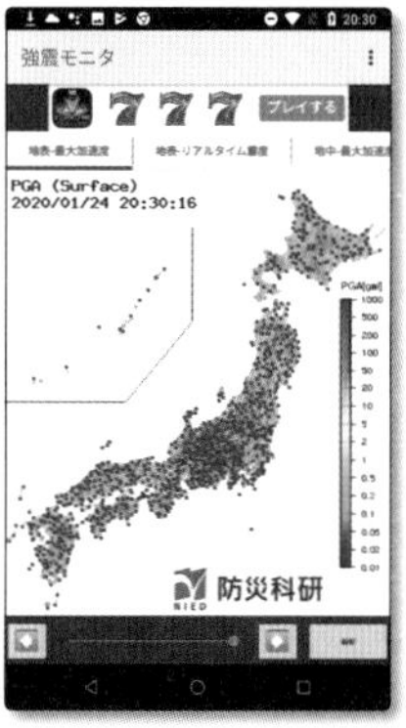

独立行政法人防災科学技術研究所が提供している強震モニタを表示するアプリ。地震発生に応じて通知を送信する機能を備える

Section 050

求人／シフト管理

仕事探しやシフト管理に活用する

仕事やアルバイトは、今や紙の情報誌を使わず、スマートフォンで条件に合う求人を手軽に検索できます。大手求人情報会社はたいていアプリをリリースしているので、自分に合った仕事探しに役立ててみましょう。また、仕事やアルバイトのシフト管理と給料計算もアプリに任せると効率的です。

転職情報最大手サイトの検索アプリ

リクナビNEXT

作者 Recruit Co.,Ltd.
価格 無料

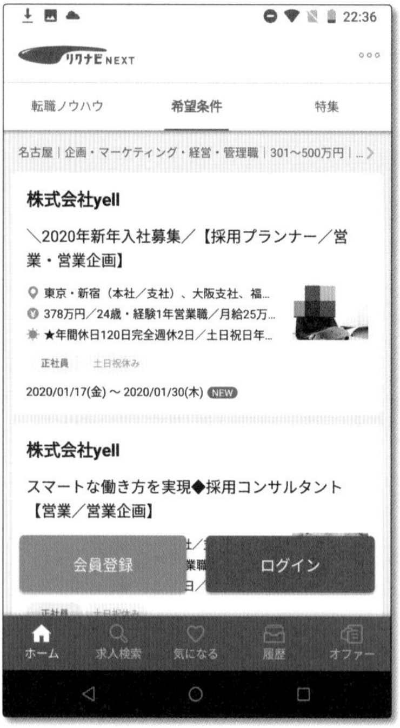

転職希望者の約8割が利用するといわれるリクルートの転職情報サイトのアプリ。大手からベンチャー企業まで多数の企業を網羅する業界最大級の求人数を掲載し、勤務地や職種、こだわり条件などから探し出せる

アルバイト探しの人気サイトのアプリ

バイトル

作者 DIP Corporation.
価格 無料

人気のアルバイト情報検索サイトのアプリ。情報は毎日1時間ごとに更新。気になった求人案件をキープしておき、あとから詳細に確認できるほか、アルバイト先の雰囲気やスタッフを動画でチェックすることも可能

ハローワークの求人情報を検索

ハローワーク

作者 ps-o
価格 無料

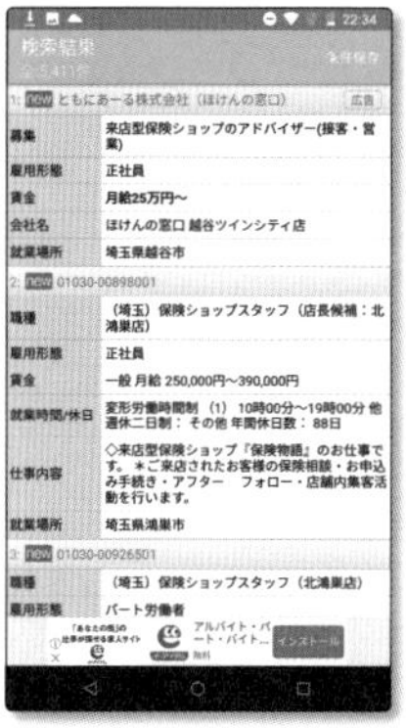

厚生労働省運営のハローワークの最新求人情報を検索・閲覧できる。約100万件の求人データベースから多彩な条件で検索可能

派遣求人情報サイトが運営するアプリ

エン派遣

作者 en-japan inc.
価格 無料

職種、勤務地、時給、勤務時間、長期／短期などのさまざまな条件から、全国各地の派遣求人情報を見つけ出すことができる

仕事が入っている日を音楽で通知する

シフトボード

作者 Recruit Co.,Ltd.
価格 無料

仕事のシフトを管理できるほか、毎月の給料計算を自動で行える。勤務が入っている日を音楽で知らせるアラート機能も備える

シフト勤務の管理と給料計算に便利

シフト給料計算カレンダー

作者 Prospect Technology, K.K
価格 無料［課金有］

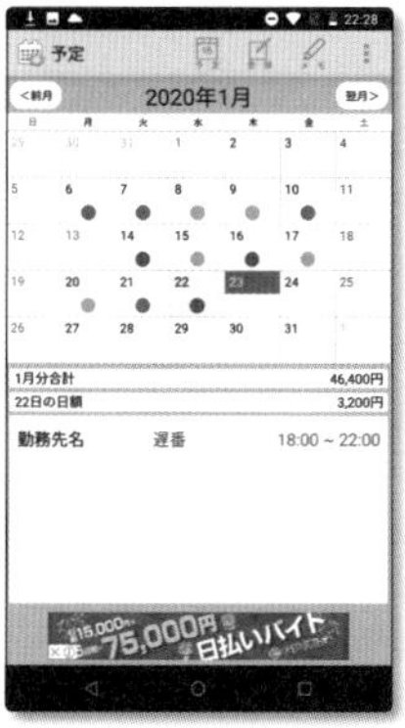

アルバイトや病院などシフト勤務の職種のスケジュール管理に加え、給料計算も行える。複数の勤務先に対応しているのも便利

Section 051

飲み会やパーティーで楽しく盛り上がる

パーティー

みんなで盛り上がれるツールがあれば、飲み会やパーティーは一気ににぎやかになります。たとえば参加者が順番に絵を描いて伝言遊びをすると、思わぬ答えが連発して気持ちも和むことでしょう。ここでは場を盛り上げるゲームとともに、飲み会で活躍する幹事をサポートするアプリを紹介します。

悩める幹事をサポートしてくれるアプリ

スマート幹事くん

作者 Recruit Co.,Ltd.
価格 無料

「ホットペッパーグルメ」提供の幹事サポートアプリ。飲み会の日程調整や店探し、割り勘・支払い額決定といった幹事を悩ます作業が、盛りだくさんの機能で手軽に済ませられる。二次会の店探し機能も備えている

予想外の答えが飛び出し盛り上がる

お絵かき伝言ゲーム!

作者 tac
価格 無料

お題の絵を描いて次の人に回し、その絵を見た人がまた絵を描く。これを繰り返して、最後の人がお題は何だったかを答える伝言ゲーム遊び。思いもよらない答えが飛び出ると、宴会は大いに盛り上がるだろう

宴会にはビンゴゲームが欠かせない

ふつうのビンゴ

作者 BAIBAI, Inc.
価格 無料

パーティーに欠かせないビンゴゲームを手軽に楽しめるアプリ。リスト機能が付いているので出目がわからなくなることもない

参加者名を入力できるあみだくじ

あみだくじ123

作者 Ksato Company
価格 無料

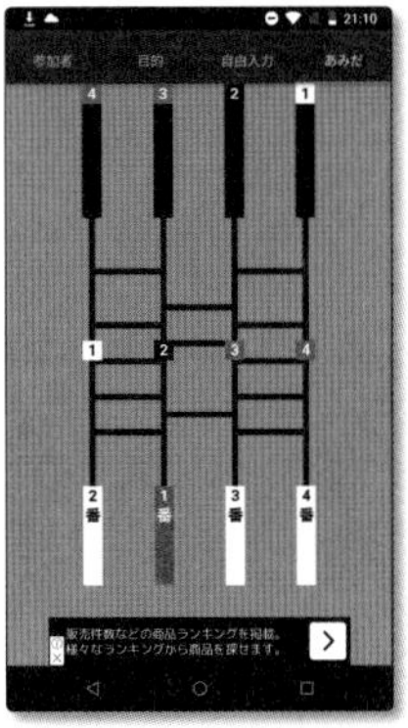

あみだくじがあれば、幹事役決定をはじめさまざまなシーンで便利。このアプリは参加者名を入力でき、多くの人数で楽しめる

幹事をサポートするツールが満載

ゲットクラブ

作者 Freedom Village Co.,Ltd
価格 無料

さまざまなパーティーゲームや幹事に役立つノウハウ集を収録し、飲み会やイベントの二次会などで幹事をサポートしてくれる

サイコロを振るだけのシンプルアプリ

サイコロ10 Free

作者 hap Inc.
価格 無料

サイコロをひたすら振るシンプルなアプリ。1個だけでなく10個までを同時に振れるので、ちょっとした場面で活躍しそうだ

Section 052

占い／心理テスト

占いや心理テストを楽しむ

時代が変わっても変わらぬ人気を誇るのが、占いや心理テストです。思わぬ結果から自分の知らない一面を発見することもあるでしょう。日頃の暮らしに役立てるもよし、合コンなどで盛り上がる材料にするもよし。ここでは、手相、タロット、恋愛心理テストなどを楽しめるアプリを紹介します。

13万以上の多彩なメニューを用意

LINE占い

作者 LINE Corporation
価格 無料［課金有］

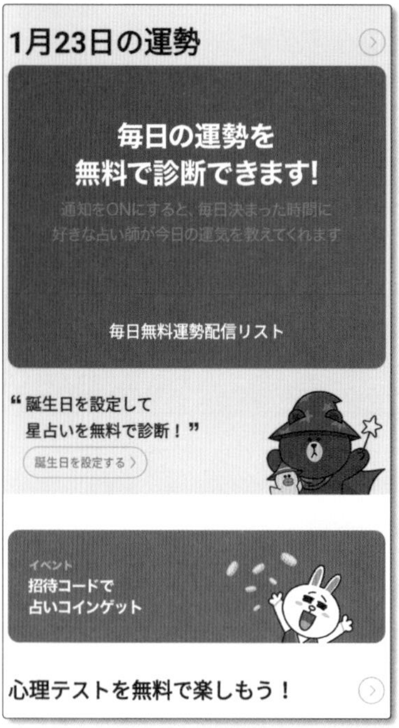
1月23日の運勢
毎日の運勢を
無料で診断できます!
通知をONにすると、毎日決まった時間に
好きな占い師が今日の運気を教えてくれます
毎日無料運勢配信リスト
“誕生日を設定して
星占いを無料で診断！”
誕生日を設定する
イベント
招待コードで
占いコインゲット
心理テストを無料で楽しもう！

13万を超えるメニューを用意し、占い師の数も総勢300名以上と豪華。LINEキャラクターによる星占いや、相性占い、毎日の運勢、有名占い師の本格占いなど、さまざまな種類の占いがラインナップされている

本格的なタロット占いを提供

タロット・スターズ

作者 Te2 Software
価格 無料

宝くじ当たりますか
4.二人の未来
VI
THE LOVERS.
VI 恋人
恋愛、愛、結婚、深い絆、共感、自分への信頼、誘惑と戦う、価値観の確立、選択、決断、集中、没頭
あなたはこの局面において、恋愛関係の始まりを経験するかもしれません。上手くいけば、あなたの想う人と深い関係を築けるでしょう。ただし、その関係が成立する前には選択という避けられないプロセスが存在し、その選択次第で
Back

根強い人気のタロット占い。このアプリは本格的なタロット占いを提供する。占い結果はカレンダーで確認することが可能。占い結果に合わせた偉人の名言が表示されるほか、夢リストなどのリスト作成機能も備える

手相をカメラで撮って占う

ザ・手相

作者 UNBALANCE Corporation
価格 無料［課金有］

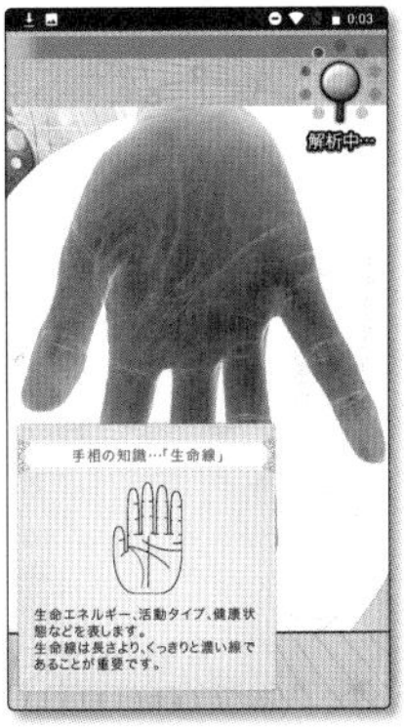

0:03
解析中…
手相の知識…「生命線」
生命エネルギー、活動タイプ、健康状態などを表します。
生命線は長さより、くっきりと濃い線であることが重要です。

スマートフォンのカメラで手相を撮り、その場ですぐに占える。鑑定ライセンスを購入するとさらに多くのメニューを利用できる

描いた絵から恋愛心理を知る

マル㊙お絵かき心理テスト

作者 MASK LLC.
価格 無料

結果
★が多い→食欲が優先
♥が多い→性欲が優先
●が多い→睡眠欲が優先
リスト
シェア
次へ

指で描いた絵をもとに心理テストを行えるアプリの恋愛編。合コン、旅行、合宿などさまざまな場面で友達や恋人と盛り上がれる

メンタリスト監修の心理テスト

超性格分析

作者 株式会社with
価格 無料

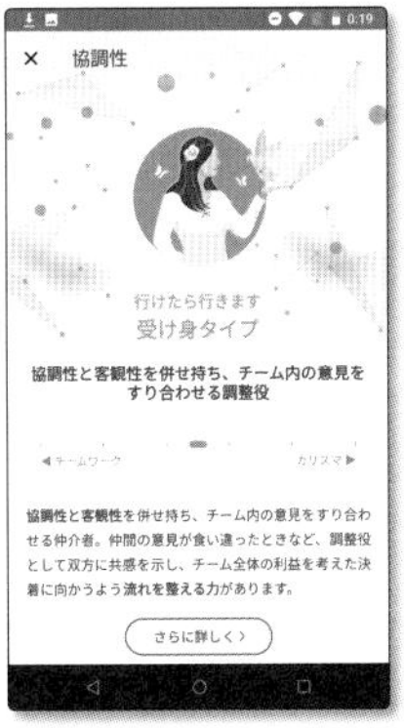

0:19
協調性
行けたら行きます
受け身タイプ
協調性と客観性を併せ持ち、チーム内の意見をすり合わせる調整役
◀チームワーク
カリスマ▶
協調性と客観性を併せ持ち、チーム内の意見をすり合わせる仲介者。仲間の意見が食い違ったときなど、調整役として双方に共感を示し、チーム全体の利益を考えた決着に向かうよう流れを整える力があります。
さらに詳しく〉

メンタリスト監修の性格診断・心理テスト。心理学で信頼性の高い診断方法を採用し、本格的な診断が可能。相性診断もできる

質問に答えて精神年齢を診断

精神年齢診断＋

作者 HANAUTA INC.
価格 無料

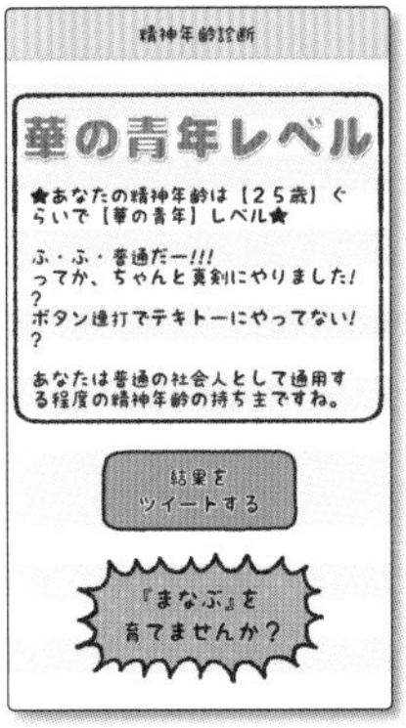

精神年齢診断
華の青年レベル
★あなたの精神年齢は【25歳】ぐらいで【華の青年】レベル★
ふ・ふ・普通だー!!!
ってか、ちゃんと真剣にやりました!?
ボタン連打でテキトーにやってない!?
あなたは普通の社会人として通用する程度の精神年齢の持ち主ですね。
結果を
ツイートする
『まなぶ』を
育てませんか？

質問への答えから精神年齢を診断。実年齢との差をチェックできる。心理テストの要素も含まれ深い診断が可能

Section 053

広告非表示

頻繁に登場する広告表示をブロックする

Webページを閲覧していると広告が頻繁に現れることがあります。検索や買い物したキーワードに関する広告が次々に表示され、不快になることもあるでしょう。誤ってタップすると不要な広告を表示することになってしまいます。アプリを導入し、広告を表示しないように設定してみましょう。

マルウェアからの保護機能も備える

Adblockブラウザー

作者 eyeo GmbH Communications

価格 無料

ポップアップ広告、ビデオ広告、バナー広告、コンテンツを装った広告を自動的に非表示にしてくれるほか、マルウェアやウイルスのリスクからも保護してくれるWebブラウザ。匿名でのブラウジングも可能にする

安全で快適なブラウジングを実現

無料広告ブロッカーブラウザ

作者 Adblock - Rocketshield Browser Technology Limited

価格 無料［課金有］

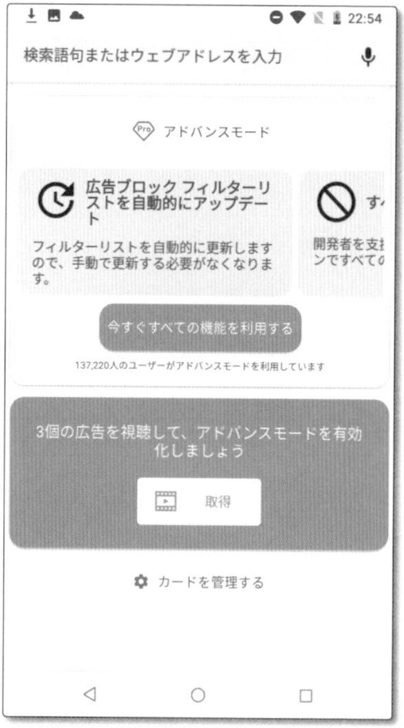

バナー広告、ポップアップ、動画広告などをブロックできるアプリ。マルウェアを含む広告をブロックして安全・快適なブラウジングを可能にするほか、トラッキングを防止するのでプライバシー保護にも効果がある

第6章

健康／ダイエット／料理

Sec.054 室内で効果的にエクササイズをする
Sec.055 生活習慣改善のために運動や行動を記録する
Sec.056 ダイエットのサポートに活用する
Sec.057 アウトドアでのストレス発散に役立てる
Sec.058 心と体をやさしくお手入れする
Sec.059 快適な眠りと目覚めを実現する
Sec.060 さまざまな方法を駆使して二度寝を防止する
Sec.061 毎日の料理メニューのアイデアを入手する
Sec.062 いつもと少し違う料理にチャレンジする
Sec.063 お弁当向けのレシピを手に入れる

Section 054

エクササイズ

室内で効果的にエクササイズをする

運動不足を解消するためにエクササイズを行うのは効果的です。とはいえ、継続することは難しく、ついついサボってしまいがちです。モチベーションを保つのも大変なことでしょう。多彩なアプリを活用すれば、日々の運動を記録し、体にとって効果的なエクササイズを無理なく続けられます。

トレーニングメニューを自動で作成

3分フィットネス

作者 Ateam Inc.
価格 無料［課金有］

1日3分の運動で効果を期待できるエクササイズアプリ。トレーニングレベルや鍛えたい部位、時間などを指定すると、トレーニングメニューが自動で作成される。エクササイズも全48種類と豊富に用意している

専門家がデザインしたメニューを用意

自宅トレーニング

作者 Leap Fitness Group
価格 無料［課金有］

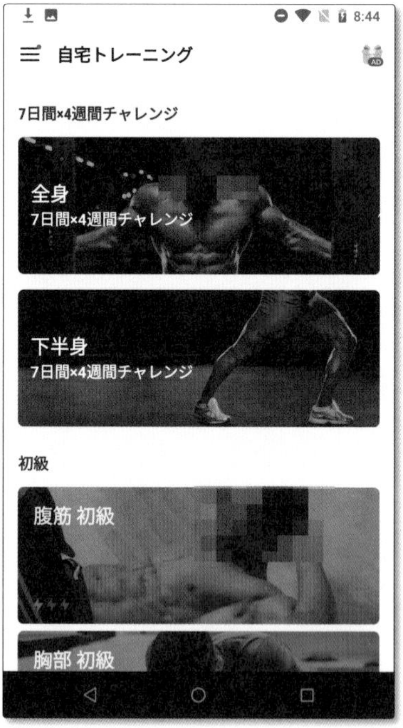

自宅で毎日数分程度のトレーニングを行うだけで、効果的なフィットネスが可能。全身トレーニングに加えて、腹筋、胸、脚、腕、ヒップなどの部位単位でも、専門家がデザインしたトレーニングを実行できる

科学的に証明された効果的な運動

7分間ホームワークアウト

作者 despDev
価格 無料［課金有］

ジャンピングジャック
Instagram
インストール

科学的に証明されたエクササイズ方法で、脂肪燃焼や腹筋、太ももなどの運動を実行。器具を使わず運動できるのがありがたい

プロのトレーナーが監修するアプリ

Fysta

作者 キングソフト株式会社［KINGSOFT JAPAN, INC.］
価格 無料［課金有］

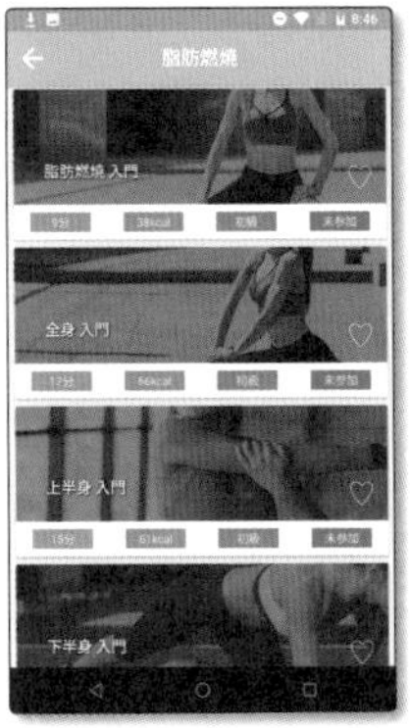
脂肪燃焼
脂肪燃焼入門
全身入門
上半身入門
下半身入門

プロのトレーナーが監修したメニューでエクササイズ。動きはスローモーションでチェックでき、効果的なトレーニングが可能

ビデオでトレーニング方法がわかる

デイリーワークアウト

作者 Daily Workout Apps, LLC
価格 無料

2
1/10
ワークアウト #1
上腹部
DMM Bitcoin
インストール

男女を問わず、自宅でエクササイズを実践できる。ビデオの中のトレーナーが効果的なトレーニング方法を丁寧に教えてくれる

ガイドに沿ってストレッチ

5分の脂肪燃焼運動

作者 Olson Applications Ltd
価格 無料［課金有］

もっと見る
セッション1
クランチ
ターゲット：10 回数
背中を床につけて、両ひざを曲げてまっすぐに横になります。両手を両耳のところにおきます。頭を上げて両肩を床から曲げて起こし、またゆっくりと床に戻します。正しい姿勢を保つために腰は床につけたままで胸とあごの間に握りこぶし1個分のスペースをとります。正しい姿勢を保つことはより多くの回数を行うより重要です。体を上げるのに最低でも2秒をかけ、下げるのにも2秒かけます。

わずか5分の運動で効率的に脂肪を落とす運動ができる。わかりやすい3Dのグラフィックによって初心者でも迷わない

Section 055

ライフログ

生活習慣改善のために運動や行動を記録する

スマートフォンを使えば、さまざまな健康データを記録・管理できます。ランニングやウォーキング、体重・血圧などを可視化することで生活習慣の改善や健康増進が可能です。多くのアプリはゲーム感覚で使えるので、記録を続けるだけでもモチベーションが上がるでしょう。

楽しみながらカウントできる歩数計

Maipo

作者 URECY WORKS LLC
価格 無料[課金有]

毎日のウォーキングをサポートするアプリ。歩数だけでなく、歩いた距離や時間、消費カロリーも自動でカウントしてくれる。カラフルなテーマを用意しているうえ、バッテリーの消費が少ないのもうれしい点だ

生活習慣を総合的に改善できる

自動歩数計・ダイエット・食事カロリー記録計算・体重管理

作者 Azumio Inc.
価格 無料[課金有]

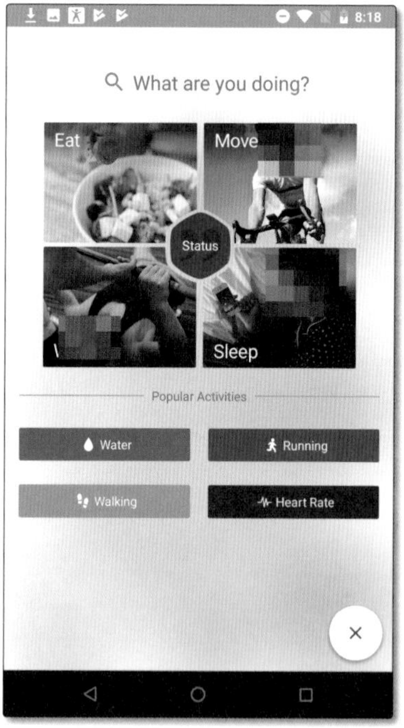

ウォーキングの歩数をはじめとする日頃の運動に加え、体重、心拍数などの身体データや食事内容も記録・管理できるアプリ。ストレッチ、ヨガなどのワークアウトメニューも用意し、運動する生活習慣を築ける

毎日の血圧を記録してチェック

血圧のーと

作者 kutze_studio
価格 無料

毎日の血圧を一覧表・カレンダー・グラフの形式でチェックできるほか、測定時に数回計測しその平均を計算できる機能も備える

人気のトラッキングアプリ

Runkeeper

作者 ASICS Digital, Inc.
価格 無料［課金有］

ランニングやウォーキングを追跡記録。ペース、タイム、消費カロリーなどを表示し、ヘッドフォンからコーチングも受けられる

ランニングやウォーキングを習慣化

adidas Running

作者 Runtastic
価格 無料［課金有］

GPS位置情報を使い、ランニングやウォーキングを行った距離や経路を記録。三日坊主にならないための機能が満載されている

日常のあらゆる行動を記録する

Way of life

作者 Way of Life ApS
価格 無料［課金有］

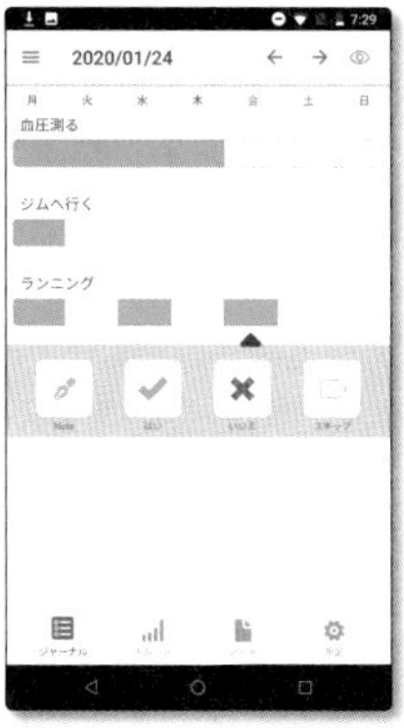

運動から食事、趣味まで日常のあらゆる行動を記録して管理。普段の行動を見直し、さまざまな習慣をしっかり身に付けられる

Section 056 ダイエット

ダイエットのサポートに活用する

ダイエットは永遠の課題です。体重をいったん落としても、安心してつい食べすぎ、リバウンドしてしまったという話はよく聞きます。まずは食習慣を見直し、体重や体脂肪率などを管理することから始めるのがおすすめです。ダイエットをサポートしてくれるアプリが数多くリリースされています。

体重が減っていくのを実感できる

あすけん

作者 asken, Inc.
価格 無料［課金有］

毎日朝昼晩に食べたものや体重・体脂肪率を細かく記録することで、ダイエットの効果を実感できる。食べたものは自分で入力するのに加え、写真から自動判別することも可能。栄養士からのアドバイスも得られる

体重の推移をカレンダーでチェック

ハミング

作者 URECY WORKS LLC
価格 無料［課金有］

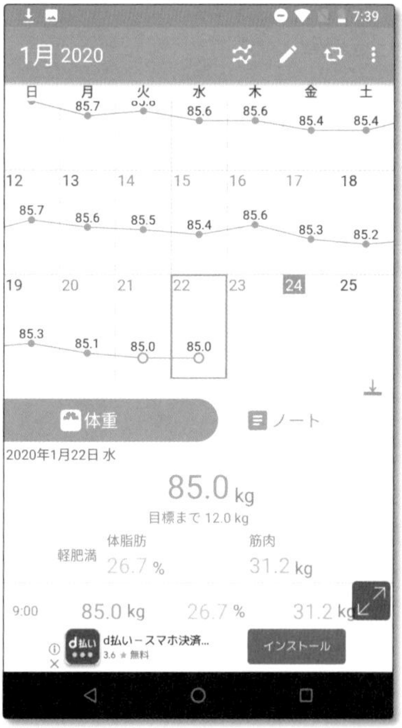

日々の体重や体脂肪率を記録し、その変化をカレンダー上のグラフで見ることができるアプリ。毎日入力、チェックすることで、ダイエットの状況や効果をひと目で確認できる。食事や運動を記録することも可能

✅ AIのトレーナーがメニューを提案

FiNC

作者 FiNC Technologies Inc.
価格 無料［課金有］

AIトレーナーが食事や睡眠、運動などのデータからダイエットメニューを提案。コミュニティ機能でモチベーションもアップする

✅ 1日のカロリーを自動計算する

カロリDiet

作者 Konami Sports Life
価格 無料［課金有］

ダイエットの成否に大きく影響する1日のカロリーを自動計算してくれるほか、対応エアロバイクとの連動機能も備えている

✅ かわいいスタンプで飽きずに続けられる

もぐたん

作者 MEDIANO Co.,Ltd.
価格 無料

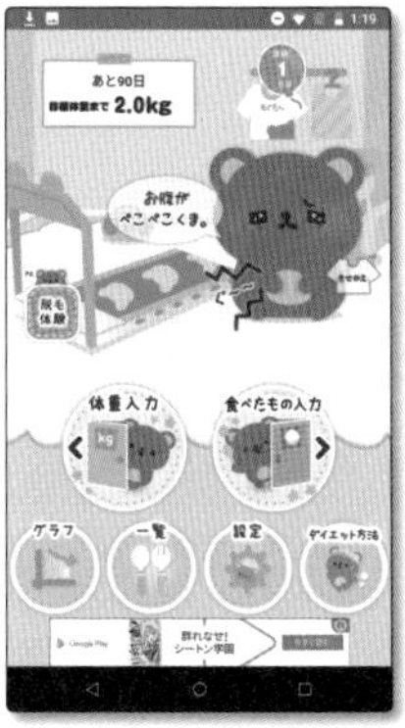

食べたものや運動などをかわいいスタンプで入力。体重とカロリーがひと目でわかるグラフによって日々の効果を実感できる

✅ 日々の体重をシンプルに記録

styleco

作者 HEDGEHOG PRODUCTS, Inc.
価格 無料

体重をシンプルに記録していくことでダイエット成功に導くアプリ。ダイエットの基本である体重管理を続けやすくしてくれる

Section 057

アウトドア

アウトドアでのストレス発散に役立てる

キャンプ、ゴルフ、登山、釣りといったアウトドア活動を楽しむことで、日頃の会社や家の環境とはがらりと違った自然に触れ、ストレスを発散できます。どこにでも気楽に持ち運べるスマートフォンに、アウトドア活動をサポートするアプリを1本インストールしておくことをおすすめします。

楽しいアウトドアライフをサポート

hinata

作者 vivit, Inc.
価格 無料

アウトドアで開催されるイベント情報やおすすめスポットに加えて、キャンプのノウハウ、アウトドアファッションのトレンドなどもチェック可能。アウトドアに気楽に繰り出すライフスタイルをサポートしてくれる

山で大活躍する登山サポートアプリ

YAMAP

作者 YAMAP INC.
価格 無料［課金有］

多くの会員を有する登山サポートアプリ。電波が届かない山中でもGPSと地図で現在地を確認できる。ルートなどの情報や写真、感想を記録・共有できるので、登山を振り返ったり、次回の登山に役立てることも可能

6 健康／ダイエット／料理

ゴルフのスコア管理と分析で役立つ

GDOスコア

作者 Golf Digest Online Inc.
価格 無料

ゴルフのスコア管理アプリ。GPSによるコースマップ・ナビ機能を備え、コース攻略の参考にできる。スコア分析機能も持つ

山歩き・森歩きで活躍する

デジタルコンパス

作者 Axiomatic Inc.
価格 無料［課金有］

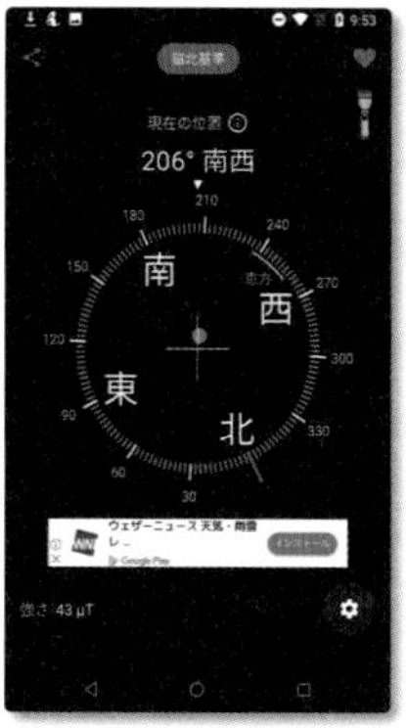

山歩きや森歩きに欠かせないコンパス。シンプルな作りでありながらクールなデザインで、方角・角度を高い精度で示してくれる

全国の潮の満ち干をチェック

しおさい-潮見表

作者 BOOK MOUNTAIN
価格 無料

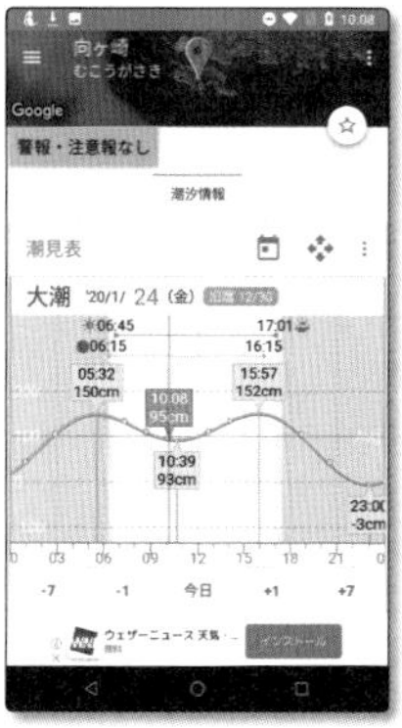

日本全国のポイントにおける潮の満ち干を確認。潮汐情報だけでなく、天気や警報、月齢、日の出／日の入りなどの情報も表示する

釣った魚を手軽に記録できる

釣果記録アングラーズ

作者 ANGLERS Inc.
価格 無料

釣った魚を写真に撮ると自動的に数多くの情報を補完してくれるので、釣りの記録に最適。メーカー協賛の大会情報も確認できる

Section 058

心身管理

心と体をやさしくお手入れする

心と体はつながっています。何かとせわしない現代社会で日々健康に生きるには、心と体を日常的にしっかりメンテナンスし、いつでも良好なバランスを保っておくことが大切です。心身の健康維持・管理・改善をサポートしてくれるアプリを活用して、心と体のバランスを意識してください。

カメラに指を当ててストレスチェック

COCOLOLO

作者　WINフロンティア株式会社
価格　無料

スマートフォン背面のカメラのレンズに指先を当てるだけで気持ちの状態をチェックでき、ストレスチェックに役立つアプリ。測定結果からは日々の傾向を確認できるほか、AIによる1日の気持ち予測も行ってくれる

やさしい音を聴いて心を穏やかに

MEISOON

作者　ホットヨガスタジオLAVA
価格　無料［課金有］

音を聴くだけで、目的やシーンに合わせて心を穏やかにし、瞑想できるアプリ。瞑想向けに作曲されたオリジナル音楽が心地よい。日本最大級のホットヨガスタジオが監修しているので、安心感があるのも強みだ

やすらぎの音で不安が遠のく

不安を消す催眠

作者 Surf City Apps
価格 無料［課金有］

心地よい音を聴くことで不安から解放する催眠状態に導かれ、やすらぎの世界を体験。数週間聴けば不安が遠のく効果があるという

いつでもどこでもリラックスできる

cocorus

作者 Excite Japan Co.,Ltd.
価格 無料［課金有］

マインドフルネス瞑想により、睡眠導入、疲労回復、ストレス解消、リフレッシュなどの効果を期待できるリラクゼーションアプリ

息を整える呼吸法でストレスから解放

呼吸練習

作者 Chill Apps
価格 無料［課金有］

息を吸う、吐き出すといった呼吸法を整えることで、ストレスから解放される。さまざまなシーン向けの呼吸法が用意されている

不眠解消やリラックスに役立つ

meditone

作者 digiart,Inc.
価格 無料

音を科学的に分析し擬似的に生成したトーンを聴くことで、不眠解消、緊張緩和、集中力向上、自律神経補正などに役立てられる

Section 059

睡眠

快適な眠りと目覚めを実現する

眠りの大切さは、改めていうまでもありません。睡眠が乱れていると仕事に差し支えるだけでなく、心身の健康にも影響します。一方、快適な睡眠ができていれば仕事も私生活も楽しめますし、ストレスも解消できるでしょう。ここでは、快適な眠りと目覚めを実現するアプリを紹介します。

癒しのサウンドで熟睡する

Sleepo

作者 Sound Sleep
価格 無料［課金有］

雨音・自然の音など、癒しのサウンドを聴くことで、穏やかな眠りにつけるアプリ。音を組み合わせることもでき、お気に入りのサウンドは保存することも可能。仕事で集中したいときにも利用できる

穏やかな眠りに導くサウンドを用意

ぐっすリン

作者 カラダノート
価格 無料

雨音、鳥や虫の声といった自然のやさしい音に加えて、ピアノやジャズのメロディー、気づくと眠りに落ちてしまう電車内のサウンドなどを収録。快適な眠りをサポートする。止め忘れ防止のタイマー機能も備える

眠りにつきやすい音を収録する

Relax Melodies

作者 Ipnos Software
価格 無料［課金有］

安らぎを醸し出す52種のサウンドとメロディーを用意。好みのミックスを再生することで、リラックスした眠りを存分に楽しめる

水の音が穏やかな眠りにいざなう

水の音

作者 seg-soft
価格 無料

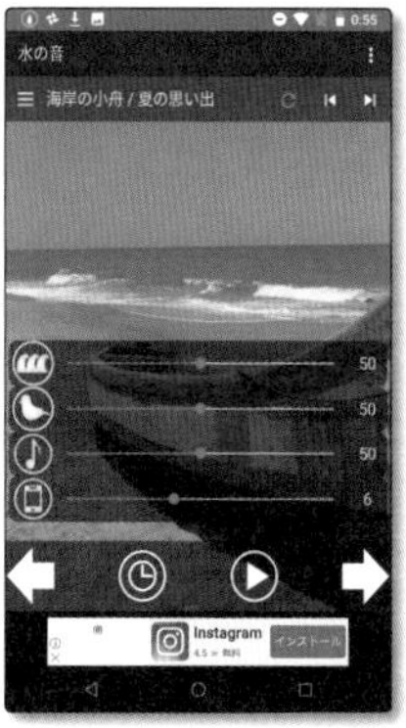

水の音とやさしい音楽で眠りに誘う。19種の水の音と32種の音楽を収録し、水の音、音楽のそれぞれで自在に音量調節できる

睡眠の浅いときに目覚めさせてくれる

Sleep as Android

作者 Urbandroid（Petr Nálevka）
価格 無料［課金有］

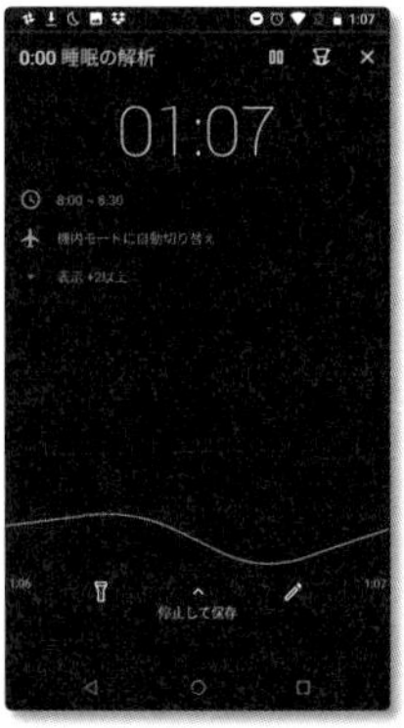

睡眠サイクルを解析し、眠りの浅いタイミングで起こしてくれる目覚まし時計。快適に目覚められる自然音のアラームを用意する

瞑想の効果で睡眠を快適にする

Aura

作者 Aura Health
価格 無料［課金有］

睡眠改善に加えてストレスや不安解消、集中力アップにも使える。毎日3分の瞑想によってマインドフルネス効果を実感できる

Section 060

アラーム

さまざまな方法を駆使して二度寝を防止する

いったん目覚めたのに、つい二度寝をしてしまい、会社や学校に遅刻してしまった経験を持つ人はきっと多いことでしょう。二度寝は確かに気持ちよいものですが、用事がある日の二度寝はなんとしても避けたいものです。ここで紹介するアプリを使えば二度寝を効果的に防止できるはずです。

爽快な気分で目覚められる

熟睡アラーム

作者　株式会社C2（C2, Inc.）

価格　無料［課金有］

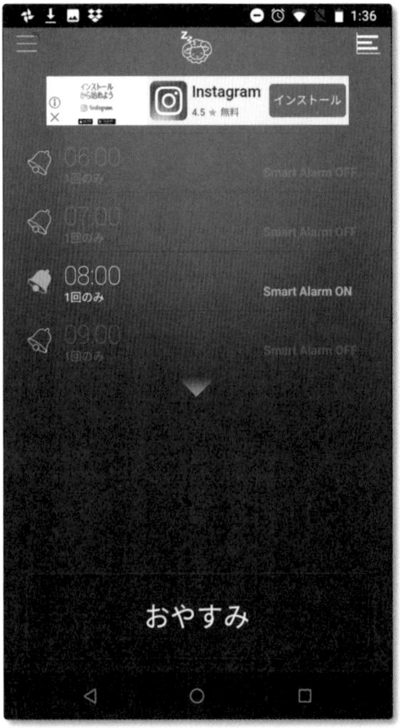

心地よく眠りに入れるサウンドと、快適に起きられるアラームの組み合わせで熟睡をサポート。アラームは眠りの浅いタイミングで鳴るようになっている。睡眠記録を管理するクラウドサービスも便利に活用できる

かわいいキャラクター満載のアプリ

アラームモン

作者　malang

価格　無料［課金有］

びっくりするほどの大きなアラーム音を鳴らすうえ、起床時にミニゲームも組み合わせることで、楽しみながら必ず起きられるようにしてくれる心強いアプリ。履歴機能により、起床に関する習慣もチェックできる

ミッションを達成しないと止まらない

おこしてME

作者 Alarm Clock Alarmy
価格 無料［課金有］

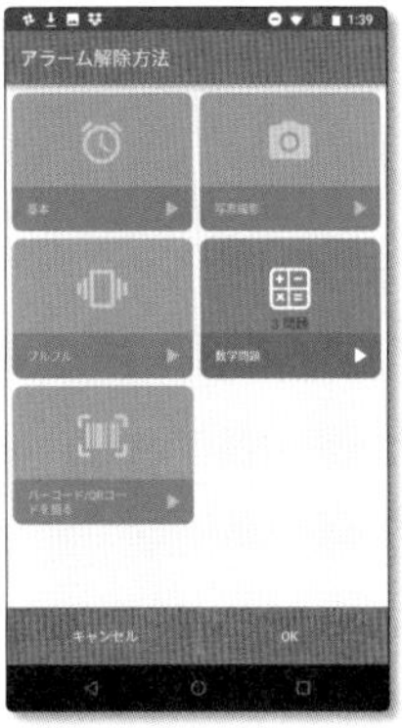

写真照合する、数学の問題を解く、スマートフォンをシェイクするなど、ミッションをクリアしないとアラームを止められない

スマートフォンを振って止める

強力めざまし

作者 mon mon
価格 無料

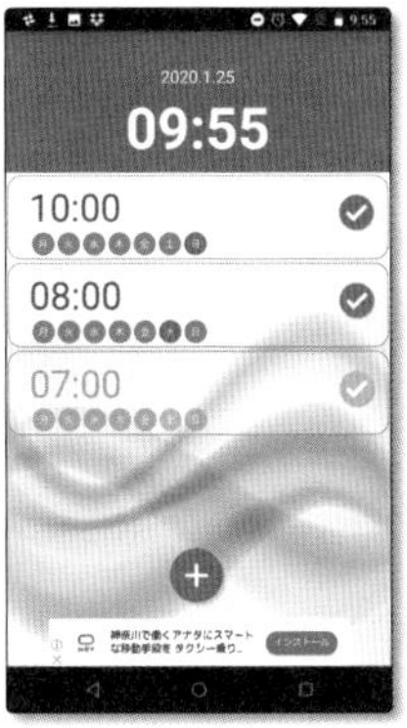

スマートフォンを振り続けなければアラームを止められないアプリ。振る回数を指定することも可能。絶対に起きたい人向けだ

ネコ好きは目覚めが楽しくなる

ねこアラーム

作者 ソフト屋 巣
価格 無料

どこを見てもネコづくしの目覚まし時計。アイコンだけでなく、アラーム音のキャラクターもすべてネコというこだわりが楽しい

数字を正確に入力すれば止められる

イライラめざまし

作者 skelabo
価格 無料

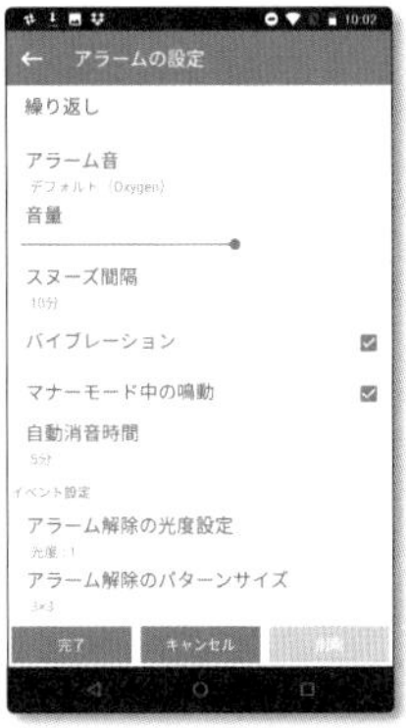

10桁の表示を正しく入力したり、ランダム配置の数字を順番にタップしたりしないと、アラームを止めることができないアプリ

Section 061

レシピ

毎日の料理メニューのアイデアを入手する

毎日のレシピは食事を作る人にとって悩みの種でしょう。食事メニューはついつい似通ってしまうものです。できれば毎日異なるバラエティあふれたメニューにしたいとお考えの方には、アプリからアイデアを得ることをおすすめします。基本的な料理からユニークなメニューまで目白押しです。

ご存じ定番のレシピ検索サービス

クックパッド

作者 Cookpad Inc.
価格 無料［課金有］

定番レシピサービスの公式アプリ。掲載レシピは315万点以上で、月に約5,400万人が利用している。選りすぐりのレシピが毎日更新され、ユーザーの感想もわかる。作りたいレシピは20点まで保存できる

プロの料理家のレシピを365日提案

E・レシピ

作者 Excite Japan Co., Ltd.
価格 無料［課金有］

プロが考案するバランスのよいレシピが毎日提案されるアプリ。レシピの全工程が写真で紹介されるので、初心者でも迷うことなく料理できる。旬の食材の活用や季節のイベントに合わせたアイデアも満載されている

料理に関する多彩な情報を配信

macaroni

作者 trustridge Inc.
価格 無料

料理に関する情報満載のアプリ。おいしい料理を作れるコツや、最新グルメトレンド、雑誌のように読める記事なども配信する

キッコーマン提供のレシピ集

今日の献立

作者 Kikkoman Corporation
価格 無料

キッコーマン提供のメニューが満載。「旬の料理」「食材名」「料理名」から好みのレシピを選べる。買い物リスト機能も便利

150万以上の献立を無料で提供

楽天レシピ

作者 Rakuten, Inc.
価格 無料

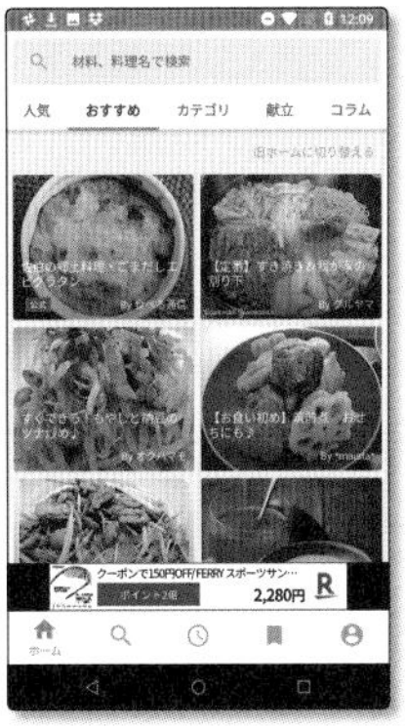

150万点以上のレシピを無料で提供。人気順やカテゴリー、キーワードでレシピを探せる。管理栄養士のおすすめ献立も用意

バラエティあふれるレシピを動画で

moguna

作者 moguna ,Inc.
価格 無料

かんたんな料理から本格レシピまで、多彩な料理の作り方が動画でわかる。ワンポイントアドバイスにより失敗しにくいのが特徴

Section 062

レシピ

いつもと少し違う料理にチャレンジする

目新しいメニューをテレビで見かけて「おいしそう」と思っても、自分で作るのは無理とあきらめていませんか？　いつもと少し違う料理を作ってみると、料理はさらに楽しくなります。ここで紹介するアプリを使えば、いつものパターンから一歩踏み出した新しいメニューに挑戦できるでしょう。

料理で多彩なスパイスを使いこなせる

スパイスレシピ

作者　ハウス食品株式会社
価格　無料

ハウス食品提供の、多種多様なスパイスを活かした料理にチャレンジできるアプリ。スパイス名から検索し、作りたいメニューを探し出せる。スパイスの新商品情報も入手でき、スパイスを徹底的に使いこなせる

旬の食材をとことん活かせる

e食材辞典 for Android

作者　DAIICHI SANKYO COMPANY, LIMITED.
価格　無料

製薬会社の第一三共が提供するアプリ。700以上の食材を使った3,800以上の健康にやさしいレシピを動画などで紹介している。旬の食材にこだわり、献立作りにとことん活かせるのが大きな魅力

低カロリーの食堂の味を家庭で再現

タニタ社員食堂レシピ

作者 TANITA HEALTH LINK, INC.
価格 無料[課金有]

低カロリーで人気の「タニタの社員食堂」のサービスを利用できる。食堂の献立レシピが紹介され、タニタの味を家庭で再現可能

家族の健康を重視した献立を提案

MENUS

作者 DMM.com
価格 無料[課金有]

登録した家族の健康情報をもとに、カロリー、体調、アレルギーの有無などを考慮して考えられたレシピを提案してくれるアプリ

本場の韓国料理の味を家庭で楽しめる

韓国のレシピ無料

作者 Endless
価格 無料[課金有]

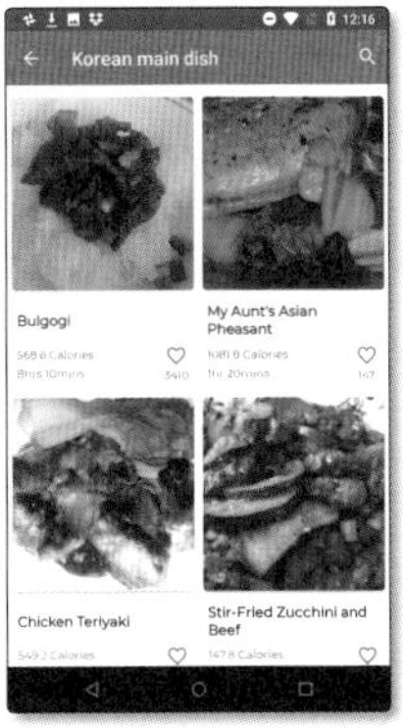

メインディッシュからデザートまで、日本でも高い人気を誇る韓国料理のレシピを提供。本場の韓国料理を家庭で再現できる

世界中のユニークな料理を紹介

すべて無料レシピ

作者 Fitness Circle
価格 無料[課金有]

アジア、ヨーロッパ、アメリカ、アジアなど世界のさまざまな地域の料理レシピを紹介。いつもと違った料理を存分に楽しめる

Section 063

お弁当

お弁当向けのレシピを手に入れる

子供や仕事に出かけるご主人・奥様のお弁当作りは大変な作業です。毎日作るものとはいえ、やはりマンネリは避け、栄養を考慮し、見栄えもきれいなお弁当を作りたいものです。そんなときこそアプリを活用するのがおすすめです。家族に喜ばれるお弁当作りの参考になるアプリを紹介します。

お弁当の献立と食材選びをサポート

ソラレピ

作者　エス・アイテックス

価格　無料［課金有］

お弁当にも便利に活用できる、管理栄養士監修のおいしくて体にやさしい献立を365日届けてくれるアプリ。買い物に便利なリスト機能を備え、家族の人数や作りたいお弁当の個数に応じた食材選びが手軽に行える

お弁当のメニュー考案が楽になる

ミーニュー

作者　me：new

価格　無料［課金有］

毎日考え出すのに苦労する献立を最長1週間分作成し、配信するアプリ。2日目、3日目の使い回し候補が表示され、苦手食材やアレルギー食材を除いた献立の作成にも対応しているので、お弁当作りに便利

第 7 章

育児／キッズ

Sec.064 子供の成長を記録として残す
Sec.065 子供と遊べる最新情報を入手する
Sec.066 子供や家族の健康を管理する
Sec.067 動いたり音が出たりする絵本で楽しむ
Sec.068 歌って踊って親子で楽しむ
Sec.069 子供のやる気を伸ばす／才能を引き出す
Sec.070 見て触って感性を育てる
Sec.071 知育アプリで楽しく学習する
Sec.072 「学び」の楽しさをサポートする
Sec.073 遊び感覚でプログラミングを体験する
Sec.074 スマートフォンにどっぷり浸かってしまうのを防ぐ

Section 064

子供の成長を記録として残す

成長記録

子供が生まれてからしばらくは、お宮参りや初節句など、イベントが盛りだくさんです。時間はあっという間に過ぎてしまいがちですが、思い出をしっかり記録しておくことも忘れてはいけません。日常の暮らしをきちんと残しておけば、振り返るときの楽しみが増えるでしょう。

家族でアルバムを共有

家族アルバム みてね

作者 mixi, Inc
価格 無料［課金有］

写真や動画を無制限で投稿し、子供の成長過程をリアルタイムに共有できる。公開範囲をユーザーごとに選ぶことができ、プライバシーも安心。毎月の写真からフォトブックを自動で作成する機能もある

毎月1冊無料のカレンダー

Famm

作者 TIMERS inc.
価格 無料

育児日記をまとめながら、子供の写真入りアルバムを毎月1冊無料で作れる。アルバムには4枚の写真を入れることができ、カレンダーとして使い終わったあとも成長の記録として残せる

家族専用のSNS

wellnote

作者 Wellstyle Corporation
価格 無料

写真や動画を家族で共有できるアプリ。投稿された写真には、スタンプやコメント、「いいね」などを付けることが可能

毎月11枚のとっておきを選ぶ

かぞくのきろく

作者 FUJIFILM Corporation
価格 無料

毎月11枚の写真と「きろくカード」を入力することで、1年に1冊家族のアルバムが完成する。写真整理を続けたい人向け

シート形式でフォトブックを作る

ポケットフォトブック

作者 Nakabayashi Co.,Ltd.
価格 無料

1ページに8枚の写真を配置したフォトシートを注文できる。写真を選ぶだけで自動配置されるので、手間がかからない

両親にカレンダーを送る

レター

作者 ROLLCAKE Inc.
価格 無料

3ステップで写真付きのカレンダーを作成して、直接投函できるサービス。お試しで3通まで無料で作成できる

Section 065

子供と遊べる最新情報を入手する

育児情報

休日は子連れで一緒に出かけるチャンスです。週末に実施されるイベントや、子供が参加できるワークショップなど、アプリを使って情報を集めてみましょう。「雨の日に出かけられる施設はないかな?」など、目的に応じてお出かけスポットを探すことができます。

お出かけ情報を手に入れる

いこーよ

作者 actindi
価格 無料

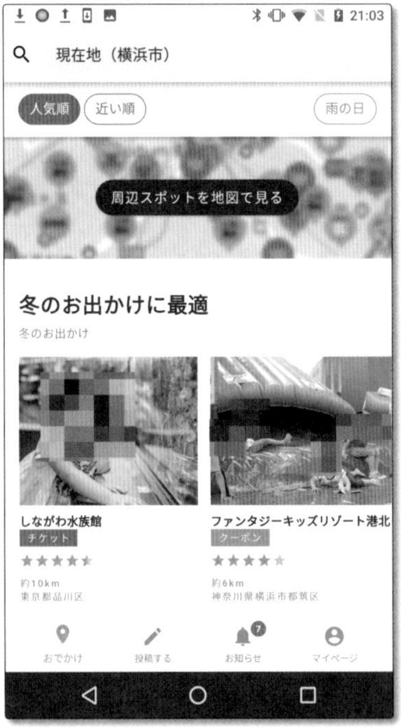

7万6,000件以上のお出かけスポットを調べられる日本最大級のお出かけ情報サイト、「いこーよ」の公式アプリ。施設の詳細はもちろん、パパ・ママのリアルな口コミ情報を読んだり、投稿したりできる

公園へ出かけよう

PARKFUL

作者 KOTOLABO
価格 無料

日本全国にある11万以上の公園情報を掲載。現在地付近の公園やおすすめの公園、人気の公園を探すことができる。写真やコメントを投稿して、魅力的な公園を記録として残していこう

comolib

comolib

作者 Sendyou Inc.
価格 無料

レストランや宿泊施設の口コミ情報など、子連れで行けるお出かけスポットが見つかるアプリ。授乳室の有無なども確認できる

ママを応援するアプリ

ママタイムズ

作者 Lifetimes, Inc.
価格 無料

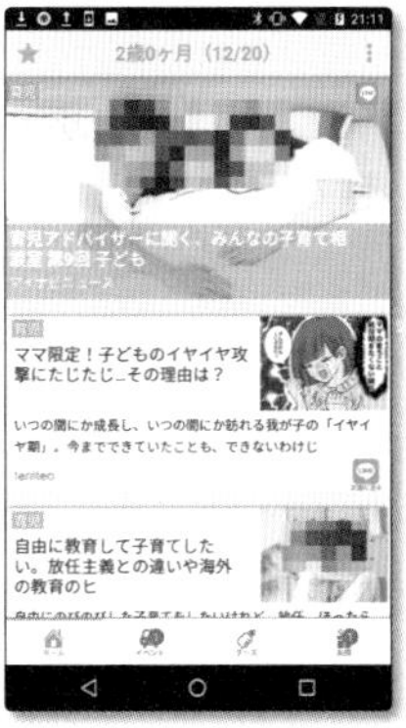

ママ向けのキュレーションアプリ。妊娠週数や子供の月齢、年齢に合わせた育児コラムやお出かけスポット情報を毎日配信

授乳室を探す

ママパパマップ

作者 チーム ママパパマップ
価格 無料

授乳室やおむつ台、赤ちゃん用の休憩室などを探せるアプリ。ミルク用のお湯があるかなどの口コミ情報もチェックできる

育児マンガが読める

コノビー

作者 NTT DOCOMO
価格 無料

人気漫画ライターが描く育児漫画が読み放題。出産や子育ての体験談や、月齢に合わせて配信される記事が読める

Section 066

子供や家族の健康を管理する

健康管理

子供はいろいろな病気にかかります。普段から発育や体調をしっかりと把握しておくことはとても重要です。また感染症の予防や、病気に対する抵抗力を高めるため予防接種を受けるのも、この時期ならではです。予防接種は種類も多くスケジュール管理も大変なので、アプリを活用しましょう。

シールを貼って体調を管理

育ログ

作者 WM（わたしムーヴ）
価格 無料

シールを貼りながら育児の記録を残せるアプリ。記録内容は自動でグラフ化される。体温や咳、発疹などの体調記録もシール操作で入力可能で、小児科医からのアドバイスも読める

予約もできるお薬手帳

EPARKお薬手帳

作者 フリービット EPARK ヘルスケア
価格 無料

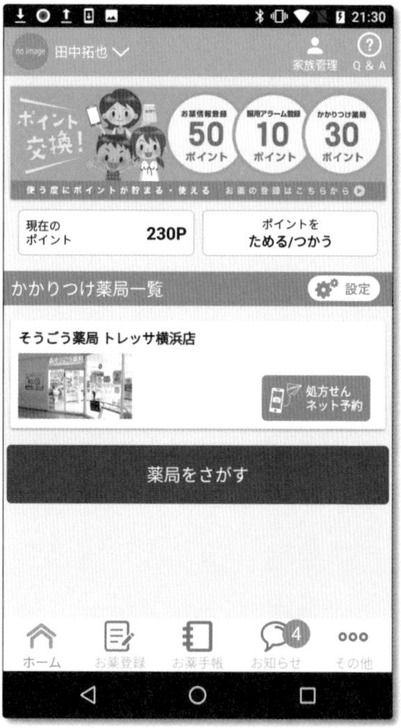

全国の提携薬局で使用できる電子お薬手帳。家族で最大10人分まで管理に対応。QRコード読み込みや写真保存で記録を残せるほか、ネット経由で調剤を予約することで薬局での待ち時間を短縮できる

740以上の離乳食レシピ

手作り離乳食

作者 ever sense, Inc.
価格 無料

管理栄養士が監修した離乳食のレシピ集。初期から後期まで740以上のレシピを掲載。食べてもよい食材が一覧できる

子供を病気から守る

予防接種スケジューラー

作者 特定非営利活動法人 VPDを知って、子どもを守ろうの会
価格 無料

幼児、小児向けワクチン注射の通院予定や通院記録を管理できるアプリ。ワクチンの月別表示や、ワクチンの詳しい解説が読める

困ったときの味方

教えて! ドクター

作者 佐久医師会
価格 無料

咳や発熱などの症状や病名から、病院受診のタイミングなどを教えてくれるアプリ。救急受診が必要かどうかの目安になる

夫婦で共有できる

ぴよログ

作者 Sakabou Inc.
価格 無料［課金有］

かんたんな操作で育児の記録を残せる母子手帳アプリ。夫婦間で情報を共有できる。身長や体重の成長曲線を記録することも可能

Section 067

動いたり音が出たりする絵本で楽しむ

絵本

絵本の読み聞かせは、心の成長を助けるだけでなく、親子で過ごす大切な時間でもあります。幼少期の子供にとって良質な絵本との出会いはとても大切ですが、絵本の世界は奥が深く、また種類も豊富です。絵本選びで迷ったら、アプリを利用してみてはいかがでしょう。

500冊以上の絵本が楽しめる

森のえほん館

作者 株式会社アイフリークモバイル
価格 無料［課金有］

月齢6か月から6歳くらいを対象にした絵本の定額読み放題サービス。日本昔話やグリム、イソップ、アンデルセンなど海外の有名童話などが500冊以上並んでいる

14日間無料で試せる

魔法の絵本

作者 株式会社C2 (C2, Inc.)
価格 無料［課金有］

プロのナレーターや声優が物語を読み上げる読み放題サービス。日本の昔話や世界の童話を多数収録し、字幕表示も可能。新しい作品が隔週で更新されている

1000冊以上の絵本が読み放題!

絵本ひろば

作者 Alphapolis Co., Ltd.
価格 無料

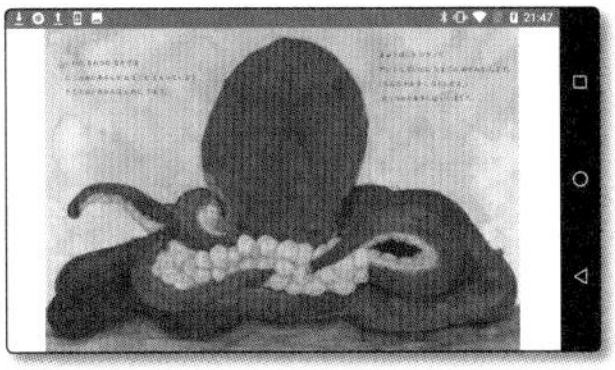

絵本投稿サイト「絵本ひろば」に投稿されている絵本がすべて読み放題。会員登録が不要でオフラインでも利用できる

昔話や世界の童話を80作品以上収録

ゆめある

作者 ゆめある教育
価格 無料［課金有］

人気の日本昔話や世界の童話を動画形式で80作品以上収録している。音声や音楽が付いており、小さな子でも見やすい

英語も学べる絵本がいっぱい!

学研のえほんやさん

作者 Gakken Plus Co.,Ltd
価格 無料［課金有］

世界の名作や日本の昔話を50作品以上用意。すべての絵本は英語付きでネイティブのきれいな発音の英語で聞くことができる

読み聞かせを記録する

ミーテ

作者 公文教育研究会
価格 無料

子供に読み聞かせた絵本やうたを記録できる。子供の反応をスタンプやメモで残すことができ、ランキングにすることも可能

Section
068

歌って踊って親子で楽しむ

歌／ダンス

小さな頃から歌やダンスを経験させている家庭は多いかもしれません。歌やダンスは、体の機能を高めるのによいとされています。また、この時期に音楽の基礎を身に付けると、のちに楽器のレッスンを始めやすくなります。ここでは体を動かしたり、楽譜を読んだりできるアプリを紹介します。

音感を鍛える

音感検定アプリ おとあて

作者 Sony Music Entertainment (Japan) Inc.

価格 無料

楽譜の読み方を学習できるアプリ。表示されている音符の音を画面の鍵盤で叩いて当てる「おんぷあて」と、音を聞いて当てる「おとあて」の2つのトレーニングモードが用意されている。2人対戦でも遊べる

五線譜が読めるようになる

おんぷちゃん

作者 tokentoken

価格 120円

毎日の成績や音階ごとの正答率を確認しながら音感の育成ができるアプリ。音を聞いて解答するというシンプルなスタイルなので、繰り返し続けられる。無料版と比べて広い音域の練習が可能

✓アンパンマンの歌がいっぱい

うたって! おどって! アンパンマン

作者 SMART EDUCATION, LTD.
価格 無料［課金有］

「それいけ!アンパンマン」のキャラクターが登場する音楽アプリ。おなじみのテーマソングに合わせて、楽器演奏が楽しめる

✓さまざまな楽器で遊べる

子供のためのピアノ

作者 Orange Studios Games
価格 無料［課金有］

楽器、歌、サウンド、プレイの4つのモードで音楽演奏が楽しめる。ピアノ以外にもさまざまな楽器や音が用意されている

✓0歳から遊べるピアノ

ピアノあそび

作者 株式会社GENIT
価格 無料［課金有］

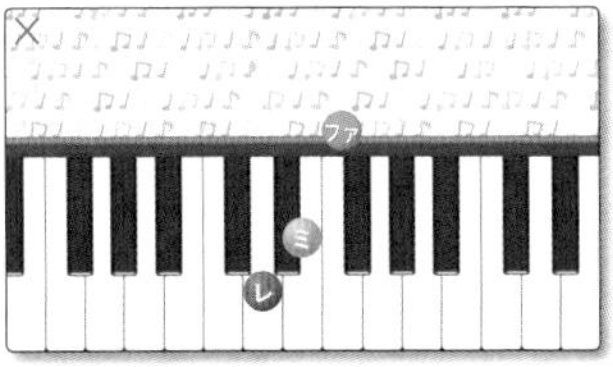

ガイドに合わせてタッチすることでメロディを演奏できるピアノアプリ。2つのモードで、0歳からでも遊べる

✓ゲーム感覚で音感をトレーニング

絶対音感トレーナー

作者 miyns Inc
価格 無料［課金有］

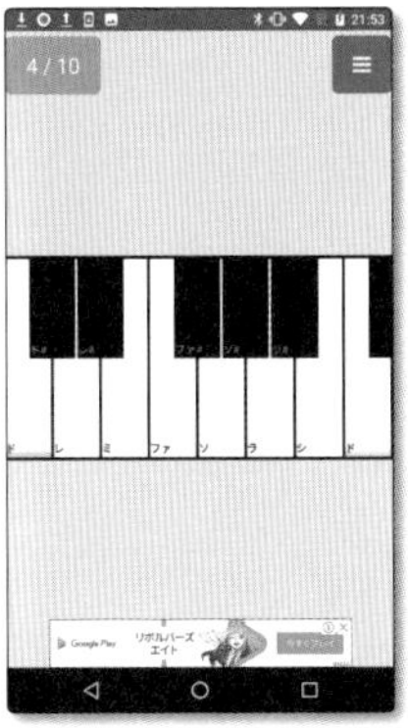

音を聞いて同じ音の鍵盤をタッチする音感トレーニングアプリ。コードや2音以上の聞き取りもあり、音感のステップアップ向け

Section 069

知育

子供のやる気を伸ばす／才能を引き出す

子供はお絵描きや工作に夢中になります。実際に手を動かすことで、色の違いを覚えたり、線の種類を描き分けたりとさまざまなことを学びます。また将棋や囲碁などは、先を読む力や集中力が付くという理由から習い事としても人気です。小さな子供でも夢中になれるアプリはたくさんあります。

5歳から遊べる

どうぶつしょうぎ（公式）

作者 G-MODE Corporation
価格 99円

女流棋士北尾まどか氏が考案した「どうぶつしょうぎ」の公式アプリ。4種類の駒を使って、将棋の基礎を遊びながら学べる。1人プレイはもちろん、家族や友達と対局プレイも楽しめる

子供のための百人一首

百人一首 初めてかるた 無料版

作者 PolygonDrill Ltd.
価格 無料

全百人一首の暗記を目標に、かるたの読み上げや対訳の表示など、さまざまな機能を備える。読み札から説明文まで、すべてふりがなが付けられているので1人でも遊べる。無料版は一部機能のみ遊べる

講義形式で囲碁が遊べる

囲碁アイランド 1

作者 The Nihon Ki-in
価格 無料

日本棋院が提供する囲碁の入門アプリ。囲碁をまったく知らなくても、初歩からアニメーションでわかりやすく覚えられる

コマ撮りのアニメーションを作る

Stop Motion Studio

作者 Cateater
価格 無料［課金有］

複数の静止画を撮影してストップアニメーションを制作できるアプリ。タイトルやサウンドの追加なども楽に行える

描いた絵が動き出す

お絵かき らくがキッズ

作者 SMART EDUCATION, LTD.
価格 無料

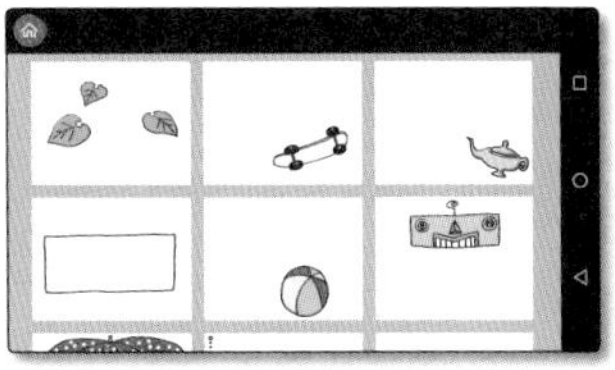

音の出る魔法の筆でらくがきができるアプリ。描いた線を順に再生することや、描いた線を動かしてアニメーションを楽しめる

塗り絵が飛び出して動く

Quiver

作者 QuiverVision Limited
価格 無料［課金有］

ARを利用した塗り絵アプリ。印刷した台紙に色を塗り、カメラをかざすと立体化して画面の中を動き回る。無料のサンプルが豊富

Section 070

知育

見て触って感性を育てる

子供は成長するにつれ、外にある世界に興味を持ちます。昆虫や植物に夢中になる子や空に輝いている星々の世界へと関心の目を向ける子、人体のしくみに関心を持つ子もいるでしょう。ここでは、美しいイラストやインタラクティブな操作を通して子供たちの想像の翼を広げるアプリを紹介します。

初めて触れる天文学

Star Walk 2 - 子供のための天文学のゲーム

作者 Vito Technology
価格 無料［課金有］

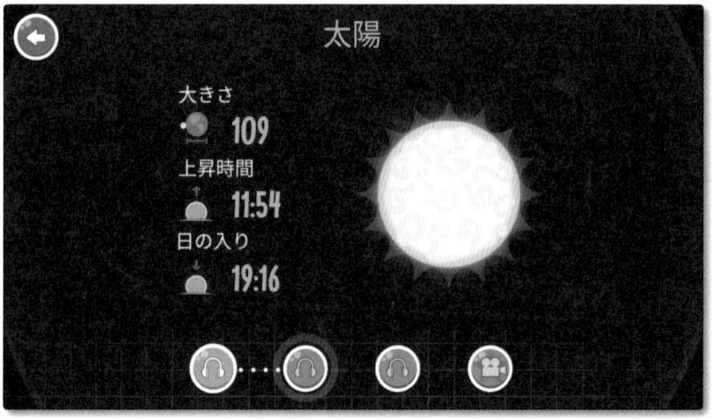

人気の天体観測アプリを子供向けにリデザイン。イラストや天体情報を満載し、ジャイロスコープを利用して、現在地から見える星や星座を画面上に表示してくれる

はらぺこあおむしが動き回る

わたしのはらぺこあおむし

作者 SMART EDUCATION, LTD.
価格 無料［課金有］

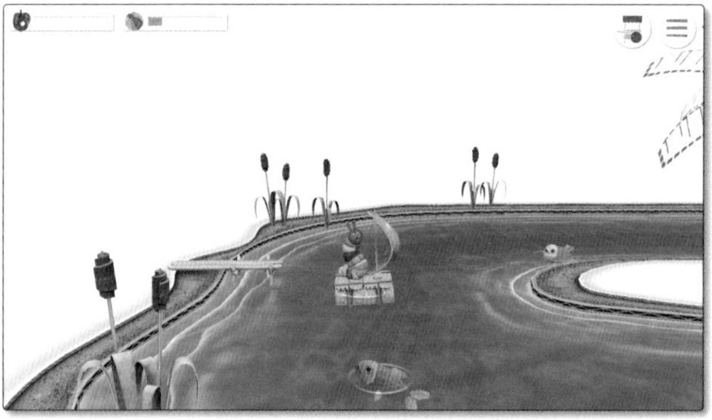

エリック・カールの名作「はらぺこあおむし」をテーマにしたアプリ。3Dで描かれたあおむしを動かしてご飯を食べたり、お絵かきしたりできる

人体をジグソーパズルで覚える

あそんでまなべる 人体模型パズル

作者 Digital Gene
価格 無料

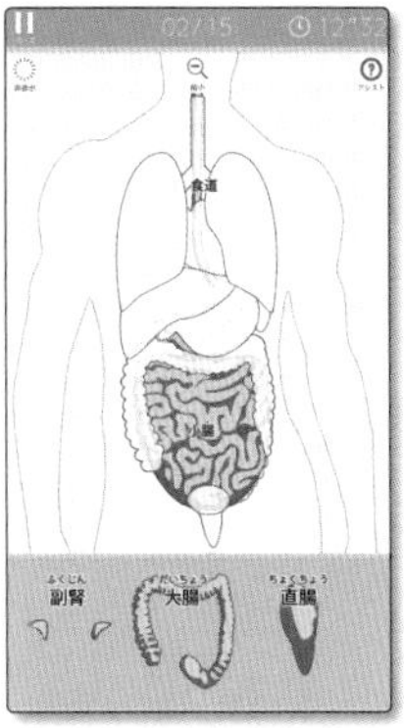

人体の内蔵と骨格をジグソーパズル感覚で覚えることができる。アシスト機能のおかげで、わからなくても最後まで遊べる

鉄道博物館を存分に楽しむ

鉄道博物館アプリ

作者 鉄道博物館
価格 無料

鉄道博物館公式のガイドアプリ。展示内容の詳しい解説や館内のマップを表示してナビゲーション機能が利用できる

アリの巣コロニー

アリの巣コロニー

作者 BAIBAI, Inc.
価格 無料

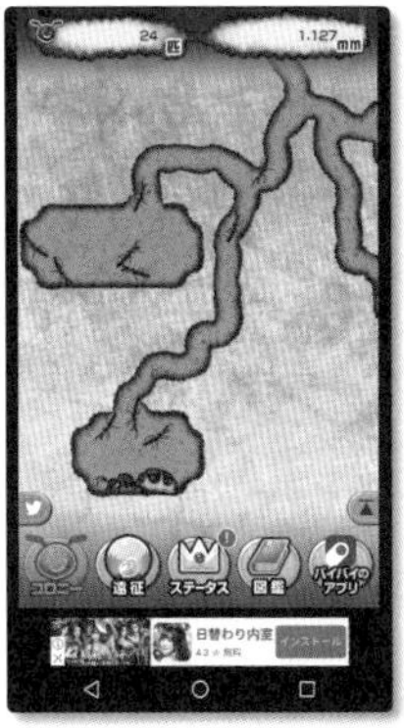

アリが巣を作る様子を観察できる育成放置ゲーム。アリが卵から孵化する様子や外敵に対処する様子などを観察できる

世界に1つの図鑑が作れる

LINNÉ LENS

作者 Linne Corporation
価格 無料［課金有］

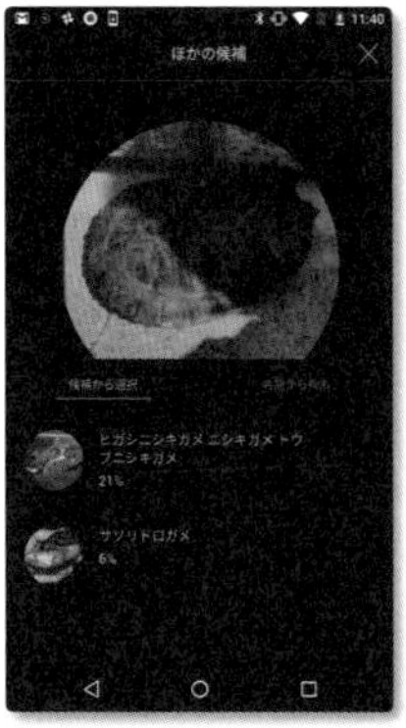

水族館や動物園の生き物の名前や犬や猫の品種を認識できるAI図鑑アプリ。調べた生き物を種類別にコレクションできる

Section 071

知育アプリで楽しく学習する

知育

子供の能力を育てるために知育玩具を利用している人は多いでしょう。スマートフォンにもたくさんの知育アプリや教育アプリがあります。種類が豊富なので、年齢に合った内容のものを利用するとよいでしょう。ここでは、幼少期から使えるアプリを紹介します。

100種以上の仕掛けで作る

ピタゴラン

作者 monois Inc.
価格 無料［課金有］

画面をなぞって、楽しい仕掛けがいっぱいの装置が作れる。ボールやドミノ、車などさまざまな装置を配置でき、交換や編集も自由自在。仕掛けが完成したら、ボールが転がる様子をじっくり観察できる

線路をつないで列車を走らせる

ツクレール

作者 monois Inc.
価格 無料［課金有］

画面をなぞってレールをつなぎ、列車を走らせることができる。列車を高架線に登らせたり、くぐらせたり、分岐させたりして、自由に線路を敷くことができる。情景パーツもいろいろ用意されている

お店屋さんごっこを楽しむ

ごっこランド

作者 KidsStar Inc.
価格 無料

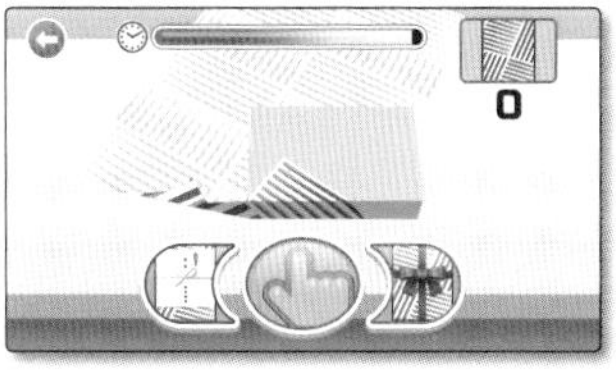

ケーキ屋さんや歯医者さんなど、17種類の職業を疑似体験できる知育アプリ。わかりやすい音声ガイドが付いている

数や文字を学ぼう

ワオっち!ランド

作者 WAO CORPORATION
価格 無料

2歳から7歳くらいまでを対象にした知育アプリ。数の計算や文字の練習ができる25種類のゲームを用意している

日本の地名に強くなる

あそんでまなべる日本地図パズル

作者 Digital Gene
価格 無料

ジグソーパズルで日本の都道府県の位置や名前を覚えることができる。難易度選択やアシスト機能を備えている

世界の国旗を覚える

みんなの国旗クイズ

作者 AMGAMES Inc.
価格 無料[課金有]

ゲーム感覚で挑戦できる国旗クイズ。国旗と国名を覚えられる。難易度を選べるので子供から大人まで楽しめる

Section 072

学び

「学び」の楽しさをサポートする

小学校にあがると、義務教育のカリキュラムが始まります。算数や英語など新しく増えた科目の家庭学習にアプリを活用してはどうでしょう。宿題がたくさんあって、自宅での学習がなかなかはかどらないということもありそうです。ゲーム感覚で楽しみながら学べるアプリがおすすめです。

好きな教科を伸ばす

NHK for School

作者 NHK（JAPAN BROADCASTING CORP.）

価格 無料

NHKの学校向けサービス「NHK for School」の公式アプリ。NHKが放送した国語、算数、理科、社会などさまざまな教科・ジャンルの学習番組を視聴できる。人気ランキングも搭載している

キッズ英語を楽しく学ぶ

ワオっち！イングリッシュスクール！

作者 WAO CORPORATION

価格 無料［課金有］

2歳から10歳程度までのキッズを対象にした英語アプリ。毎月無料のエクササイズを配信し、ゲーム感覚で操作しながら、挨拶や日常会話、お話などの英語を総合的に学べる

考える力を身に付ける

シンクシンク

作者 Hanamaru Lab
価格 無料［課金有］

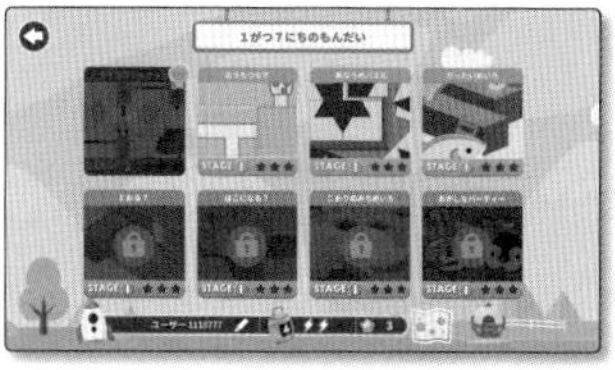

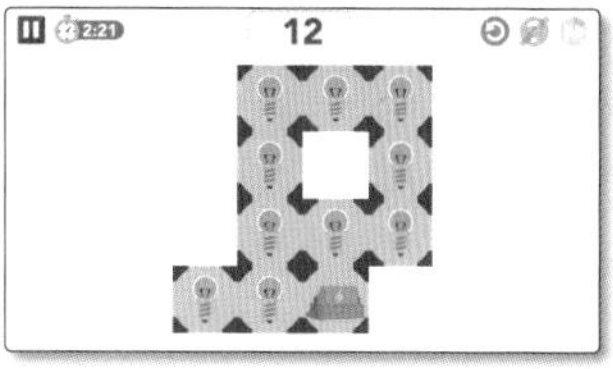

パズルや迷路、図形などを用いて、考える力を身に付ける。100種1万5,000題以上の問題を収録し、毎月増えている

あそんでまなべる

トドさんすう

作者 Enuma
価格 無料［課金有］

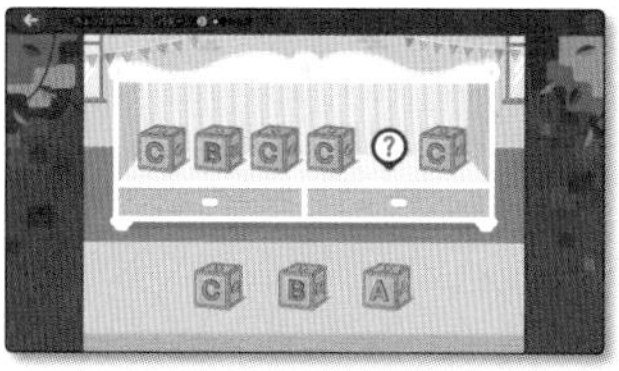

小学2年生までの算数を学習できる。グラフィカルな画面で、数の概念から図形に至るまで、算数の基礎力がしっかり身に付く

九九をマスターする

かけ算九九に挑戦

作者 AppStar Studio
価格 無料［課金有］

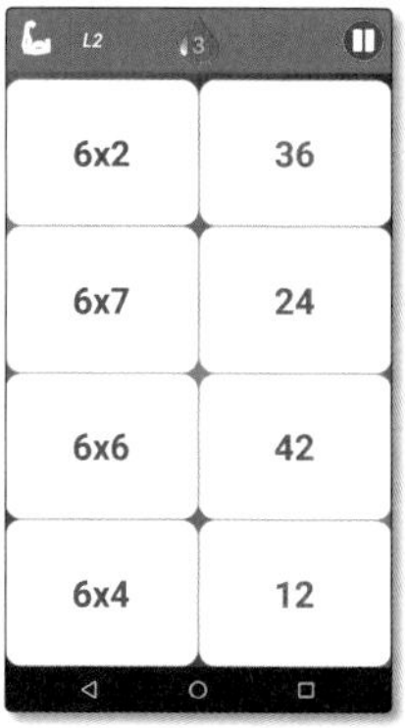

ゲーム感覚でかけ算の練習ができるアプリ。パネルを選ぶだけのかんたんな操作で九九をマスターできる。12のレベルがある

子供向けのYouTube

YouTube Kids

作者 Google LLC
価格 無料

YouTubeからファミリー向けの動画だけを表示できる。プロフィールの登録で表示する動画を制御できる

Section 073
プログラミング

遊び感覚でプログラミングを体験する

2020年より、小学校ではプログラミング教育が必修化されます。これをふまえて、小さいうちからプログラミングを体験させたいと考えている人も多いでしょう。最近は、アイコンやブロックを組み合わせてプログラミングの考え方を学習できるビジュアルプログラミングツールが人気です。

初めてのプログラミングに最適

viscuit

作者 Digital Pocket Limited Liability Company
価格 無料

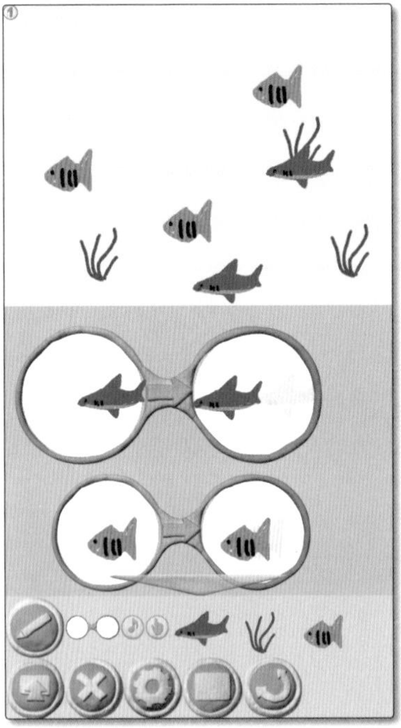

就学前の子供でもプログラミングを体験できるビジュアルプログラミング言語。絵を描いて、「メガネ」にドラッグするだけで、アニメーションやゲームなどをかんたんに作ることができる

基礎と応用を養う

こどもプログラミング

作者 AMGAMES Inc.
価格 無料［課金有］

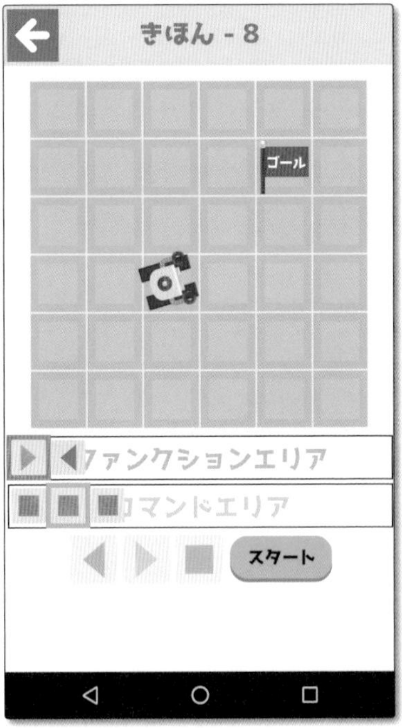

かんたんな命令を組み合わせてロボットを操作し、最適ルートでロボットをゴールまで導く。レベル1～3まであり、それぞれ24ステージを収録。大人でも脳トレ感覚で論理的思考を身に付けられる

初めてのスクラッチ

ScratchJr

作者 Scratch Foundation
価格 無料

図形ブロックを組み合わせてキャラたクターを動かせる。シンプルなブロックを使うことで、論理的に考える力が身に付く

ゲーム感覚で学べる

Lightbot：Code Hour

作者 SpriteBox LLC
価格 無料

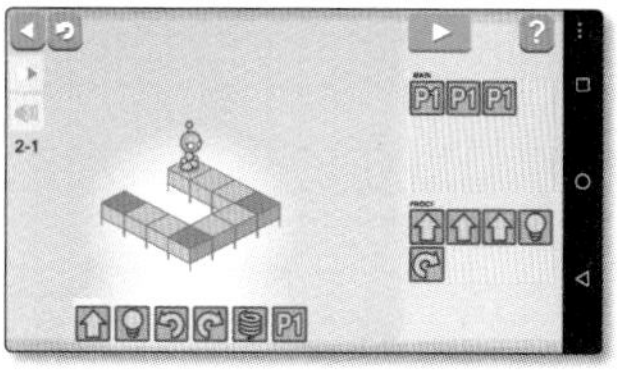

ロボットを操作しながら、画面内のすべてのタイルに明かりを点けるプログラミング型パズル。設定画面で日本語に変更できる

小学校低学年から使える

プログラミングゼミ

作者 DeNA Education
価格 無料

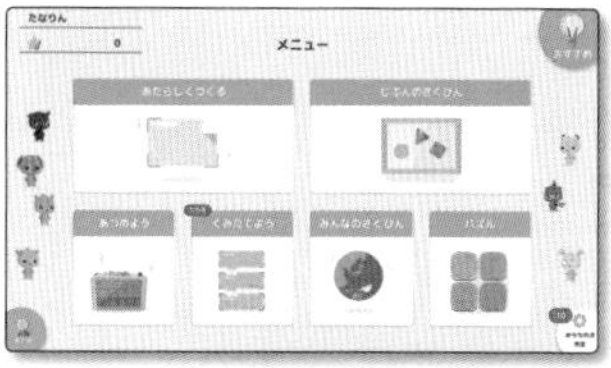

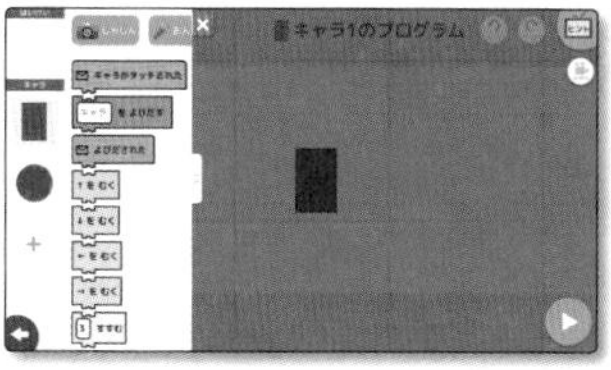

Scratch風のプログラミングツールを使って、プログラミング作品を作れる教材アプリ。作品はネットを通じて公開できる

美しいプログラミングパズル

デジタルパペット

作者 TAKOYAKING
価格 無料

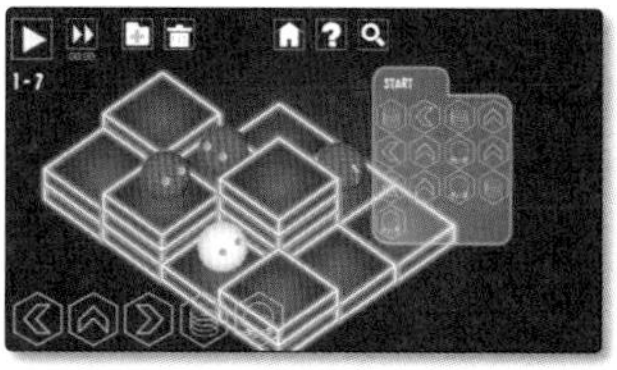

パペットの行動をプログラミングで操作して、敵を全滅させるゲーム。繰り返し処理を行う「JOB」を使いこなすのがポイント

Section 074

利用管理

スマートフォンにどっぷり浸かってしまうのを防ぐ

スマートフォンの使い過ぎが問題になることが増えてきました。とくに年齢の小さなお子さんがスマートフォンを使うときは、ついつい触ってしまわないように適切な監督をする必要があるでしょう。ここでは、楽しみを損なわず、スマートフォンを計画的に使うためのアプリを紹介します。

木を植えて集中時間を確保する

Forest

作者 Seekrtech

価格 無料［課金有］

指定した時間スマートフォンを触らないでいると、木を育てることができる。反対にアプリから離れて、ほかの操作をすると木が枯れてしまう。毎日続けると、たくさんの木が育ち森となる

使用時間を決めてスマートフォンをロックできる

UBhind

作者 RinaSoft

価格 無料［課金有］

1日にどれくらいスマートフォンを利用しているか、アプリ別に使用時間を表示できるアプリ。1日の目標使用時間を設定できるほか、好きな時間にスマートフォンをロックし、計画的に利用することが可能

第8章

読書／語学／学習

Sec.075 電子書籍を快適に楽しむ
Sec.076 人気のコミックを存分に楽しむ
Sec.077 雑誌の読み放題サービスを便利に利用する
Sec.078 電子辞書やオンライン事典を活用する
Sec.079 時間割やノートを共有する
Sec.080 集中できる学習環境を作り効率よく学習する
Sec.081 ビジネスや旅行など目的に合わせて英語を学ぶ
Sec.082 英語のリスニング力をアップさせる
Sec.083 英語以外の多様な外国語を学習する
Sec.084 漢字を楽しみながら学習する
Sec.085 楽しみながら地理を学ぶ
Sec.086 楽しみながら日本と世界の歴史を学習する
Sec.087 科学への興味と知識を掘り下げる
Sec.088 宇宙の最新知識をもっと深める
Sec.089 アートの世界を心ゆくまで楽しむ
Sec.090 雑学を身に付けて知識の幅を広げる

Section 075

電子書籍を快適に楽しむ

電子書籍

電子書籍の大きなメリットは、場所を取らないことです。さらに、読みながら調べられる検索性の高さや、文字サイズを自在に変更できるのも便利です。スマートフォンの画面は小さいイメージがありますが、小説など文字中心の書籍を読む際はその小ささをほとんど感じないでしょう。

オーディオブックも楽しめる

Google Play ブックス

作者 Google LLC
価格 無料

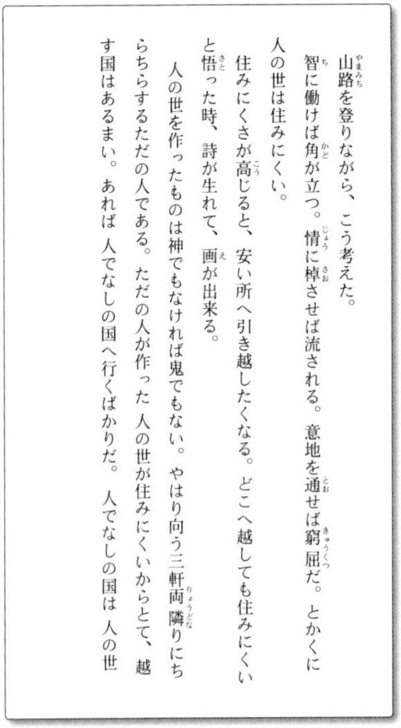

山路《やまみち》を登りながら、こう考えた。
智《ち》に働けば角《かど》が立つ。情《じょう》に棹《さお》させば流される。意地を通《とお》せば窮屈《きゅうくつ》だ。とかくに
人の世は住みにくい。
住みにくさが高《こう》じると、安い所へ引き越したくなる。どこへ越しても住みにくい
と悟《さと》った時、詩が生れて、画《え》が出来る。
人の世を作ったものは神でもなければ鬼でもない。やはり向う三軒両隣《りょうどな》りにち
らちらするただの人である。ただの人が作った人の世が住みにくいからとて、越
す国はあるまい。あれば人でなしの国へ行くばかりだ。人でなしの国は人の世

「Playストア」で購入した電子書籍を読んだり、オーディオブックを楽しんだりできる。好みに合わせて表示されるおすすめ書籍から選ぶことも可能。読書灯設定をオンにすると雰囲気が変わるのもおもしろい

ソニーの電子書籍ストアを利用できる

Reader

作者 Sony Music Entertainment (Japan) Inc.
価格 無料

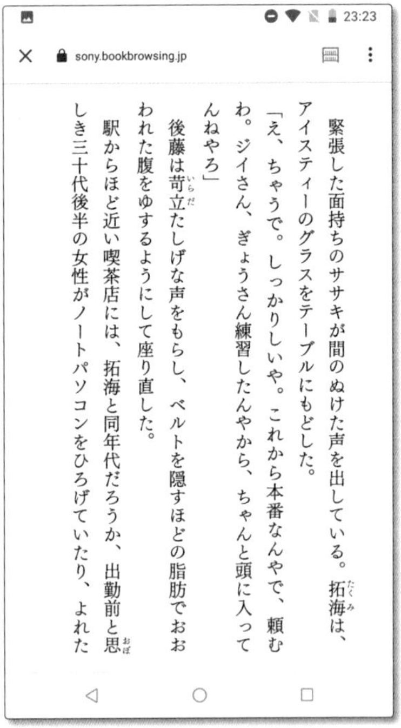

23:23
sony.bookbrowsing.jp
緊張した面持ちのササキが間のぬけた声を出している。拓海《たくみ》は、
アイスティーのグラスをテーブルにもどした。
「え、ちゃうで。しっかりしいや。これから本番なんやで、頼む
わ。ジイさん、ぎょうさん練習したんやから、ちゃんと頭に入って
んねやろ」
後藤は苛立《いらだ》たしげな声をもらし、ベルトを隠すほどの脂肪でおお
われた腹をゆするようにして座り直した。
駅からほど近い喫茶店には、拓海と同年代だろうか、出勤前と思《おぼ》
しき三十代後半の女性がノートパソコンをひろげていたり、よれた

ソニーの電子書籍ストア「Reader Store」で購入した本を読めるアプリ。購入した本は自動的に同期され、本棚に表示される。ストアは無料本や試し読みも充実している。最大5台までの機器で共有可能

KADOKAWAの無料小説サイト向け

カクヨム

作者 KADOKAWA（カクヨム）

価格 無料

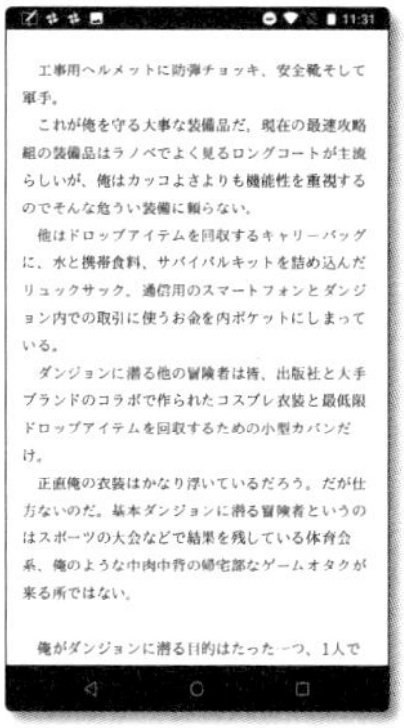
11:31
工事用ヘルメットに防弾チョッキ、安全靴そして軍手。
これが俺を守る大事な装備品だ。現在の最速攻略組の装備品はラノベでよく見るロングコートが主流らしいが、俺はカッコよさよりも機能性を重視するのでそんな危うい装備に頼らない。
俺はドロップアイテムを回収するキャリーバッグに、水と携帯食料、サバイバルキットを詰め込んだリュックサック。通信用のスマートフォンとダンジョン内での取引に使うお金を内ポケットにしまっている。
ダンジョンに潜る他の冒険者は皆、出版社と大手ブランドのコラボで作られたコスプレ衣装と最低限ドロップアイテムを回収するための小型カバンだけ。
正直俺の衣装はかなり浮いているだろう。だが仕方ないのだ。基本ダンジョンに潜る冒険者というのはスポーツの大会などで結果を残している体育会系、俺のような中肉中背の帰宅部なゲームオタクが来る所ではない。
俺がダンジョンに潜る目的はたった一つ、1人で

小説サイト「カクヨム」に掲載された作品を読める。すべての小説が無料。お気に入り作品をいつでも読めるフォロー機能も便利

コンテンツは楽天アカウントと同期

楽天Kobo

作者 Kobo Books

価格 無料

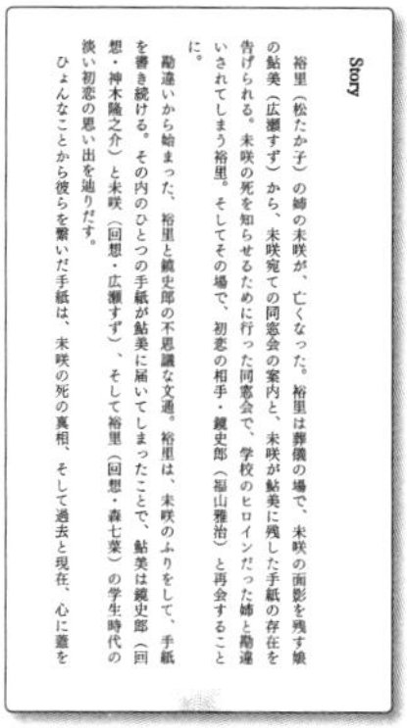
Story
裕里（松たか子）の姉の未咲が、亡くなった。裕里は葬儀の場で、未咲の面影を残す娘の鮎美（広瀬すず）から、未咲宛ての同窓会の案内と、未咲が鮎美に残した手紙の存在を告げられる。未咲の死を知らせるために行った同窓会で、学校のヒロインだった姉と勘違いされてしまう裕里。そしてその場で、初恋の相手・鏡史郎（福山雅治）と再会することに。
勘違いから始まった、裕里と鏡史郎の不思議な文通。裕里は、未咲のふりをして、手紙を書き続ける。その内のひとつの手紙が鮎美に届いてしまったことで、鮎美は鏡史郎（回想・神木隆之介）と未咲（回想・広瀬すず）、そして裕里（回想・森七菜）の学生時代の淡い初恋の思い出を辿りだす。
ひょんなことから彼らを繋いだ手紙は、未咲の死の真相、そして過去と現在、心に蓋を

300万冊以上の電子書籍を楽しめる「楽天Kobo」の公式アプリ。自分だけの本棚を作れるコレクション機能を備えている

青空文庫の作品が快適に読める

青空文庫ビューア Ad

作者 Toshihiro Yagi

価格 無料［課金有］

3/23ページ
11:48
その代りまた鴉《からす》がどこからか、たくさん集って来た。昼間見ると、その鴉が何羽となく輪を描いて、高い鴟尾《しび》のまわりを啼きながら、飛びまわっている。ことに門の上の空が、夕焼けであかくなる時には、それが胡麻《ごま》をまいたようにはっきり見えた。鴉は、勿論、門の上にある死人《しにん》の肉を、啄《ついば》みに来るのである。――もっとも今日は、刻限が遅いせいか、一羽も見えない。ただ、所々、崩れかかった、そうしてその崩れ目に長い草のはえた石段の上に、鴉の糞《ふん》が、点々と白くこびりついているのが見える。下人は七段ある石段の一番上の段に、洗いざらした紺の襖《あお》の尻を据えて、右の頬に出来た、大きな面皰《にきび》を気にしながら、ぼんやり、雨のふるのを眺めて

青空文庫に収録された作品を無料で読める。短時間で読める小作品から長編まで、分量に応じた作品を手軽に選べる機能を持つ

テキストファイルの音声読み上げに対応

青空司書

作者 shogo

価格 無料

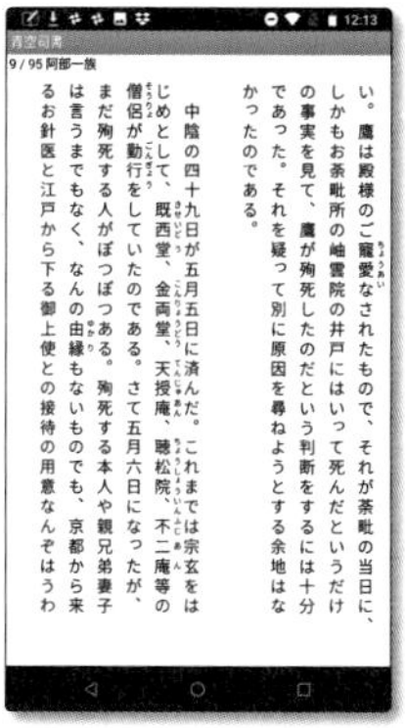
12:13
9 / 95 阿部一族
い。鷹は殿様のご寵愛《ちょうあい》なされたもので、それが荼毘の当日に、しかもお荼毘所の岫雲院の井戸にはいって死んだという判断をするには十分の事実を見て、鷹が殉死したのだという判断をするには十分であった。それを疑って別に原因を尋ねようとする余地はなかったのである。
中陰の四十九日が五月五日に済んだ。これまでは宗玄をはじめとして、既西堂《きせいどう》、金両堂《こんりょうどう》、天授庵《てんじゅあん》、聴松院《ちょうしょういん》、不二庵《ふじあん》等の僧侶《そうりょ》が勤行《ごんぎょう》をしていたのである。さて五月六日になったが、まだ殉死する人がぽつぽつある。殉死する本人や親兄弟妻子は言うまでもなく、なんの由縁《ゆかり》もないものでも、京都から来るお針医と江戸から下る御上使との接待の用意なんぞはうわ

青空文庫から作品をダウンロードして無料で読めるアプリ。青空文庫以外のテキストを読むことも可能。音声読み上げにも対応する

Section 076

電子コミック

人気のコミックを存分に楽しむ

電子書籍は小説やビジネス書に限りません。マンガの電子書籍も数多く登場しています。大手出版社が自社作品向けの公式アプリをリリースしていますし、さまざまな出版社の作品を横断的に読めるアプリもあります。無料で読める作品も多いので、コミック好きならぜひとも試してみてください。

無料レンタルチケットを毎日配布

マンガebookjapan

作者 eBook Initiative Japan Co.,Ltd.
価格 無料

無料で読めるマンガを豊富に用意。無料レンタルチケットが1日最大8枚配布されるなどレンタルシステムがユニークだ。マンガを1冊まるごと、複数巻読むことも可能。アプリのみの独占配信作品もある

LINEが提供するマンガアプリ

LINEマンガ

作者 LINE Corporation
価格 無料［課金有］

LINEが提供するマンガアプリ。38万点以上のマンガがラインナップされ、無料で試し読みできる作品が多い。オリジナルマンガや独自先行配信マンガも用意している。利用するにはLINEアカウントが必要

「ジャンプ」ファンは要チェック

少年ジャンプ+

作者 株式会社 集英社
価格 無料［課金有］

「少年ジャンプ」を毎日更新。新作だけでなく、歴代ヒット作を含め無料で読めるものもある。ジャンプファンは要チェックだ

ここでしか読めない作品が読み放題

GANMA!

作者 COMICSMART INC.
価格 無料［課金有］

ここでしか読めない連載型オリジナル作品を、1話から最終話まですべて無料、かつ制限なしで読み放題となるサービスのアプリ

無料で毎日8話を読める

マンガBANG!

作者 Amazia,inc.
価格 無料［課金有］

さまざまな人気マンガを毎日8話、無料で読める。50作品・1,000冊以上を無料配信。もっと読みたい場合は購入もできる

無料で全巻一気読みできる

マンガSTARS

作者 JUNGLE SKY INC.
価格 無料

無料で全巻一気読みできる。過去の名作を含め、作品が毎日更新。ほかでは読めないインディーズ作品も数多くラインナップする

Section 077
電子マガジン

雑誌の読み放題サービスを便利に利用する

時代のトレンドをリードしてきた雑誌も、今や多くが電子化されています。書店やコンビニの店頭に出かけなくても、アプリからダウンロードして読める雑誌が数多くあります。最近の雑誌アプリは読み放題サービスが当たり前になり、毎月定額の料金で好きな雑誌を自在に読むことができます。

NTTドコモ提供の読み放題サービス

dマガジン

作者 NTT DOCOMO
価格 無料

人気雑誌450誌以上の最新号、バックナンバーを合わせると1,700冊以上が定額で読み放題に。NTTドコモの回線契約者以外でも利用できるが、回線契約がない場合は別途dアカウントを取得する必要がある

定額で450誌以上が読み放題になる

楽天マガジン

作者 Rakuten, Inc.
価格 無料

楽天が運営する定額制雑誌サービスの公式アプリ。定額なので、13ジャンル450誌以上の雑誌を、読みたいときに読みたいだけ読めるのがうれしい。お気に入りの雑誌を登録して自動でダウンロードすることも可能

多くの雑誌を快適に読めるアプリ

読み放題プレミアム

作者 Yahoo Japan Corp.
価格 無料

雑誌110誌以上が発売日から読み放題。13,000冊以上のマンガも全巻読み放題だ。高画質かつ快適なページめくりで読める

登録不要で5,000冊が読み放題に

FujisanReader

作者 Fujisan Magazine Service Co., ltd.
価格 無料

メジャーな雑誌から専門誌まで5,000冊以上が登録不要で無料読み放題。500万ページの雑誌を自由に検索することも可能

月500円の定額で900誌が読み放題

タブホ

作者 OPTiM corporation
価格 無料［課金有］

900誌以上、バックナンバーを含めると3,000冊以上が月500円の定額で読み放題。最大3台までの端末で同時利用できる

多彩なオリジナル雑誌が無料で読める

ブランジスタ

作者 Brangista.Inc
価格 無料

多彩なジャンルのオリジナル雑誌を無料で手軽に読める。ファッションから政治経済までさまざまな話題にキャッチアップできる

Section 078

電子辞書／辞典

電子辞書やオンライン事典を活用する

辞書や事典はデジタル化で大きく変わりました。説明が文章だけでなく、写真や動画、音声も付いてより深く知ることができます。また、リンクをたどることで幅広い知識も得られるようになっています。デジタル特有のこうしたメリットを駆使すれば、さらに高度な知的探求が可能になります。

600以上のネット辞書を一度に検索

Weblio無料辞書アプリ

作者 Weblio
価格 無料

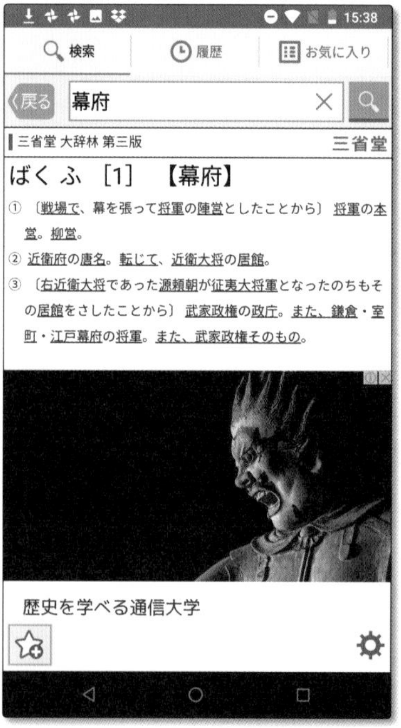
15:38
検索
履歴
お気に入り
〈戻る
幕府
三省堂 大辞林 第三版
三省堂
ばくふ [1] 【幕府】
① 〔戦場で、幕を張って将軍の陣営としたことから〕 将軍の本営。柳営。
② 近衛府の唐名。転じて、近衛大将の居館。
③ 〔右近衛大将であった源頼朝が征夷大将軍となったのちもその居館をさしたことから〕 武家政権の政庁。また、鎌倉・室町・江戸幕府の将軍。また、武家政権そのもの。
歴史を学べる通信大学

日本最大級のオンライン辞書を無料で活用できる便利なアプリ。600以上の国語辞典や専門辞書、百科事典から最短わずか2秒でスピード検索。検索した語句は辞書アプリ内に保存してあとから見返すこともできる

三省堂の多彩な辞書で検索できる

三省堂辞書

作者 株式会社三省堂
価格 無料

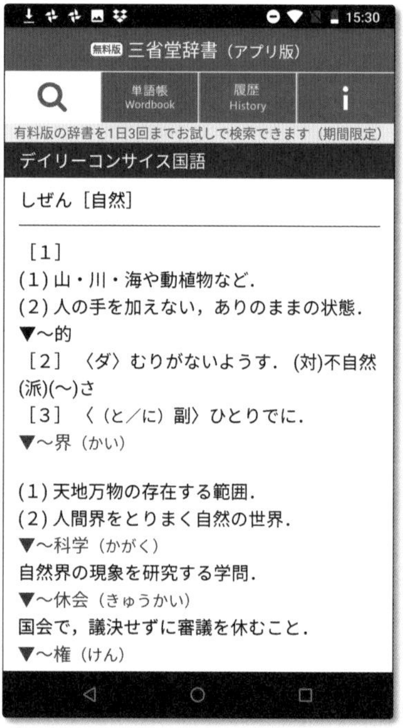
15:30
無料版 三省堂辞書（アプリ版）
単語帳 Wordbook
履歴 History
有料版の辞書を1日3回までお試しで検索できます（期間限定）
デイリーコンサイス国語
しぜん［自然］
［1］
(1) 山・川・海や動植物など.
(2) 人の手を加えない，ありのままの状態.
▼～的
［2］〈ダ〉むりがないようす. (対)不自然 (派)(～)さ
［3］〈(と／に) 副〉ひとりでに.
▼～界（かい）
(1) 天地万物の存在する範囲.
(2) 人間界をとりまく自然の世界.
▼～科学（かがく）
自然界の現象を研究する学問.
▼～休会（きゅうかい）
国会で，議決せずに審議を休むこと.
▼～権（けん）

「デイリーコンサイス国語辞典」「コンサイスEX英和辞典」「コンサイスEX和英辞典」を無料で利用可能。月300円で利用できる有料サービスなら「大辞林」を含む三省堂の17の辞書が使い放題になる

約300言語で調べられるサービス

ウィキペディア

作者 Wikimedia Foundation

価格 無料

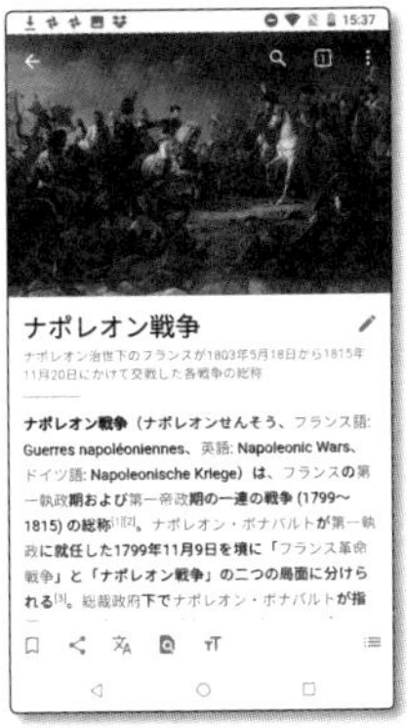

Webサービスとして有名な、ユーザーの投稿で成り立つネット百科事典サイト「Wikipedia」を利用できる公式アプリ

115の辞書を一度に横断検索

コトバンク

作者 VOYAGE MARKETING, Inc.

価格 無料

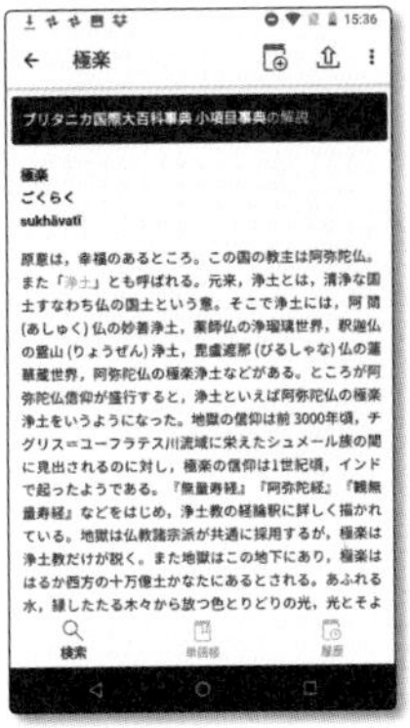

115の辞書に掲載される186万語を一度に横断検索できる。文章だけでなく、写真や図版の解説が載っているのもうれしい

入力途中でも語句を検索できる

国語辞典・英和辞典 一発表示辞書

作者 StudySwitch, Inc.

価格 無料

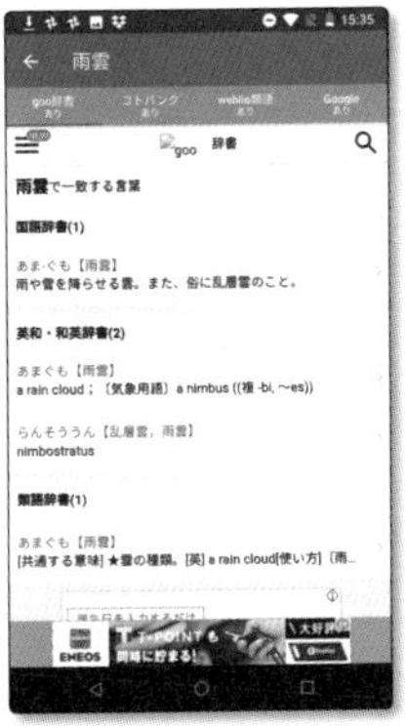

国語辞典と英和辞典を利用可能。調べたい語句を途中まで入力すれば候補が表示される。新たな語句データも随時追加している

無料ながら膨大な言葉を調べられる

ことわざ・四字熟語・難読漢字　学習小辞典

作者 Mejiro Publications

価格 無料

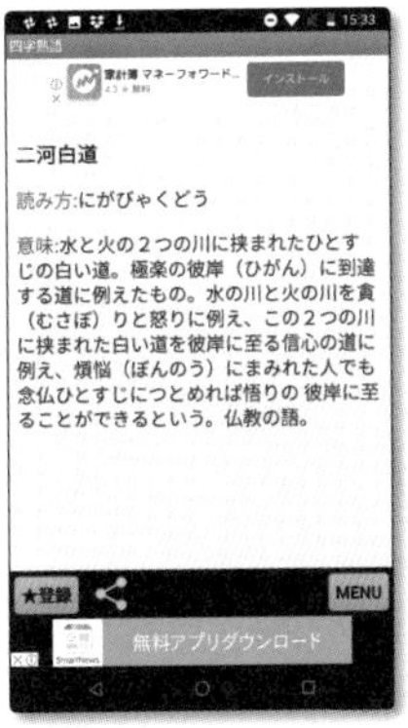

無料ながら、ことわざ・故事成語4,369語、四字熟語3,166語、三字熟語640語、難読漢字2,040語ものコンテンツを収録

Section 079
学習サポート

時間割やノートを共有する

時間割アプリを使えば、授業時間や宿題、テスト日程を管理できますし、仲間と情報を共有することも可能です。また、目標に向けて勉強を進めていくうえでは、自分が今どのレベルにいるのか知りたくなるでしょう。学習スケジュールやノートをアプリで共有すれば、より効果的に学習できます。

複数の時間割作成に対応する

大学生の時間割New

作者 ひろん
価格 無料

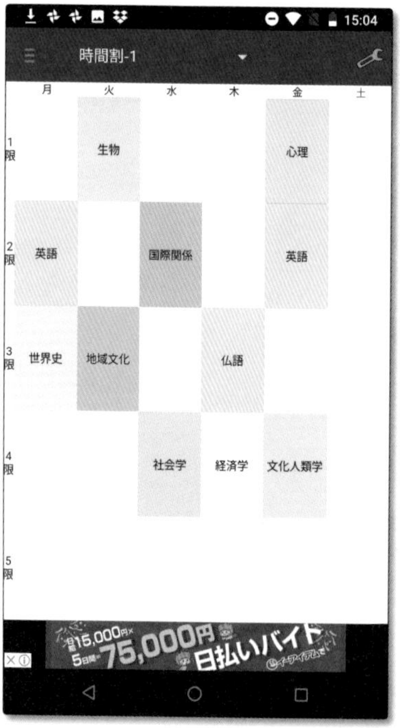

時間割機能をメインに、出欠カウント機能も備えたアプリ。曜日や時限数などはすべてカスタマイズが可能で、複数の時間割を作成できるので、授業だけでなくアルバイトなどプライベートの予定も入れられる

シンプルながら使いやすい時間割

時間割 for Android

作者 sorw.net
価格 無料

手軽な操作で作成できるシンプルな時間割。各登録項目には科目、教員、教室に加えてメモを記載できるので、課題やテストなどの備忘録として使える。時間割の対応時間は4～8時間で、土日の設定にも対応

シンプルながら柔軟に使える時間割

Classnote

作者 DIVLIGHT.net
価格 無料［課金有］

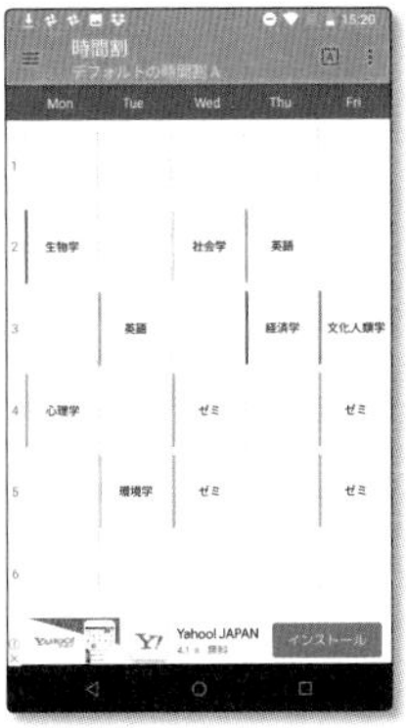

小学生から大学生、専門学校生まであらゆる生徒・学生が快適に使える、シンプルな作りの時間割。柔軟なカスタマイズが可能

ワセダの学生向け時間割アプリ

早大時間割

作者 KASAI
価格 無料

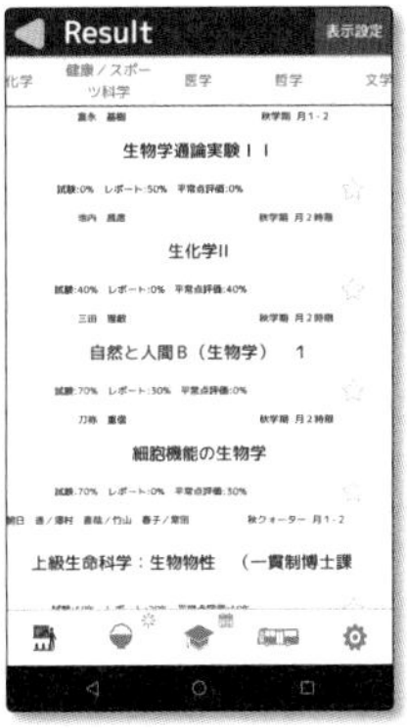

早稲田大学生が作った同学生向けアプリ。手入力することなく時間割を自動的に取得できる。シラバスやサークル情報も閲覧可能

学校での“やること”を管理する

ClaCal

作者 Benesse Corporation
価格 無料

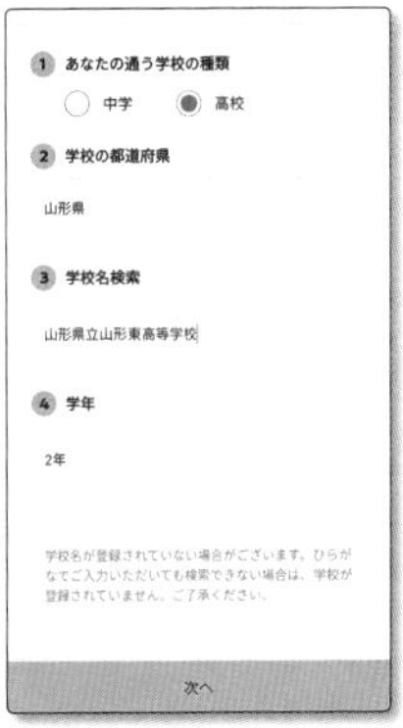

宿題や提出物、部活での練習メニューや試合の管理など、学校のさまざまなイベントをクラスメイトなどと共有・管理できる

膨大な公開ノートで効率的に勉強

Clear

作者 arcterus
価格 無料［課金有］

有名大学合格者の受験ノートを参照しながら目標に向かって効率的に勉強できるアプリ。わからない問題はQ&Aで教えてもらえる

Section 080
学習サポート

集中できる学習環境を作り効率よく学習する

勉強は予習にも増して復習が大切です。復習をしっかり行えば記憶が定着し、学力は飛躍的に伸びます。一方、勉強時間を計測・記録して管理したり、目標日時までの時間を意識したりすることにも意味があります。学習を集中して進めたいときに、さまざまな学習サポートアプリが役に立ちます。

勉強時間共有と交流でやる気アップ

Studyplus

作者 Studyplus Inc.
価格 無料

勉強時間や勉強量を教材ごとに記録し、学習の進捗状況をグラフ化して管理・共有。同じ学校への進学や資格試験合格といった目標を持つ仲間を作ってSNSで交流し、モチベーションアップにもつなげられる

中高生の学習をしっかりサポート

アオイゼミ

作者 株式会社葵〔勉強が楽しくなる! 中学高校生向けスマホ学習塾〕
価格 無料［課金有］

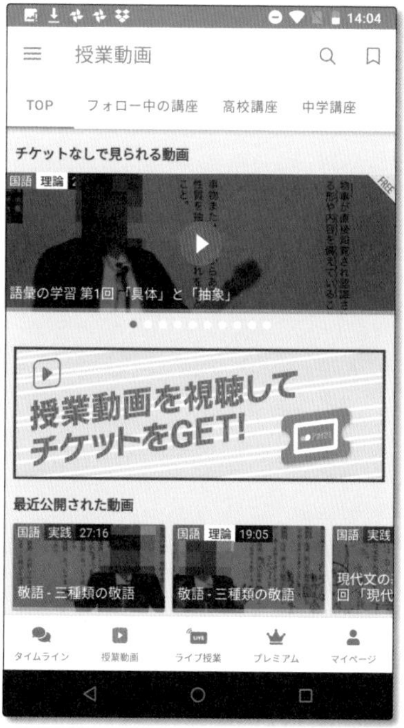

中間・期末試験や高校・大学入試向けの映像授業、全国の仲間とつながれるコミュニティなどによって中高生の学習をサポートするアプリ。難関大学への合格実績が多数あり、塾や予備校代わりにも利用できる

問題集を自分自身で作成できる

暗記メーカー

作者 ke-ta
価格 無料［課金有］

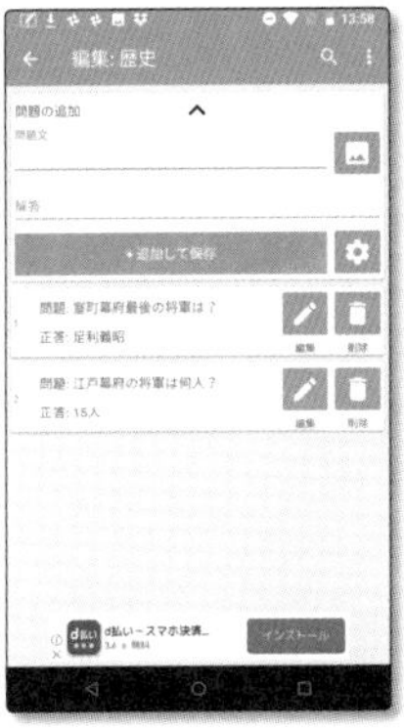

記述／選択形式の問題集を自分で作成。問題はパソコンで編集したり友達に送信したりでき、さまざまな科目の暗記に活用できる

勉強時間を計測・集計するアプリ

Study Gauge

作者 Saima Individuo
価格 無料

勉強時間を記録でき、期間・教科別集計も可能なアプリ。学生のテスト勉強だけでなく、社会人の資格検定の勉強でも利用できる

集中して勉強や作業を行える

Focusi

作者 Bursting Cielo
価格 無料［課金有］

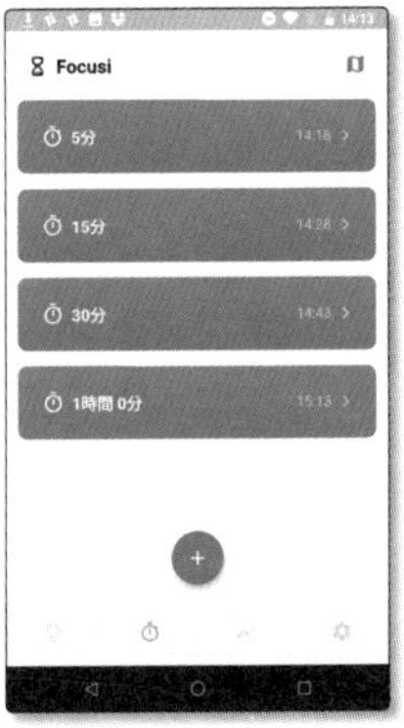

集中して勉強するためのタイマー。仕事などの作業に集中したいときや、スマートフォン依存対策としても活用することが可能

時間内はスマートフォン使用を禁止

がんばりタイム

作者 ITCHYJAPAN
価格 無料［課金有］

設定時間内はスマートフォンを利用できないようにするアプリ。タイマー画面に励みになる偉人の名言が表示されるのがユニーク

Section 081

英語

ビジネスや旅行など目的に合わせて英語を学ぶ

ひと口に英語の勉強といっても、旅行で困らないようにするため、ビジネス英語を身に付けるため、TOEICなどの検定で高得点を取るためなど、人によって目的はさまざまです。英語アプリは実に多彩なタイプがリリースされているので、どのような目的にもきっとマッチすることでしょう。

英語を読む力を効果的に鍛える

POLYGLOTS

作者 POLYGLOTS, inc.
価格 無料［課金有］

海外の英語ニュースを読むことでリーディングや単語力を鍛えられるほか、会話も含めた英語力を総合的に強化できる。最新の海外事情に触れられるのがポイントで、TOEICのリーディング対策にも適している

英語学習のあらゆる目的に対応可能

iKnow!

作者 DMM 英会話
価格 無料［課金有］

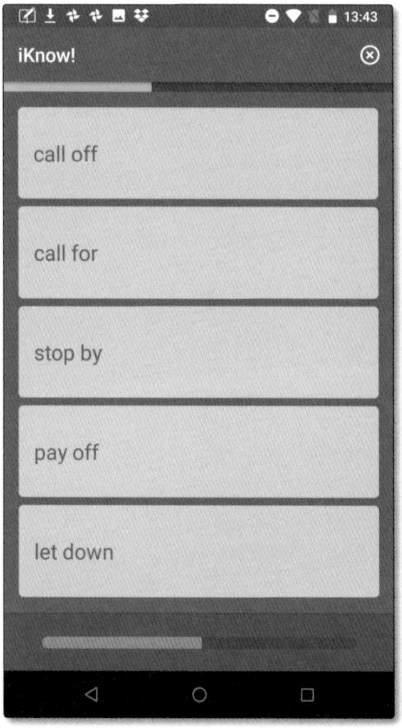

400以上の法人で導入された実績を持つ英語学習アプリ。語彙力、リスニング力、文法力を同時にトレーニングできる効率的なプログラムが特徴だ。ビジネス、TOEICから旅行まであらゆる目的に対応できる

英単語を繰り返し学習で習得する

英単語アプリ mikan

作者 mikan Co.,Ltd.
価格 無料［課金有］

3/10
relevant
1. 有毒な
2. 生物学の
3. 関連がある
4. 決定的な

英単語を繰り返し学習することで確実に習得。1分で10単語を効率的に学べるので、通勤通学時や空いた時間を上手に使える

会話で使える実用的なフレーズを収録

日常英会話表現

作者 Flipout LLC
価格 無料

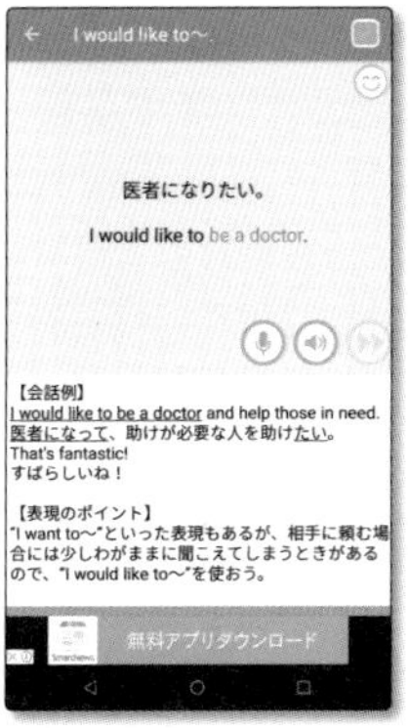
I would like to〜
医者になりたい。
I would like to be a doctor.
【会話例】
I would like to be a doctor and help those in need.
医者になって、助けが必要な人を助けたい。
That's fantastic!
すばらしいね！
【表現のポイント】
"I want to〜"といった表現もあるが、相手に頼む場合には少しわがままに聞こえてしまうときがあるので、"I would like to〜"を使おう。
無料アプリダウンロード

日常的な英会話の定番表現1つにつき5種類の英会話フレーズを学べる。ネイティブの音声とワンポイント解説も付いている

TOEICの高スコア獲得に有効

スタディサプリENGLISH - TOEIC L&Rテスト対策

作者 Recruit Co.,Ltd.
価格 無料

スタディサプリ ENGLISH
TOEIC®L&R TEST対策コース
パーフェクト講義
実戦問題集
実戦問題集NEXT
TEPPAN英単語
パーフェクト講義 - 英文法編

TOEICのL&R対策をしたい人向けに多彩なレッスンを提供。高スコア獲得の近道といえるパーソナルコーチプランも用意する

長期間高い評価を得る人気アプリ

最重要英単語 for the TOEIC TEST

作者 h-study
価格 無料

1/40
satisfy
【動詞】
...を満足させる
例文
It is difficult to satisfy everyone.
みんなを満足させるのは難しい。

TOEIC600／730／860点レベルで必須の2,000単語を収録。40単語ずつの全50レッスンに分けられ効率よく学べる

Section 082

英語

英語のリスニング力をアップさせる

実際のシーンで英語を役立てたいと考えたとき、何より基本となる能力がリスニングです。相手の言うことを聞き取れなければ会話が始まりませんし、テレビや映画も理解できません。話の内容を聞き取れるようになるため、リスニング能力のアップにつながるアプリで英語耳を鍛えていきましょう。

短い会話フレーズでリスニングを学ぶ

英会話リスニング

作者 Flipout LLC
価格 無料

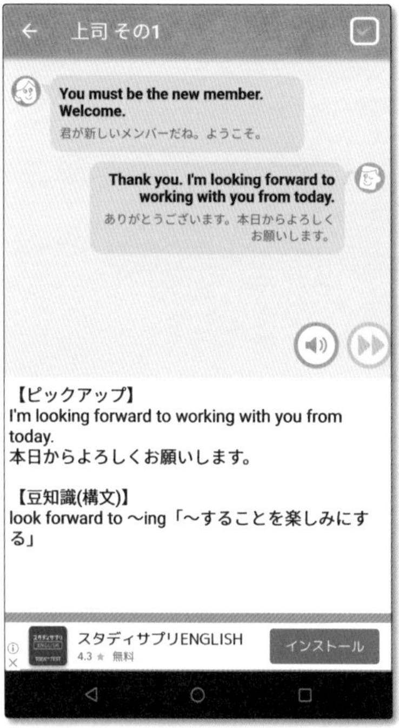
上司 その1
You must be the new member. Welcome.
君が新しいメンバーだね。ようこそ。
Thank you. I'm looking forward to working with you from today.
ありがとうございます。本日からよろしくお願いします。
【ピックアップ】
I'm looking forward to working with you from today.
本日からよろしくお願いします。
【豆知識(構文)】
look forward to ～ing「～することを楽しみにする」
スタディサプリENGLISH
4.3 無料
インストール

旅行、留学、スポーツなど合計1,460のシーンでネイティブの音声をリスニングし、短い会話から聴き取る力と英会話を身に付けていくアプリ。すべてのリスニング音声フレーズを無料で使えるのもうれしい

TEDの講演でリスニング力を鍛える

テッドで英語の勉強

作者 MEsoft
価格 無料

13:35
TEDMe Talks
ウィリアム・ゴールディングの『蠅の王』を読むべき理由／ジル・ダッシュ
Jill Dash
About
Subtitles
ウィリアム・ゴールディングの『蠅の王』を読むべき理由／ジル・ダッシュ
第二次世界大戦で人間の残虐性を目にしたウィリアム・ゴールディングは人間性への信頼を失います。のちの冷戦では超大国が互いに核兵器で殲滅すると脅し合う状況となり、人間の本性と暴力の根っこにあるものを考えさせられました。その考察が最初の小説『蠅の王』に結実します。ジル・ダッシュがこの時代を超えた風刺作品について探ります。
講師 ジル・ダッシュ
監督 Lucy Animation Studio
Amazonオーディオブック
4.6 無料
インストール

「TED Talks」の映像を字幕とともに視聴しながら、リスニング能力を鍛えられるアプリ。教材に使われるのは評判の高いTEDの講演なので、英語力以外にプレゼンテーション能力も身に付けられるだろう

字幕オン／オフで聴く力をアップ

英語ニュースリスニング

作者 StudySwitch, Inc.
価格 無料

生活・ヘルスケア
250万人のアメリカ人を苦しめる
「慢性疲労症候群」とは？
Chronic fatigue syndrome is one of the most troubling mysteries in modern medicine.
Many years after first recognizing the disorder, researchers still do not know what causes it.
この病気が最初に認知されてから何年も経つが、研究者はまだ何がこれを起こすのか分かっていない。
Now the United States' National Institutes of Health is using volunteers in a unique study.
The goal is to learn more about the condition, which affects an estimated 2.5 million Americans
0:07
1:09
365日毎日届く英語の
メルマガ

毎日配信される英語ニュースを聴いてリスニング力を効果的に磨ける。倍速再生や字幕オフ機能で耳を高度に鍛えることも可能

英語ニュースを聴いて耳をトレーニング

英語リスニングナビ

作者 PARISIENNE
価格 無料

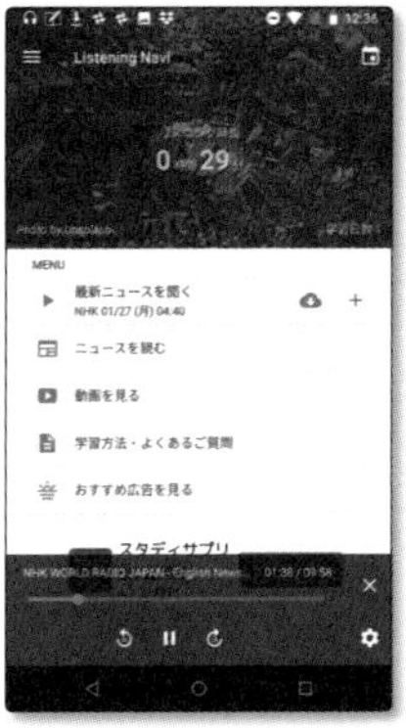

Listening Navi
0 29
MENU
最新ニュースを聞く
NHK 01/27 (月) 04:40
ニュースを読む
動画を見る
学習方法・よくあるご質問
おすすめ広告を見る
スタディサプリ

各国放送局のさまざまなタイプの英語が聴けるニュースを用いて聴く習慣を身に付け、リスニング能力を高められるアプリ

VOAの音声を使って聴き取り力を養成

VOA 英語リスニング

作者 plan4sixteen
価格 無料

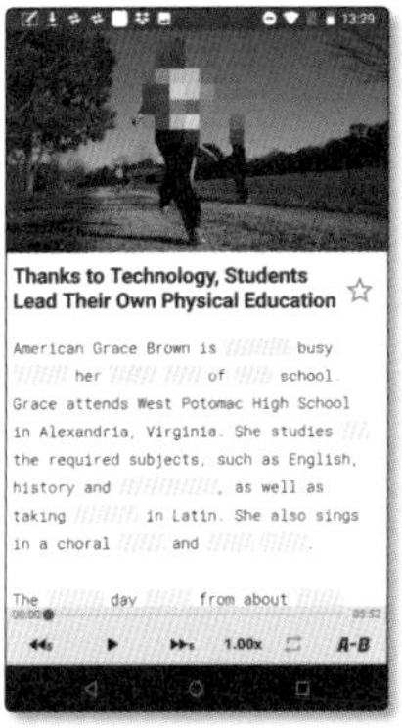

Thanks to Technology, Students Lead Their Own Physical Education
American Grace Brown is busy
her of school.
Grace attends West Potomac High School
in Alexandria, Virginia. She studies
the required subjects, such as English,
history and , as well as
taking in Latin. She also sings
in a choral and .
The day from about
1.00x
A-B

英語学習に適した「VOA」を使い正しい発音をリスニング。リピート機能を備え、聴き取れない部分を繰り返しリスニングできる

NHKの英語放送でリスニング強化

NHK WORLD RADIO JAPAN

作者 NHK（JAPAN BROADCASTING CORP.）
価格 無料

Friends Around the World
This week's guide: Rett Anderson, Clarissa Combe, and Angela Young
Friends Around the World
Letters & Songs #43
Go globe hopping with us as we share letters and emails from listeners around the world! And tune into the sounds of Japan with a great selection of music. In the "Deep Japan" segment, discover hidden gems in various parts of the country that you won't want to miss. Guiding you this week are Rett Anderson and Clarissa Combe of Aomori Prefecture and Angela Young of Mutsu City.
Friends Around the World
Letters & Songs #43
19:58

NHKの海外向け放送のストリーミングと録音クリップを聴けるアプリ。英語以外のさまざまな言語での放送にも対応している

Section 083

諸外国語

英語以外の多様な外国語を学習する

世界にはさまざまな言語があり、当然ながら英語を話さない人も数多く暮らしています。そうした人たちと言葉でコミュニケーションを取りたいなら、現地で話される言語を身に付ける必要があります。スマートフォンで世界各国の言葉を学び、その国で育まれた多様な文化にも触れてみましょう。

会話力を短期間で身に付けられる

Busuu でフランス語会話を学習

作者 Busuu
価格 無料［課金有］

外国語教育で定評のあるBusuuによるフランス語学習教材。人それぞれに合わせた学習スタイルで最重要単語や文法、発音、リスニング、トピックに応じた会話力を身に付け、楽しいクイズで知識を確認できる

日本語以外の言語どおしでも学べる

50カ国語

作者 50LANGUAGES LLC
価格 無料［課金有］

初心者向けレベルながら、多数の外国語を学ぶことができるアプリ。言語の組み合わせは日本語だけでなく、スペイン語と中国語などほかの言語でも可能になっており、組み合わせは合計約3,000とおりに達する

実践的な基本フレーズを収録

スペイン語の学習

作者 Bravolol - Language Learning
価格 無料［課金有］

スペイン語
宿泊
お気に入り
宿泊
おすすめのホテルを教えてくれませんか？
¿Puede recomendar un hotel?
予約してあります。
空いてる部屋ありますか?
シングルルームはありますか?
ダブルルームはありますか?
部屋を最初に見てもいいですか？
もう一つベッドが必要なのですが。

すぐに使えるスペイン語のフレーズや単語を学べる。音声スピードを変えられるので、初心者でも正しい発音を身に付けられる

ニーズに合わせて柔軟に学べる

ドイツ語を学ぶ。ドイツ語を話す

作者 ATi Studios
価格 無料［課金有］

レストランで
Was möchten Sie trinken?
お飲み物は何にしますか？
Ich trinke Tee.
私はお茶を飲みます。
Ich trinke Kaffee.
私はコーヒーを飲みます。
Vielen Dank.
ありがとうございました。

画期的な言語学習方法で、語彙力や文法力、発音力を磨ける。初心者・旅行者から上級者まで、ニーズに合わせた学習が可能

毎日3分で韓国語の力を磨く

パッチムトレーニング

作者 Hikari Nakashima（中島光）
価格 無料［課金有］

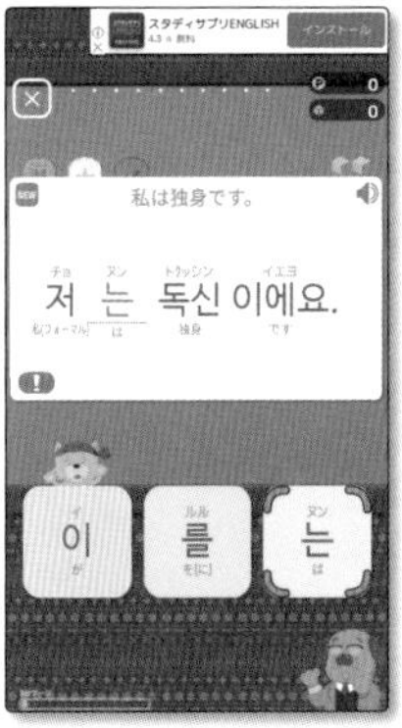
スタディサプリENGLISH
私は独身です。
저 는 독신 이에요.
이
를
는

韓流ドラマや韓国料理で人気のハングルの能力を、3分1セットの三択形式トレーニングを毎日続けることで鍛えていくアプリ

中国の専門家が開発した教材で学ぶ

中国への扉

作者 ChineseSkill - Learn Chinese Offline App
価格 無料［課金有］

こんにちは。
你
好

中国の大学の教育専門家がコンテンツを開発。短いレッスンの繰り返しで、自然と中国語の日常会話が身に付く構成になっている

Section 084

漢字を楽しみながら学習する

漢字

漢字をきちんと読み書きできると、社会人としての常識を備えていると見なされます。テレビではタレントが難読漢字に挑戦するシーンが頻繁に見られ、漢字知識のレベルを認定する漢字検定も人気です。現在の漢字レベルを知ったうえで、奥深い漢字の世界を追求してみてはいかがでしょうか。

2,439漢字の書き順と読み方がわかる

常用漢字筆順辞典FREE

作者 NOWPRODUCTION CO.,LTD.
価格 無料

漢字の書き順と読み方をすばやく調べられる定番のアプリ。常用漢字と一部の人名漢字などを合わせて2,439漢字の筆順をたどることができる。常用漢字以外を含めると、合計6,027字の読み方を収録する

漢検2～6級の全漢字を練習できる

漢字検定・漢検漢字トレーニング

作者 学校ネット株式会社
価格 無料

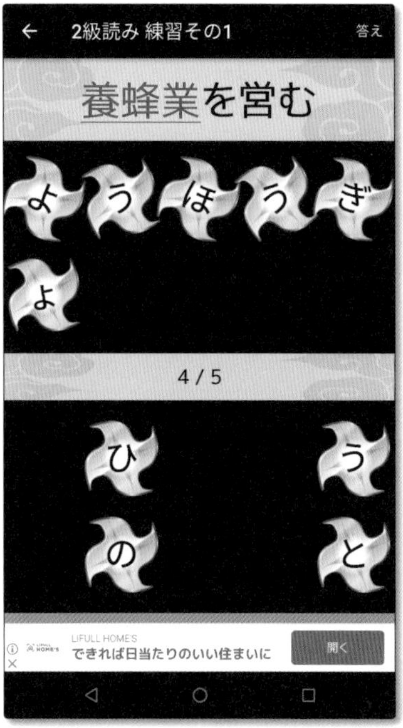

漢字検定2～6級で出題される全1,494漢字を「書き取り」「読み方」「部首・部首名」「対義語・類義語」「同音・同訓異字」「四字熟語」といったジャンルで練習できる。収録問題数は5,000を超える

毎回異なる漢字問題で力試し

漢字力診断 FREE

作者 NOWPRODUCTION CO.,LTD
価格 無料

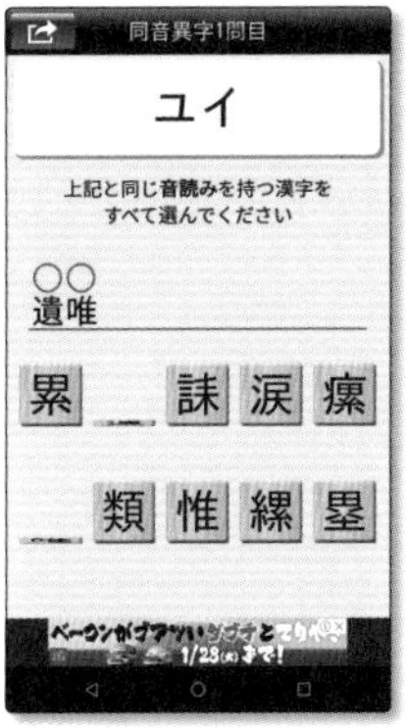

読み書きを手書きで答えることで漢字力を診断。全1万4,466問からランダムに出題されるので毎回違う問題に挑戦できる

恥をかく前にチャレンジしたい

読めないと恥ずかしい漢字

作者 nullhouse
価格 無料

大人であれば読めないと恥ずかしい漢字をクイズで出題するアプリ。いかにも読み間違いそうな問題を500問以上収録する

画面に手書きして読み方を調べる

漢字読み方 漢字検索

作者 Flipout LLC
価格 無料

漢字や熟語の読み方を画面上に手書きした文字から検索できる。漢字の読み方は6,021字、熟語は約18万語を収録している

漢字を1文字ずつ拡大表示

漢字拡大

作者 Kosuke Kurokawa (T.K)
価格 無料

いざ漢字を書こうとしても細部を思い出せないことは多い。このアプリでは漢字を拡大表示でき、細かい部分までよくわかる

Section 085

楽しみながら地理を学ぶ

地理

都道府県の位置や県庁所在地の名称を知っていますか？　実は知らないという人もいるのではないでしょうか。社会人の常識としても、地理の最低限の知識は身に付けておきたいものです。もちろん日本だけでなく、世界の地理も大切です。ここでは、地理を楽しみながら学べるアプリを紹介します。

地理の基本知識をしっかり身に付ける

地理一問一答

作者 学校ネット株式会社

価格 無料

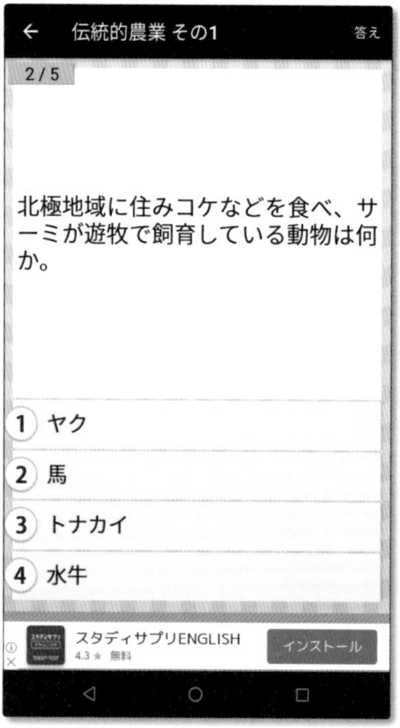

← 伝統的農業 その1
答え
2 / 5
北極地域に住みコケなどを食べ、サーミが遊牧で飼育している動物は何か。
1 ヤク
2 馬
3 トナカイ
4 水牛
スタディサプリENGLISH
4.3 ★ 無料
インストール

地理の重要な基本問題を網羅しているアプリ。一問一答の1,306問を解説付きで収録し、高校生の定期テストや大学入試対策の勉強はもちろんのこと、地理好きの人が知識を再確認したいときにも便利に使える

中学高校レベルの地理問題を多数収録

地理3300問

作者 Mejiro Publications

価格 無料

13:20
アルプス山脈の高峰で「処女、若い乙女」という意味の名前を持つ山は何？
ユングフラウ
モンブラン
モンテローザ
マッターホルン
スタディサプリENGLISH
4.3 ★ 無料
インストール
途中終了
スタディサプリENGLISH
4.3 ★ 無料
インストール

四択形式1,000問、一問一答形式2,300問と、合計3,300問ものやりがいのある地理問題を収録。日本だけでなく海外の地理や雑学も出題される。レベルとしては中学から高校だが、社会人でも手ごわい

各都道府県のお国自慢をクイズで

ご当地県民クイズ ～47都道府県一斉テスト～

作者 nullhouse
価格 無料

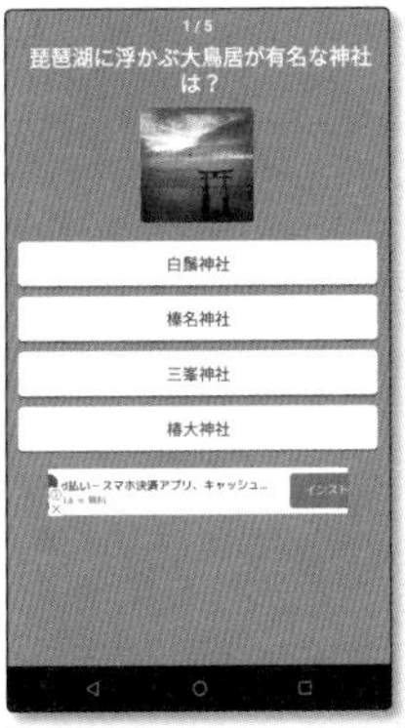

全国47都道府県の名所、名物、B級グルメなどに関するクイズをまとめたアプリ。150問以上の全問題に解説が付いている

各国の地理をクイズで学べる

世界の地理

作者 Atom Games Ent.
価格 無料［課金有］

地図、国旗、首都、言語、通貨など、世界の国々をクイズ形式で学べる。楽しみながらチャレンジするうちに知識が身に付く

日本全国の地名に関する漢字クイズ

読めないと恥ずかしい地名漢字

作者 nullhouse
価格 無料

全国の地名漢字に関するクイズを600問以上収録。1回10問で空き時間に知識を試せる。上級者向けの難しいモードも用意

世界各国の国旗や首都を当てる

世界のすべての国旗

作者 gedev
価格 無料［課金有］

世界各国の国旗をクイズ形式で当てていく。11のレベルがあり、いい力試しになるだろう。首都や通貨に関するクイズも収録

Section 086

歴史

楽しみながら日本と世界の歴史を学習する

歴史はそれ自体のおもしろさもさることながら、映画や文学、ゲームで描かれることも多く、たくさんのファンがいます。学べば学ぶほど、そのおもしろさに引き込まれます。ゆかりの地を旅で巡るといった楽しみ方もあることでしょう。さまざまな興味を広げてくれるのが歴史の奥深いところです。

問題に答えて日本史の知識を固める

日本史3200問

作者 Mejiro Publications
価格 無料

一問一答2,200問、四択1,000問の計3,200問を収録。中学レベルの平易な問題も多く含まれており、古代から現代まで日本史の流れをしっかり学べる。学生はもちろんクイズ感覚で楽しみたい人にも最適

歴史を作り上げた偉人に関するクイズ

有名人

作者 Andrey Solovyev
価格 無料

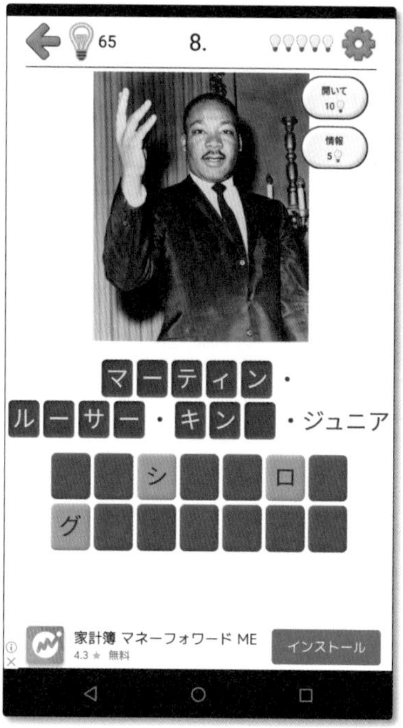

古代から現代まで、誰もが名前を知っている歴史上の有名な人物はもちろん、芸術家、科学者、政治家など、合わせて450人に関するクイズを収録するアプリ。クイズの難易度によって2つのレベルに分かれている

日本史のテスト対策に役立つ

日本史一問一答

作者 学校ネット株式会社

価格 無料

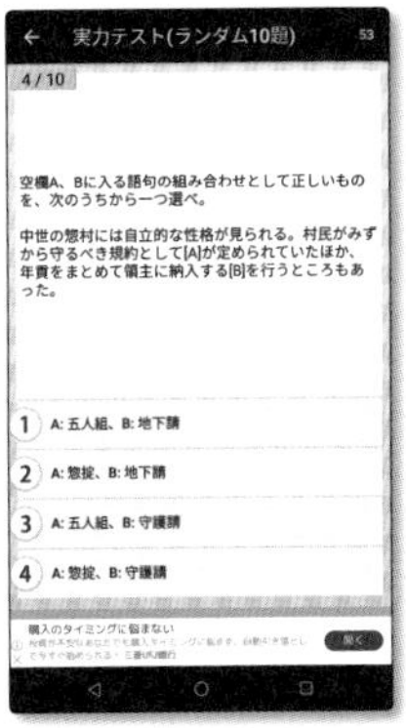

実力テスト(ランダム10題)
53
4 / 10
空欄A、Bに入る語句の組み合わせとして正しいものを、次のうちから一つ選べ。
中世の惣村には自立的な性格が見られる。村民がみずから守るべき規約として[A]が定められていたほか、年貢をまとめて領主に納入する[B]を行うところもあった。
1 A: 五人組、B: 地下請
2 A: 惣掟、B: 地下請
3 A: 五人組、B: 守護請
4 A: 惣掟、B: 守護請
購入のタイミングに悩まない
開く

日本史の重要事項に関する2,826問を時代別に収めたアプリ。基本用語の一問一答に加えて演習問題も用意し、テストに役立つ

昔の日本の国名に関する知識を得る

あそんでまなべる旧国名パズル

作者 Digital Gene

価格 無料

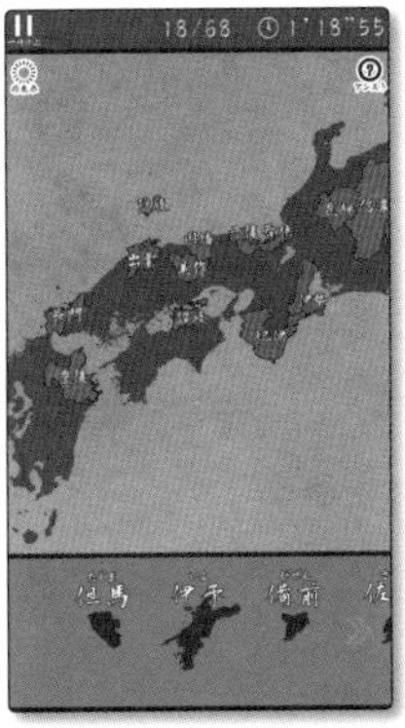

18/68
1'18"55
但馬
伊予
備前

日本の旧国名と位置をジグソーパズルで遊ぶ感覚で学べる。日本史を追求するうえで知っておきたい知識を楽しみながら得られる

ゲームで遊びながら知識レベルを向上

高校生世界史クロスワード

作者 クロスワード.jp

価格 無料

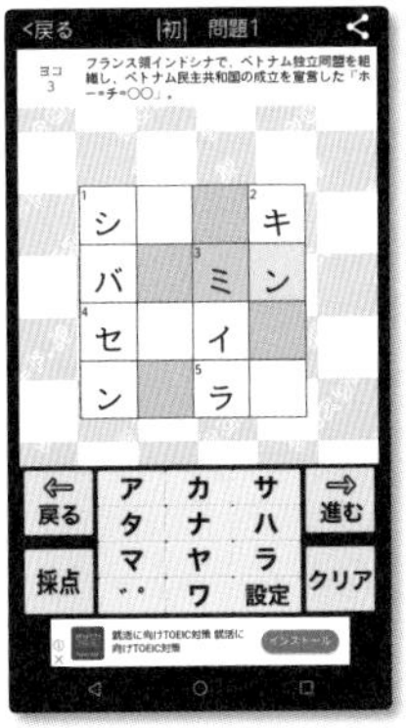

<戻る
[初] 問題1
ヨコ 3
フランス領インドシナで、ベトナム独立同盟を組織し、ベトナム民主共和国の成立を宣言した「ホー＝チ＝○○」。
シ
キ
バ
ミ
ン
セ
イ
ン
ラ
戻る
進む
採点
クリア
ア カ サ
タ ナ ハ
マ ヤ ラ
ワ 設定

クロスワードゲームで遊びながら世界史の知識を固められるアプリ。難易度が複数用意され、レベルに応じてチャレンジできる

日本の3,000城でスタンプラリー

ニッポン城めぐり

作者 UM.Succeed,Inc.

価格 無料

23:54
城攻め
凸 河崎氏館を攻略しました！！
密偵からの報告によると、どうやらこの地点には他にも城があるようです。
さらに城攻め

日本百名城をはじめ、かつて実在した全国約3,000の城めぐりを、GPS位置情報を使ったスタンプラリーで楽しめるアプリ

Section 087

科学への興味と知識を掘り下げる

科学

科学はいつの時代もロマンの対象であり、一方では最先端産業を支える技術のベースともなるものです。科学への興味を深めるアプリはいろいろあるので、子供の教育に利用できるのはもちろんのこと、大人が科学に夢見た少年時代を思い出し、知識を掘り下げることもできます。

骨の精密な3Dモデルを確認できる

骨格 ¦ 解剖学3D アトラス

作者 Catfish Animation Studio
価格 無料［課金有］

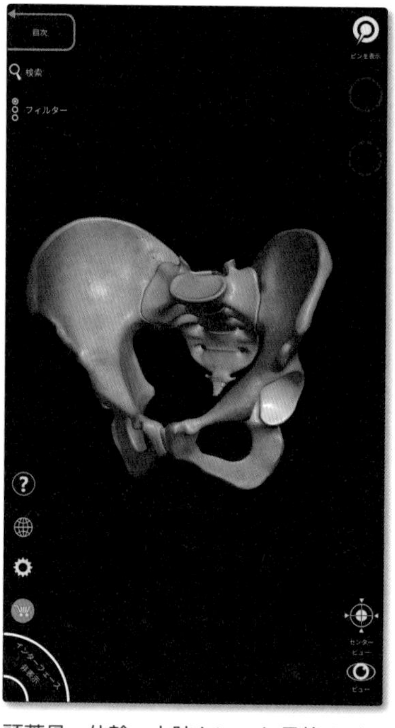

頭蓋骨、体幹、上肢といった骨格のインタラクティブで正確な3D解剖モデルを確認できるアプリ。各3Dモデルは回転やズームインが可能なので、骨格の姿をじっくり観察できる。解剖学に関する用語も表示する

知らない花の名前を調べられる

GreenSnap

作者 DAITO, K.K.
価格 無料

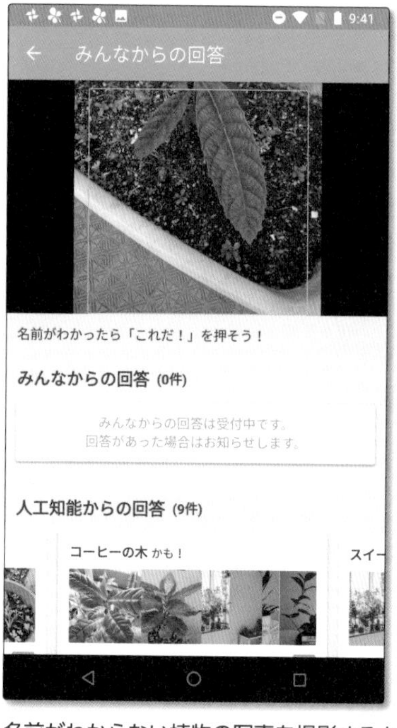

名前がわからない植物の写真を撮影すると、名前を教えてくれるお役立ちアプリ。植物図鑑を収録し、育て方や特徴などを手軽に調べられる。投稿した写真をマイアルバムにまとめて成長記録を付けられるのも便利

元素に関するさまざまな情報がわかる

周期表 2020

作者 www.chernykh.tech
価格 無料

化学の基本となる周期表のアプリ。任意の元素を選択すると、その元素の電子／陽子／中性子や発見年などの情報が表示される

最新の活動状況を手軽に検索

火山&地震

作者 VolcanoDiscovery
価格 無料

地震と火山に関する詳細な情報を掲載。世界の活火山や近年発生した地震の最新状況をマップ上でビジュアルに確認できる

物理のさまざまな用語を丁寧に解説

物理の理論

作者 Kirill Sidorov
価格 無料［課金有］

「古典物理学」「統計物理学」「相対性理論」「ワームホールの理論」といったカテゴリー分けで物理の各種理論を解説している

科学の研究や観察記録を保存

サイエンス ジャーナル

作者 Google LLC
価格 無料

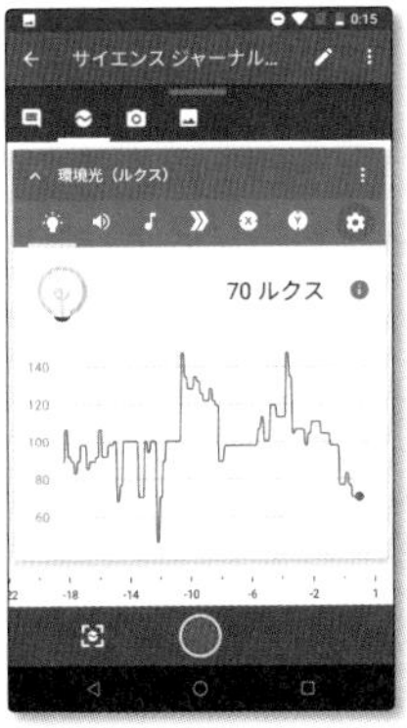

Google提供のデジタル研究ノートアプリ。スマートフォンのセンサーで光や加速度、気圧などを測定し、観察記録も保存できる

Section 088

宇宙

宇宙の最新知識をもっと深める

「はやぶさ2」や火星探査、未知の天体に関するニュースが大々的に報じられるなど、宇宙を巡るトピックは次々と登場します。宇宙は多くの人にとって永遠の憧れでしょう。アプリでさまざまな角度から宇宙の奥深い魅力に触れ、宇宙を夢見た幼い時代を思い出してみてはいかがでしょうか。

NASA提供の公式宇宙情報アプリ

NASA

作者 NASA
価格 無料

NASAの公式アプリ。NASAが携わるミッションの最新情報、1万6,000枚を超える天体写真・動画、さまざまな宇宙関連ニュースを閲覧することができる。日本語表示は非対応で、全編英語であることに注意

天体望遠鏡メーカーの月情報アプリ

Moon Book

作者 株式会社 ビクセン
価格 無料

天体望遠鏡メーカーのビクセンが無料で提供する月情報アプリ。月の出・月の入り・日の出・日の入りの時刻や月齢情報などに加えて、観測位置での月食の様子をシミュレーションし、わかりやすく表示してくれる

✓ 宇宙ステーションからの地球ライブ映像

ISS HD Live

作者 VKL Apps
価格 無料［課金有］

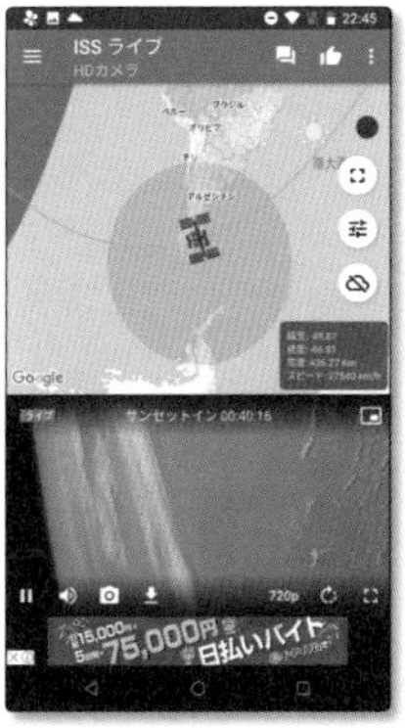

国際宇宙ステーション（ISS）から見た地球のライブストリーミング映像をスマートフォンの画面でチェックできるアプリ

✓ AR表示に対応した天体観測アプリ

SkyView Lite

作者 Terminal Eleven
価格 無料

星や銀河、星座、人工衛星などを発見できる。AR機能により、スマートフォンを空に向けると上空の天体を表示することが可能

✓ 空にかざして夜空の天体をチェック

星座表

作者 Escapist Games Limited
価格 無料［課金有］

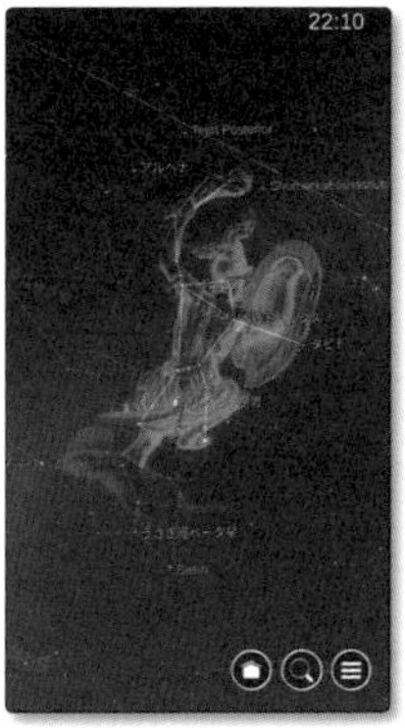

スマートフォンを空にかざすと、その場所から見える夜空が画面の中に広がり、星座の構成や惑星などについて教えてくれる

✓ 星座のさまざまなデータを確認する

88星座図鑑

作者 Dreams Come True Inc.
価格 無料［課金有］

全天88星座の基本データと解説、星座絵を中心に、太陽系天体や流星群のデータ、注目の天文イベント一覧などを掲載する

Section 089

芸術

アートの世界を心ゆくまで楽しむ

スマートフォンは芸術鑑賞のお供にもなります。画面で作品を鑑賞できますし、美術館で解説代わりとなるアプリもあります。展覧会スケジュールを確認できるアプリを導入しておけば、見たいアーティストをしっかりチェックできます。心に潤いを与えてくれる多彩な芸術アプリを紹介しましょう。

世界中の美術館の芸術作品を楽しめる

Google Arts & Culture

作者　Google LLC

価格　無料

世界70カ国の1,200を超える美術館やギャラリーとのコラボで、さまざまな芸術作品を鑑賞できるGoogleのアプリ。作品の拡大表示やVR体験、ミュージアム内のバーチャルツアーといった便利な機能も備える

全国のアートイベント情報がわかる

チラシミュージアム

作者　e+（イープラス）

価格　無料

全国1,500以上の美術館や博物館、ギャラリー、アートイベントなどのチラシを閲覧できる。GPS機能で現在地周辺で開かれている展覧会情報を調べられるほか、チケット情報やお得なクーポン情報も掲載されている

ルーヴル美術館の館内巡りをサポート

ルーヴルガイドツアー

作者 Tourblink
価格 無料［課金有］

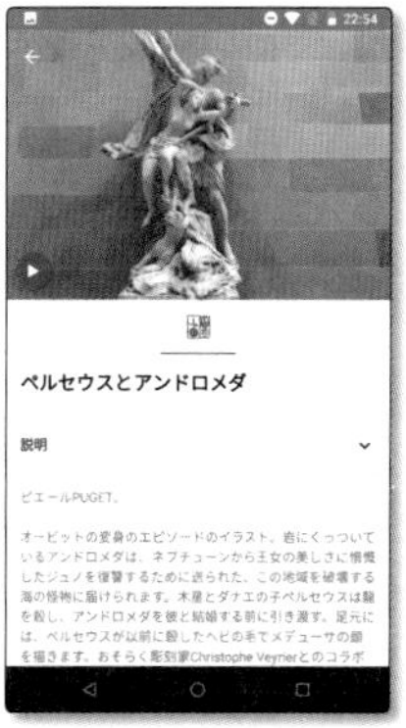

パリのルーヴル美術館をガイドしてくれる。作品解説や見学に要する時間の目安を表示し、ルーヴル巡りの力強いサポートとなる

所蔵作品と館内巡りをガイド

National Gallery, London

作者 Vusiem Tour Guides Ltd
価格 無料［課金有］

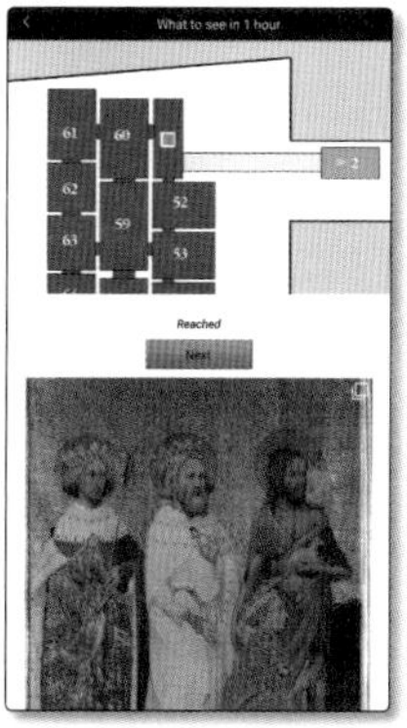

ロンドンのナショナルギャラリーが所蔵する多彩な絵画コレクションを高解像度の画像で収録。作品解説や館内案内も備えている

サンフランシスコのアジア美術館案内

Asian Art Museum SF

作者 Acoustiguide Inc.
価格 無料

サンフランシスコのアジア美術館を詳細なマップと作品解説でガイドしてくれるアプリ。お気に入り作品を記録することも可能

偉大な作品をスマートフォンで鑑賞

Art Gallery

作者 ErgSap Vision
価格 無料［課金有］

印象派をはじめとする画家たちの多彩なアート作品を、スマートフォンの画面で手軽に鑑賞できるバーチャル美術館アプリ

Section 090

雑学を身に付けて知識の幅を広げる

雑学

雑学をたくさん知っている人はさまざまなシーンで重宝されます。飲み会で人気者になりますし、知識を披露して尊敬を勝ち取ることもできるでしょう。そもそも、物事を知ろうという好奇心自体が生活に刺激を与え、人間力も高めます。日頃からアプリを利用して雑学をため込んでおきましょう。

60を超える多彩なジャンルを網羅

雑学・常識問題9000問

作者 Mejiro Publications
価格 無料

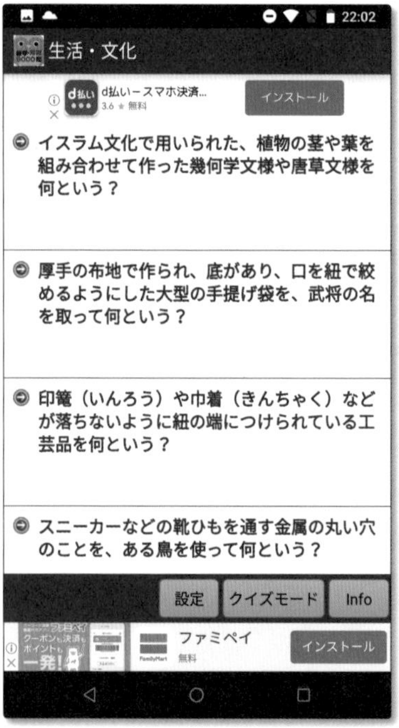
22:02
生活・文化
d払い－スマホ決済...
インストール
イスラム文化で用いられた、植物の茎や葉を組み合わせて作った幾何学文様や唐草文様を何という？
厚手の布地で作られ、底があり、口を紐で絞めるようにした大型の手提げ袋を、武将の名を取って何という？
印籠（いんろう）や巾着（きんちゃく）などが落ちないように紐の端につけられている工芸品を何という？
スニーカーなどの靴ひもを通す金属の丸い穴のことを、ある鳥を使って何という？
設定
クイズモード
Info
ファミペイ
無料
インストール

60以上のジャンルの9,000問を超える雑学と一般常識を収録。料理や生活、地理、歴史から科学、法律、スポーツ、音楽、はてはファッションやスイーツ、競馬、神話まで、多彩なジャンルの知識を満載する

日本中の名字を検索できる

名字由来net

作者 Recstu Inc.
価格 無料［課金有］

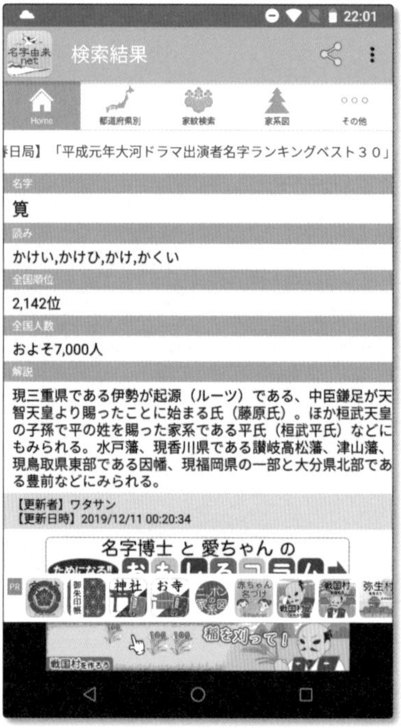
22:01
検索結果
Home
都道府県別
家紋検索
家系図
その他
日局】「平成元年大河ドラマ出演者名字ランキングベスト３０」
名字
筧
読み
かけい,かけひ,かけ,かくい
全国順位
2,142位
全国人数
およそ7,000人
解説
現三重県である伊勢が起源（ルーツ）である、中臣鎌足が天智天皇より賜ったことに始まる氏（藤原氏）。ほか桓武天皇の子孫で平の姓を賜った家系である平氏（桓武平氏）などにもみられる。水戸藩、現香川県である讃岐高松藩、津山藩、現鳥取県東部である因幡、現福岡県の一部と大分県北部である豊前などにみられる。
【更新者】ワタサン
【更新日時】2019/12/11 00:20:34
名字博士 と 愛ちゃん の
稲を刈って！
戦国村を作ろう

日本人の名字を検索し、読み方はもちろんルーツや全国・都道府県別ランキングを調べられる。約30万種の名字の100％近くを網羅し、珍しい名字もしっかり掲載。家紋の検索機能や家系図作成機能も備えている

第9章

音楽／ラジオ／動画

Sec.091 多彩なスタイルで音楽を聴く
Sec.092 好みの音楽を見つけ出す
Sec.093 ハイクオリティな音楽を再生する
Sec.094 カラオケの練習に役立てる
Sec.095 DJプレイで盛り上がる
Sec.096 楽器の演奏や練習に役立てる
Sec.097 世界中のインターネットラジオを楽しむ
Sec.098 定額制の音楽配信サービスを利用する
Sec.099 無料の動画配信サービスを楽しむ
Sec.100 有料の動画配信サービスを楽しむ
Sec.101 ビデオクリップを撮影・編集する
Sec.102 クラウドやサーバーに保存した動画を再生する

Section 091

音楽再生

多彩なスタイルで音楽を聴く

音楽を楽しむスタイルは人それぞれです。ここでは、多彩なスタイルで音楽を楽しめるアプリを集めました。コンサート会場にいる雰囲気そのままに音楽を聴いたり、グラフィックイコライザーで好みの音質に調整できたり、あるいはクラウドにある音楽を聴けるアプリなども紹介します。

クラウドの曲をスマートフォンで再生

CloudBeats

作者 CloudBeats
価格 無料［課金有］

Googleドライブ、Dropbox、Box、One Driveといったクラウドストレージに楽曲を保存し、ストリーミング再生できる。サイズの大きな音楽ファイルをスマートフォンに保存しておく必要がないのが便利

コンサートのセットリスト順に再生

LiveFans

作者 SKIYAKI APPS Inc.
価格 無料

スマートフォンに保存された曲を、コンサートのセットリスト通りに再生するユニークなアプリ。アリーナ、ライブハウス、スタジアムなどシチュエーションを6種類から選べるほか、拍手や歓声の設定も行える

再生機能が充実した音楽プレイヤー

Poweramp

作者 Max MP
価格 無料

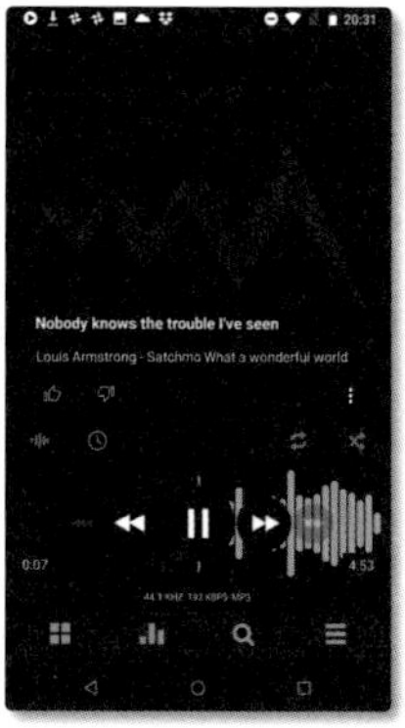

再生機能が充実した音楽プレイヤー。10バンドのグラフィックイコライザーを備えており、多数のプリセットも用意されている

好みに応じて再生を調整できる

Equalizer Music Player Booster

作者 MWM
価格 無料［課金有］

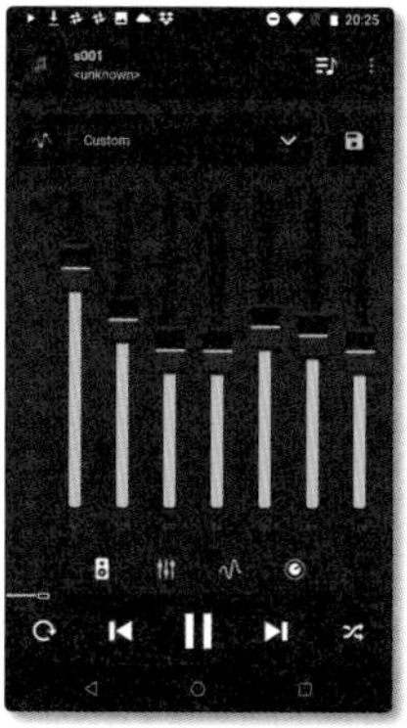

7バンドイコライザーに加えてベースブースターも備え、迫力ある音楽を好みに応じて調整して聴ける。プリセットも10種類用意

ライブ会場の雰囲気を体感できる

RealLive

作者 Zeppホールネットワーク
価格 無料［課金有］

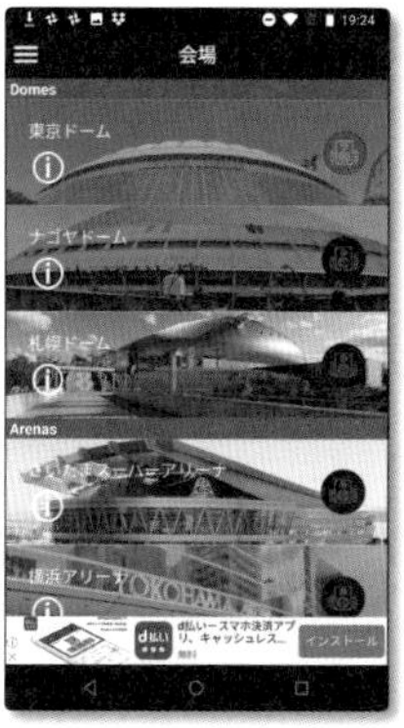

東京ドーム、横浜アリーナをはじめとする全国のコンサート会場の音響特性を再現して楽曲再生。ライブの雰囲気を体感できる

強力イコライザーとプリセットを備える

ダブミュージックプレイヤー

作者 Dub Studio Productions
価格 無料［課金有］

プレイヤーデザインがクールなだけでなく、強力なイコライザーで音質を調整可能。ロック、ダンスなどプリセットも多彩に揃える

Section 092

好みの音楽を見つけ出す

音楽検索

街中やテレビから流れてくる曲、いい歌だなと気になっていたにもかかわらず、曲名を知らないケースはよくあります。そのようなとき、スマートフォンに曲を聴かせるだけで曲名やアーティストを即座に調べてくれるアプリが便利です。新しい音楽との出会いに導いてくれるアプリもあります。

街やテレビで流れている音楽を調べる

Shazam

作者 Apple, Inc.
価格 無料

街やテレビで流れる音楽を認識して歌詞を表示。アプリを開いていないときでも音楽認識を続ける機能を備えており、SNSと連携して結果を共有することも可能。Spotifyプレイリストに曲を追加する機能もある

楽曲認識と歌詞表示機能を備える

OTO-Mii

作者 SYNCPOWER
価格 無料

再生する楽曲の歌詞を表示するほか、流れている曲や鼻歌を認識して曲名・アーティスト名を教えてくれる。邦楽・洋楽の歌詞データベースは260万件超。お気に入りの歌詞はマイリストに登録できる

気になる楽曲名を歌って調べられる

SoundHound

作者 SoundHound, Inc.
価格 無料

流れている音楽から楽曲を識別する。アプリに音楽を聴かせる、自分で歌う、ハミングするといった方法で楽曲を検索できる

音楽と歌詞表示を同時に楽しめる

Musixmatch

作者 Musixmatch
価格 無料［課金有］

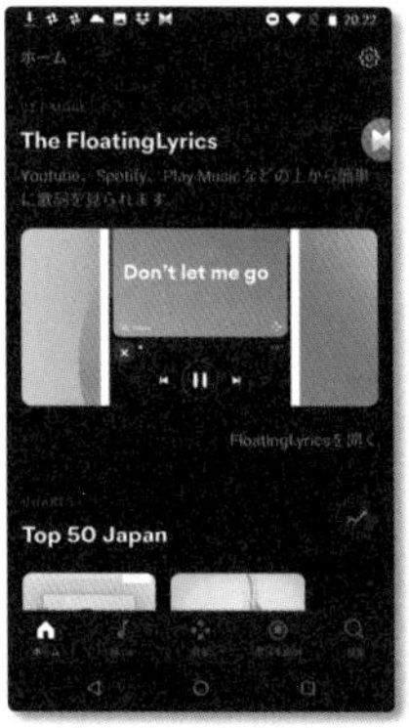

さまざまな曲の歌詞を検索して音楽を再生しながら表示できるほか、歌詞の一部からの検索や流れている曲を認識する機能もある

オフライン表示向けに歌詞を保存

QuickLyric

作者 QuickLyric SPRL
価格 無料［課金有］

歌詞を快適に表示できるアプリ。オフラインで表示できるように歌詞を保存したり、カラオケ向けの歌詞を同期したりも可能

好みのジャンルの新しい曲を発見

SoundCloud

作者 SoundCloud
価格 無料

好みにもとづいてさまざまなジャンルの音楽を検索し、聴き放題で楽しめる。友達やアーティストをフォローすることもできる

Section 093

高音質再生

ハイクオリティな音楽を再生する

スマートフォンは音楽プレイヤーとしても活用できます。標準の音楽再生機能でもある程度は楽しめますが、高音質の再生アプリを導入すると、さらにクオリティの高い音楽を聴けるようになります。最近では、音楽CDの音質をはるかに上回るハイレゾ音源に対応したアプリも増えています。

対応ヘッドフォンでハイレゾを楽しむ

Onkyo HF Player

作者　Onkyo Corporation
価格　無料

16,000以上の個別バンドでHDイコライザー操作を行い、音の再現を自在に調整することが可能。各社製の対応ヘッドフォン向けのプリセットが用意されており、最適な環境でハイレゾをリスニングできる

原音の姿を忠実に再現する

Radsone Hi-Res Player

作者　RADSONE Inc.
価格　無料［課金有］

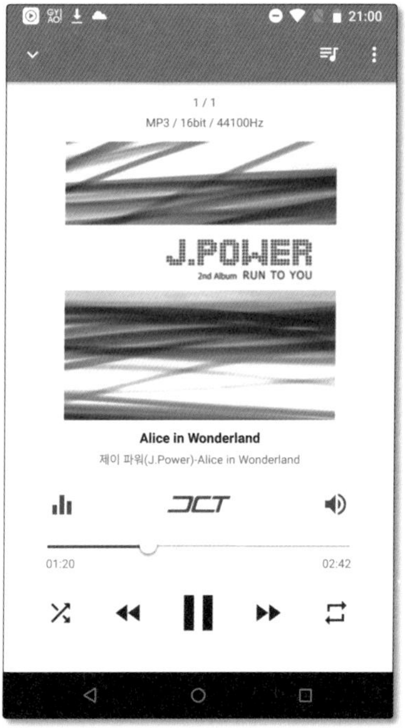

音のディテールを可能な限り原音に近づけて再生するアプリ。人為的に動かすイコライザー操作と異なり、音を本来の姿に忠実に再生するため、ディテールにこだわってデジタルノイズのみ削除する機構を備える

コード譜表示対応のハイレゾ再生アプリ

mysoundプレーヤー

作者 株式会社ヤマハミュージックエンタテインメントホールディングス
価格 無料

ハイレゾ音源対応。FLACファイルを取り込めばすぐにハイレゾの世界を体感できる。コードを解析して表示する機能もうれしい

ハイレゾの再生状況を目で見て確認

NePLAYER Lite

作者 radius co., ltd.
価格 無料［課金有］

ラディウスの対応機器を使うか別途機能を購入することで、ハイレゾ音源の再生に対応する。再生状況をビジュアルで確認できる

再生に合わせて歌詞を表示する

music.jp

作者 MTI Ltd.
価格 無料

ハイレゾ音源のダウンロードと再生が可能。約150万曲の歌詞表示に対応しており、再生しながら歌詞が自動でスクロールする

多彩な音場効果をサポートする

ジェットオーディオ

作者 Team Jet
価格 無料［課金有］

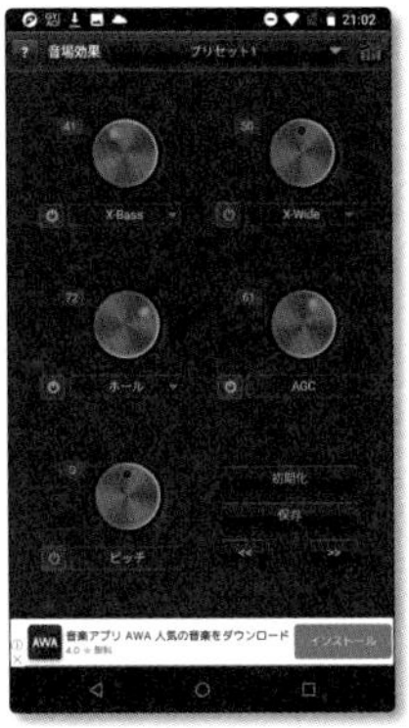

10／20バンドイコライザーやワイド、リバーブ、X-Bassといった音場効果で凝った音楽を再生することができるアプリ

Section 094

カラオケの練習に役立てる

カラオケ

カラオケアプリをインストールすれば、スマートフォンをカラオケとして利用できます。カラオケボックスに行かなくても、自宅で歌い込んでスキルに磨きをかけたり、歌詞を表示しながら練習したりといったことができるのです。ここでは、絶対音感トレーニングを行えるアプリも含めて紹介します。

カラオケの練習に適した機能を満載

カラオケ JOYSOUND+

作者 XING INC.
価格 無料［課金有］

スマートフォンで本格的なカラオケを楽しめる。1日3曲を無料で歌うことが可能。音程、リズムを採点する機能や、キー、テンポ、ガイドメロディ音量を調整する機能も備えており、カラオケの練習に適している

全曲無料で歌えて本格採点機能も装備

Pokekara

作者 M&E Mobile Technology Limited
価格 無料［課金有］

本格的な採点システムが付いた人気のカラオケアプリ。最新J-POPからアニソン、懐メロ、洋楽まで、すべてを無料で歌えるのがうれしい。繰り返し歌うことで実力をアップできる練習モードも用意されている

音程を効果的にトレーニング

ハモってね

作者　Toshihiko Arai
価格　無料

オクターブや完全五度、長三度といった基本和音を聴いて同じ和音を作っていく。ゲームを楽しむ感覚で音程の練習ができる

仲間とのコラボも楽しめる

nana

作者　nana music Inc.
価格　無料［課金有］

スマートフォンのマイクで歌や楽器演奏を録音して投稿できる。コミュニティで仲間ができたら重ね録りでコラボするのも楽しい

歌を世界中に公開して仲間を作れる

StarMaker

作者　Starmaker Interactive
価格　無料［課金有］

曲を選んで歌い、多彩なエフェクトをかけて高品質に録音。それを公開できる。世界中に仲間を作れるコミュニティ機能が充実

世界中の人たちとカラオケを楽しむ

Smule

作者　Smule
価格　無料［課金有］

歌詞付きカラオケを無料で楽しめる。独唱だけでなく世界中の人たちとデュエットしたり、音にエフェクトを追加したりも可能

Section
095

DJプレイで盛り上がる

DJプレイ

スマートフォンの画面はけっして大きくありませんが、ターンテーブルを並べてDJプレイを楽しめるアプリが多数リリースされています。実際に試してみると小さな画面でも意外に使いやすく、プロも満足の本格プレイが可能です。DJツールとしてのスマートフォンの可能性を体験してみましょう。

ダブルデッキで使える強力DJシステム

Cross DJ Free

作者 Mixvibes
価格 無料［課金有］

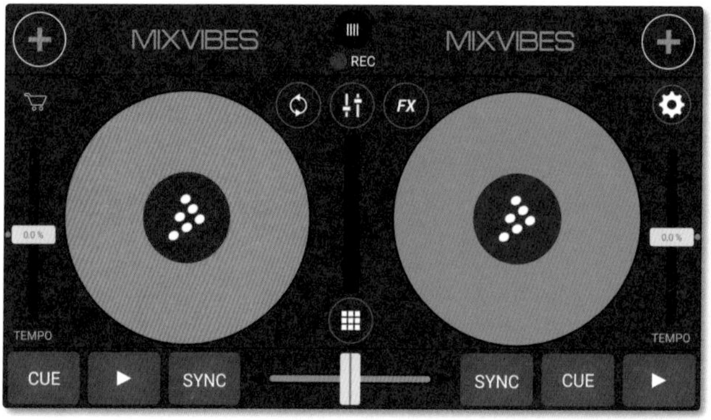

業界標準DJシステムに準拠し、直感的に動かせるインターフェイスが特徴。安定したシンクで2つのトラックの位相がずれることはない

3D風のユニークなインターフェイス

DiscDj 3D Music Player

作者 GameG
価格 無料［課金有］

3D風に画面内をフロートする独自インターフェイスが特徴的なDJプレイアプリ。使いやすさと機能のバランスがすぐれている

9 音楽／ラジオ／動画

高機能を満載したDJシステム

djay FREE

作者 Algoriddim
価格 無料［課金有］

シャッフル、ループ、スクラッチ、オーディオFXをはじめとした高い機能を持ち、ハイレベルなDJシステムを手軽に実現できる

本格的ターンテーブルでDJプレイ

DJ Studio 5

作者 Beatronik
価格 無料［課金有］

本格的なデザインのターンテーブルを駆使し、リミックス、スクラッチ、ループといったプレイを自在に楽しめるDJアプリ

プロDJが設計に協力したアプリ

edjing Mix

作者 MWM
価格 無料［課金有］

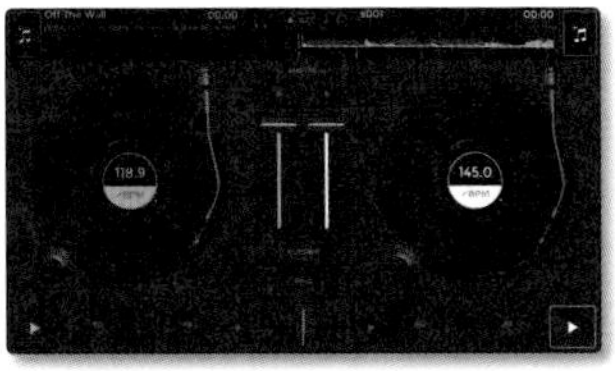

プロDJたちの協力によって設計され、20種類を超えるDJエフェクトにより短時間でも驚くようなミックスを作成できる

ビギナーでも高度なミックスを楽しめる

DJ Mix Pads 2

作者 Music Topia, LLC
価格 無料［課金有］

専門的な知識がなくても音楽のミックスを楽しめる。わかりやすいチュートリアルが用意されており、初心者でも扱いやすい

Section 096

楽器演奏

楽器の演奏や練習に役立てる

スマートフォンは本格的なデジタル楽器としてピアノやギター、ドラムのように使えます。操作のわかりやすいアプリが多く、楽器初心者が練習に役立てることも可能です。さらにはメトロノーム機能を持つするアプリもあり、こちらは初心者だけでなくベテランの方でも便利に活用できるでしょう。

本物のギターの音で演奏を楽しむ

リアル・ギター

作者 Gismart
価格 無料［課金有］

本物のギターの音が録音されており、スマートフォンで本格的なギター演奏を楽しめる。インターフェイスも本物のギターによく似ているため戸惑わずに弾けるだろう。ギターコード集が内蔵されているのもありがたい

正確なテンポと音程で演奏をサポート

チューナー&メトロノーム

作者 Soundcorset
価格 無料［課金有］

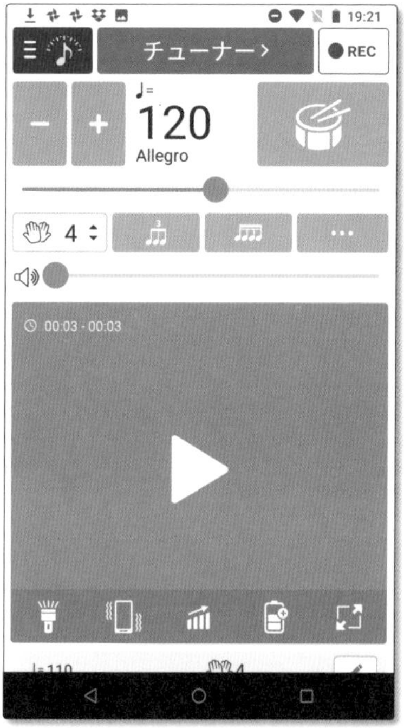

正確なテンポを刻むメトロノームと精密なチューナーを備えるアプリ。操作がかんたんで、演奏中でも手軽に扱える。録音機能が付いており、楽器の演奏を録音して保存することも可能。あらゆる楽器で活用できる

本格的な鍵盤でピアノ演奏を楽しむ

Perfect Piano

作者 Revontulet Soft Inc
価格 無料［課金有］

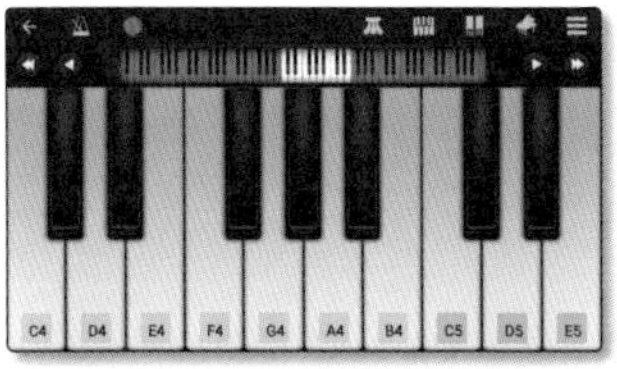

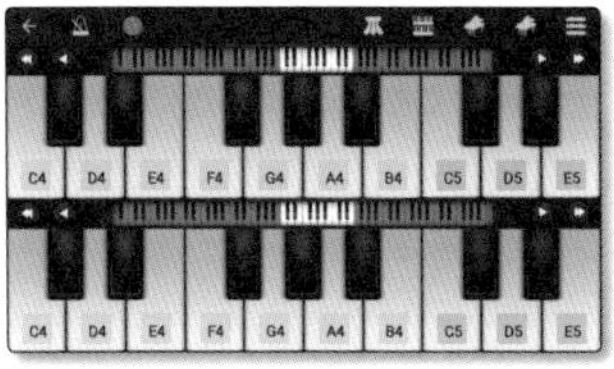

スマートフォンの画面向けに設計されたピアノシミュレーター。88鍵のフルキーボード仕様で、2段鍵盤モードも備えている

リアルなドラムの気分を体感できる

Real Drum

作者 Kolb Apps
価格 無料［課金有］

本物のドラムセットを可能な限りシミュレートしたアプリ。演奏自体はタップで行うが音はリアルで、雰囲気を存分に味わえる

直感的な演奏で音楽を学べる

音楽学習のための木琴

作者 Classic Musical Games Studio
価格 無料

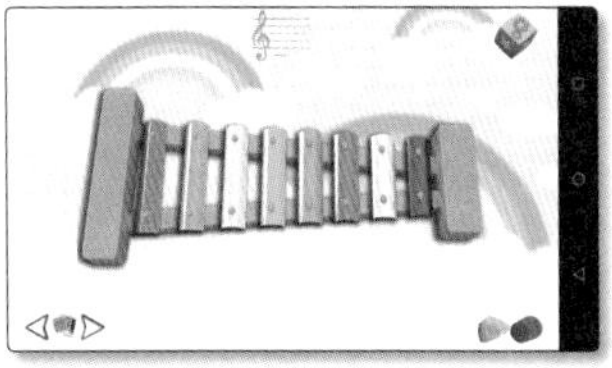

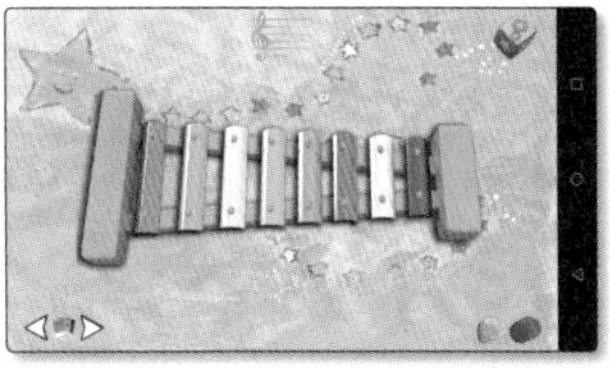

直感的に楽しめる楽器シミュレーターの木琴ピアノ。学校時代に音楽室で触った木琴を思い出し、楽しみながら音楽を学べる

正確なデジタルメトロノーム

メトロノームのビート

作者 Stonekick
価格 無料［課金有］

正確なデジタルメトロノーム。1分あたり1拍から300拍までテンポを自在に選択でき、1拍子を8刻みまで分割できる

Section 097

インターネットラジオ

世界中のインターネットラジオを楽しむ

インターネットには無数のラジオ局があります。BGMを流すだけのチャンネルもあれば、ニュースやスポーツに特化したチャンネルもあり、日本全国のコミュニティFM局もインターネット放送を行っています。好きなジャンルのインターネットラジオを見つけ、自分なりに活用してください。

地域のラジオを無料で聴ける定番アプリ

radiko

作者　株式会社radiko
価格　無料

現在いるエリアのラジオ放送を無料で聴ける定番アプリ。聴き逃した番組をあとから楽しめるタイムフリー機能を備えている。プレミアム会員に登録（有料）すれば日本全国のラジオ放送が聴き放題になる

世界中の10万超のラジオ局を楽しめる

TuneIn Radio

作者　TuneIn Inc
価格　無料［課金有］

10万を超えるラジオ局と膨大な数のポッドキャストを提供。音楽、スポーツ、ニュース、トークなどのジャンルからラジオ局を探せるほか、地域・言語別でも調べられるので、外国語の勉強にも活用できる

✓ 多彩なジャンルのラジオ局に対応

myTuner Radio

作者 Appgeneration - Radio FM , AM and FM Music, News
価格 無料［課金有］

国内200局、世界の5万局を超えるラジオを楽しめる。音楽、ニュースなどジャンルは多彩で、お気に入り局の登録も可能

✓ NHKのラジオをストリーミングで

NHKラジオ らじる★らじる

作者 NHK（JAPAN BROADCASTING CORP.）
価格 無料

NHKのラジオ第1／ラジオ第2／FMをストリーミングで手軽に聴けるアプリ。聴き逃し対象番組はあとから聴くこともできる

✓ 操作がわかりやすいラジオアプリ

シンプルラジオ

作者 Streema, Inc.
価格 無料［課金有］

FM／AMなど4万以上のチャンネルを楽しめる。わかりやすいインターフェイスを採用し、お気に入りに手軽にアクセスできる

✓ 多彩なネットラジオを無料で楽しむ

ラジオ FM

作者 RadioFM
価格 無料

インターネットで配信されているさまざまなジャンルの番組を無料かつ無制限で聴ける。スリープタイマーなど便利な機能もある

Section 098

定額制の音楽配信サービスを利用する

音楽配信サービス

以前はパソコンで音楽CDから取り込んだり、アルバムや曲をその都度インターネットで購入したりして音楽を聴いていましたが、現在は一定の月額で聴き放題となる音楽配信サービスが主流になっています。さまざまなサービスが提供されているので、お気に入りのサービスを見つけてください。

プライム会員なら便利に活用できる

Amazon Music

作者 Amazon Mobile LLC
価格 無料

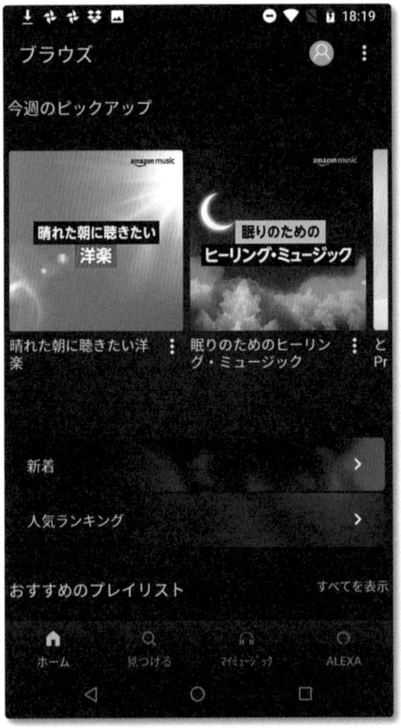

Amazonプライム会員なら追加料金なしで聴き放題になるPrime Musicを手軽に利用できる。聴きたい曲やアルバム、プレイリストを見つけたらすぐに再生でき、ライブラリへの追加やダウンロードも行える

スウェーデン発の定番配信サービス

Spotify

作者 Spotify Ltd.
価格 無料

スウェーデンで生まれた、5,000万を超える楽曲が定額で聴き放題になる定番配信サービス。無料プランは再生する際の条件が限定されるものの、一曲すべて、しかも歌詞を見ながら聴くことができる

✓無料でもフル再生を楽しめる

LINE MUSIC

作者 LINE MUSIC
価格 無料［課金有］

月定額に加え、お得な年間プランやファミリープラン、学生プランも用意される。会員登録なしの無料でもフル再生の試聴が可能

✓有料プランはダウンロードもOK

AWA

作者 AWA株式会社
価格 無料［課金有］

会員登録なし、かつ無料ですぐに始められる。月額960円の有料プランならダウンロードしてオフラインで聴くことが可能

✓4,000曲をオフライン再生できる

KKBOX

作者 KKBOX International Limited
価格 無料［課金有］

台湾発の音楽配信サービス。5,000万曲以上が聴き放題で、最大4,000曲はダウンロードしてオフラインでも楽しめる

✓邦楽に強い充実のラインナップ

楽天ミュージック

作者 Rakuten,Inc.
価格 無料

6,600万曲以上が聴き放題になる楽天の音楽配信サービス。お気に入りに登録すればユーザーに合ったプレイリストを提案する

Section 099

無料の動画配信サービスを楽しむ

動画配信サービス

スマートフォンはインターネット経由の動画鑑賞に適しています。Wi-Fiなど高速回線でインターネットにつながりさえすれば、さまざまな動画配信サービスをストリーミングで楽しめます。動画配信サービスには無料のものと有料のものがありますが、ここでは無料のサービスを紹介します。

会員登録不要で存分に楽しめる

AbemaTV

作者 AbemaTV, Inc.
価格 無料［課金有］

アニメ、韓流・華流ドラマ、オリジナル制作を含め多数の番組を用意し、会員登録不要ですべての番組を無料視聴できる。チャンネルは20を超え、総番組数は1万5,000以上。有料登録すれば過去の番組も見られる

プレゼンや英語のスキルアップに

TED

作者 TED Conferences LLC
価格 無料

各分野のバラエティあふれる講演映像が人気の無料動画配信サービス。2,000以上のトークから選んで字幕付きで視聴でき、動画や音声はダウンロード可能。プレゼン技術習得はもちろん英語学習にも適している

見逃した民放ドラマも配信される

GYAO!

作者 Yahoo Japan Corp.
価格 無料

国内外の話題の映画、ドラマ、アニメ、人気アーティストのライブなど、盛りだくさんの無料コンテンツを視聴できるサービス

オリジナルのドラマもラインナップ

FOD

作者 Fuji Television
価格 無料

フジテレビの公式動画アプリ。フジテレビで放送されたドラマやバラエティ番組を無料で配信し、会員登録不要で視聴できる

多彩なジャンルのTV番組を楽しめる

無料テレビ

作者 Free TV App
価格 無料

ニュース、バラエティ、スポーツ、アニメなどの多彩なテレビ番組を無料配信。公式サイトの許可を得ているので安心して楽しめる

好みに合った動画をおすすめする

BuzzVideo

作者 BuzzVideo
価格 無料

話題の動画が見られる無料アプリ。AIが好みの動画を自動的におすすめしてくれる。レストランなどで使えるクーポンも配布

Section 100

動画配信サービス

有料の動画配信サービスを楽しむ

新作映画やテレビドラマは有料で配信されるケースが多く見られます。映像作品だけでなく、スポーツの生中継を有料で行うサービスもあります。課金システムは大きく分けると、定額で見放題になるタイプと、見たいコンテンツを購入するタイプがあり、ここでは両方のタイプを紹介します。

オリジナル作品が話題の定番サービス

Netflix

作者 Netflix, Inc.
価格 無料［課金有］

注目の映画やドラマ、オリジナル作品などを配信する定番サービス。1アカウントにつき最大5つのプロフィールを設定でき、家族それぞれが好みの作品を楽しめる。作品をダウンロードして視聴することもできる

スポーツ好きは要チェックのサービス

DAZN

作者 DAZN
価格 無料［課金有］

Jリーグやプロ野球の試合をリアルタイム＆見逃し配信。ラグビー、F1、バスケットボールなどそれ以外のスポーツ中継も配信するので、スポーツ好きなら見逃せない。2デバイスでの同時視聴が可能となっている

注目のオリジナルコンテンツも配信

Hulu

作者 HJ Holdings
価格 無料

海外・国内のドラマや映画、アニメなどを視聴できる。海外コンテンツの独占配信に加え、注目のオリジナル作品も配信する

1つの契約で4人まで同時に見られる

U-NEXT

作者 U-NEXT
価格 無料

洋画・邦画、海外・国内・韓流ドラマ、アニメなどを高画質で楽しめる。1契約で4人まで同時利用可能。マンガや雑誌も配信する

プライム会員なら多くの作品が見放題

Amazon プライム・ビデオ

作者 Amazon Mobile LLC
価格 無料［課金有］

Amazonで購入・レンタルした作品をストリーミングやダウンロードで楽しめる。プライム会員なら多くのプログラムが見放題

NHKが放送した番組を有料配信

NHKオンデマンド

作者 NHK（JAPAN BROADCASTING CORP.）
価格 無料

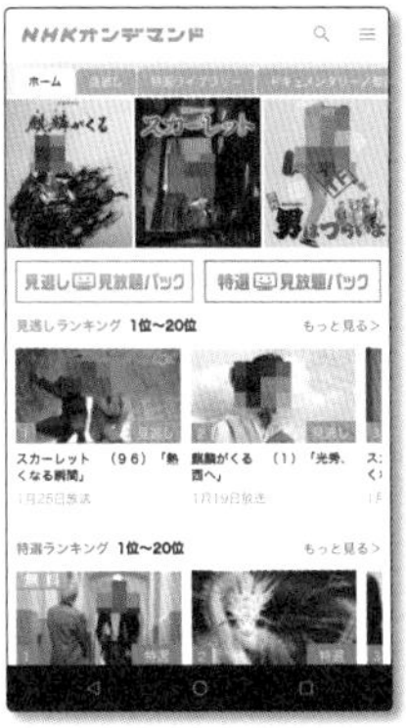

NHKが放送した番組を有料配信。受信契約者向けの常時同時配信アプリ「NHK＋」もある

Section 101

動画撮影／編集

ビデオクリップを撮影・編集する

スマートフォンで撮影した動画に編集や演出を加えると、素晴らしい「作品」に変身します。また、写真を並べて音楽を付け、思い出を形にした素敵なスライドショーに仕立てることもできます。多彩な個性の動画関連アプリを使いこなし、友人や家族、あるいは世界の人たちを驚かせてみましょう。

エフェクトやフィルターを使いこなせる

Vizmato

作者 Global Delight Technologies Pvt. Ltd.

価格 無料［課金有］

エフェクトやフィルターを駆使して、クールな動画を撮影し、自在に編集できるアプリ。各種効果を組み合わせたテーマの多くは無料で使うことができ、高度な機能をかんたんな操作で適用することが可能

高度な動画編集が思いのままに

InShot

作者 InShot Inc.

価格 無料［課金有］

動画のトリミングやカット、合成・分割、倍速・反転、ズームイン・アウトといった編集機能に加えて、充実したエフェクトやフィルター機能を備えているのが特徴。テキスト、絵文字、音楽なども追加できる

PC版ソフトで高い評価を獲得

PowerDirector

作者 CyberLink.com
価格 無料［課金有］

パソコン版ビデオ編集ソフトとして高評価を得てきたツールのAndroid版。かんたんな操作で本格的なビデオ編集を行える

素敵なクリップを自動的に作成

Quik

作者 GoPro
価格 無料

写真や動画を自動的に分析し、効果などを加えてBGMに同期した素敵なクリップを作成。GoProで撮影した動画に対応する

写真と音楽を組み合わせてクリップ作成

VideoShow

作者 VideoShow EnjoyMobi Video Editor & Video Maker Inc
価格 無料［課金有］

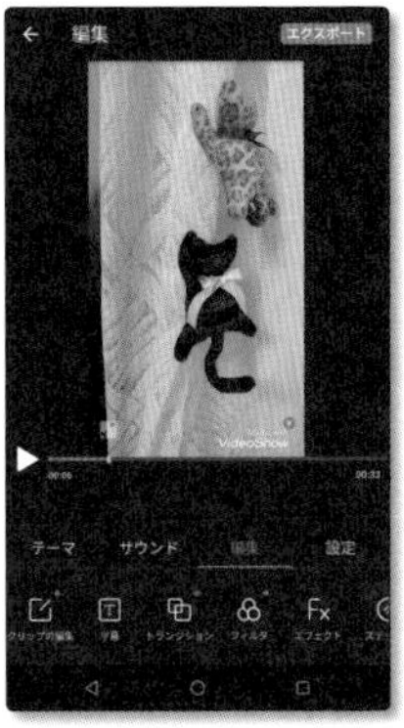

写真と音楽を組み合わせてビデオクリップを作成。多数のテーマと文字効果、編集・加工機能を備え、美しい動画が手軽に作れる

おしゃれなムービーが手軽に作れる

ビデオエディタ

作者 ALIVE Inc.
価格 無料

おしゃれなエフェクトを駆使して、見栄えのよいムービーを手軽に作成できるアプリ。出来上がった作品はSNSでシェアできる

Section 102

クラウド

クラウドやサーバーに保存した動画を再生する

動画ファイルはサイズが大きいため、スマートフォンに大量の動画を保存しておくのは厳しいでしょう。そこで活用したいのが、インターネット上に保存した動画を再生できるアプリです。クラウドなどに保存しておけば、スマートフォン本体の容量を気にせず、いつでもどこでも動画を楽しめます。

ネットワーク上のあらゆる動画を再生

PlayerXtreme Media Player

作者 Xtreme Media Works
価格 無料

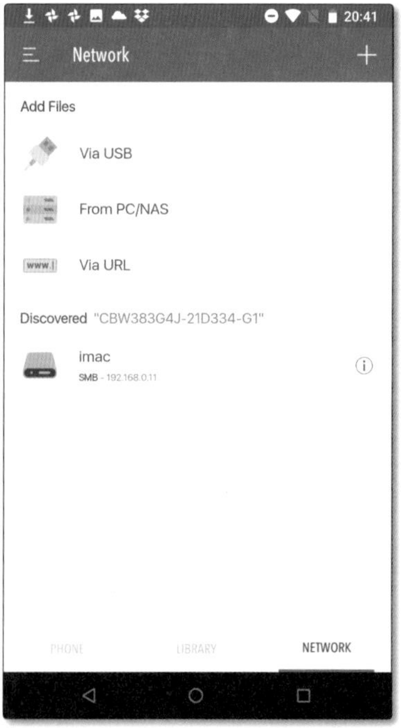

現在考えられるほぼすべての動画形式のファイルを再生することが可能。USBデバイスやPCに加えてWebDAV、FTPをはじめさまざまなネットワークに対応し、クラウドに保存した動画ファイルも楽しめる

メディアサーバーの動画再生にも対応

VLC for Android

作者 Videolabs
価格 無料

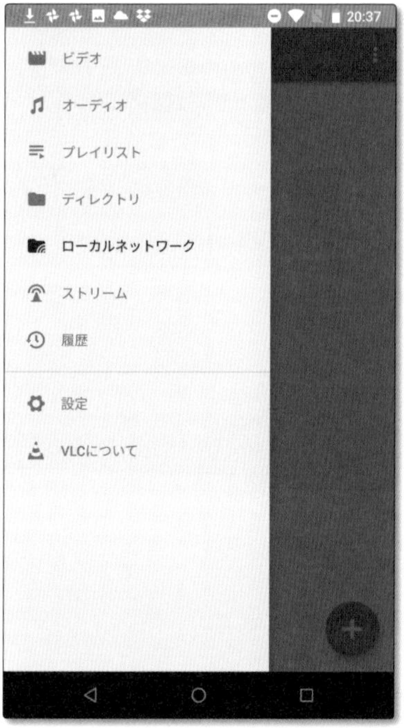

さまざまな動画形式のファイルを、変換せずに直接再生できるプレイヤーアプリ。ネットワーク上のストレージに保存した動画をダウンロードしたり、メディアサーバーに保存した動画を共有したりすることが可能

第10章

ニュース／情報収集

Sec.103 毎日のニュースを効率よく読む

Sec.104 経済のニュースをすばやくチェックする

Sec.105 新聞社や通信社のニュースを読む

Sec.106 動画や音声でニュースをチェックする

Sec.107 専門のニュースアプリで趣味の分野を広げる

Sec.108 最新のスポーツニュースをいち早く手に入れる

Sec.109 おもしろニュースやコラムで雑談のネタを仕入れる

Sec.110 SNSやブログの最新記事をまとめて読む

Sec.111 テレビドラマや映画の最新情報を調べる

Sec.112 質問や悩みを解決する

Section 103

ニュース

毎日のニュースを効率よく読む

世の中で起きていることを知るには、毎日のニュースチェックが欠かせません。ところがニュースサイトは山のようにあるので、どこをチェックしてよいのかわからなくなりがちです。そこで、おすすめしたいのがニュースアプリです。複数のニュースサイトをまとめてチェックできます。

オフラインでも記事が読める

スマートニュース

作者 SmartNews, Inc.
価格 無料

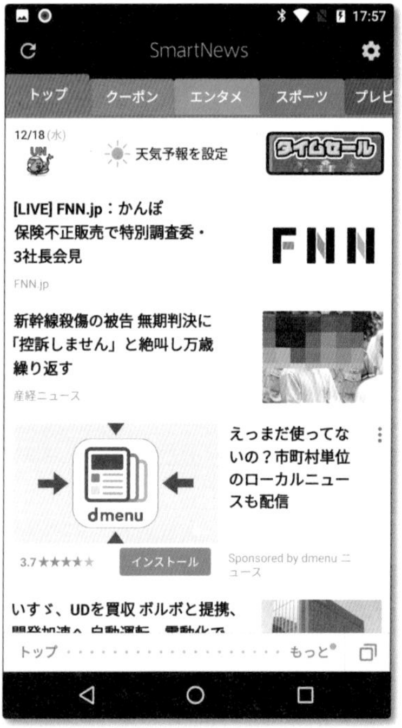

5,000万ダウンロードを突破した人気のニュースアプリ。政治・経済からグルメ、エンタメ、スポーツなど多彩なジャンルのニュースを1日4回配信する。圏外でも読めるSmartモードを搭載している

おすすめニュースを配信

Google ニュース

作者 Google LLC
価格 無料

関心のある記事やニュースを見つけるためのニュースアプリ。Googleのレコメンデーションエンジンを搭載し、国内外のニュースからおすすめ記事をすばやく閲覧することができる

クイズ大会に参加できる

グノシー

作者 Gunosy Inc.
価格 無料

トピック エンタメ スポーツ クーポン コラム
この発想はなかった！『超ユニークな機能』を搭載した弁当箱が話題に
トランプ大統領を弾劾訴追 米史上3人目 ウクライナ疑惑「権力乱用」認定
城田優、寝起きのキスマーク写真にファン驚愕「ええっっ！？」
中居正広、10年交際恋人と継続 10億円新居に引っ越しも？

エンタメ、スポーツ、政治やコラムなど幅広い分野のニュースを毎日配信。カテゴリ別に分かれているので記事を見つけやすい

文字が大きいニュースアプリ

ニュース

作者 NIFTY Corporation
価格 無料

@niftyニュース
大谷翔平ダンクにコーチ驚愕
秋元司議員の事務所を捜索
米下院がトランプ氏弾劾訴追
ANA機 福岡空港に緊急着陸
91歳聖火ランナー実際は66歳

約100媒体の記事が読める。文字が大きく表示されて、スマートフォンの小さな画面でも見やすく表示できるのが特徴

フォロー機能でニュースをチェック

ニュースパス

作者 KDDI株式会社&Gunosy Inc.
価格 無料

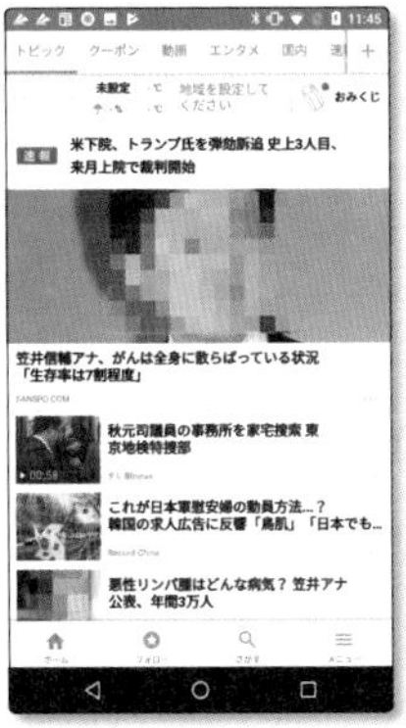
米下院、トランプ氏を弾劾訴追 史上3人目、来月上院で裁判開始

キーワードを登録して情報をチェックする「フォロー機能」や、「急上昇ワード機能」などの機能を搭載し使いやすい

豪雨予報や地震速報も

Yahoo!ニュース

作者 Yahoo Japan Corp.
価格 無料

米下院 トランプ氏を弾劾訴追

編集部が厳選したニュースを配信。専門家の意見を読むことや、都道府県ニュースや防災速報を受け取ることが可能

Section 104
経済ニュース

経済のニュースをすばやくチェックする

ビジネスパーソンにとってとりわけ重要なのは、経済ニュースです。会議の中で経済のニュースが話題に上がることも少なくないでしょう。高いアンテナを常に持つためには、経済ニュースを読むためのアプリを活用してはどうでしょう。専門家のコメントとともに読めば理解が進みます。

経済ニュースを理解する

NewsPicks

作者 NewsPicks, Inc.
価格 無料［課金有］

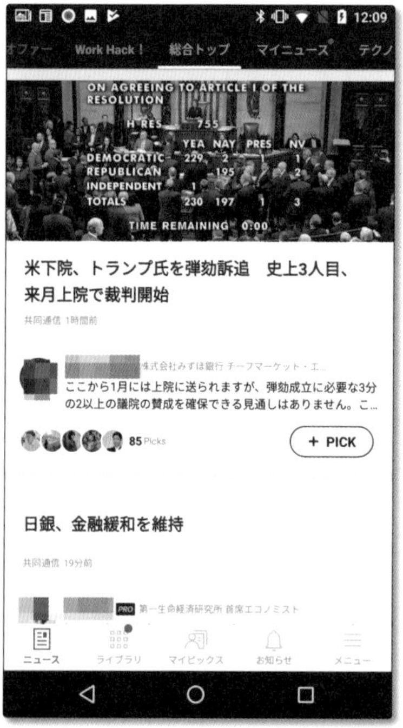
12:09
オファー Work Hack！ 総合トップ マイニュース テクノ
米下院、トランプ氏を弾劾訴追　史上3人目、来月上院で裁判開始
共同通信 1時間前
株式会社みずほ銀行 チーフマーケット・エ...
ここから1月には上院に送られますが、弾劾成立に必要な3分の2以上の議院の賛成を確保できる見通しはありません。こ...
85 Picks
＋ PICK
日銀、金融緩和を維持
共同通信 19分前
PRO 第一生命経済研究所 首席エコノミスト
ニュース ライブラリ マイピックス お知らせ メニュー

90以上のメディアからニュースを厳選して配信している。100名以上の著名人、専門家をはじめとするユーザーの解説コメントを合わせて読むことができ、ニュースの理解を深めやすい

地域のニュースを配信

みんなの経済新聞ニュース

作者 Hanagata communications., Inc.
価格 無料

12:10
みんなの経済新聞
LOCAL NEWS NETWORK
トピックス ジモト ココカラ 北海道東北 関東 東京東
大分経済新聞
別府市の就労支援事業所「リ・ボーン」　自家製果実酢の販路拡大で「自立」の道探る
日向経済新聞
宮崎・延岡の移動カフェ「nico」1周年　ドリンク...
品川経済新聞
コワーキングスペース「リブポート品川」　カ...
MINKEITV　全国各地から、まちの動画ニュース配信中！
お知らせ
ばんから秋葉原店でガッツリ背脂系ラーメン挑戦企画
アキバ経済新聞

地域ニュースを配信する「みんなの経済新聞ネットワーク」の公式アプリ。国内外100以上の地域ニュース媒体の記事を横断して閲覧できる。好きな地域や今いるエリアの記事をさっと読むのにぴったり

マーケット情報や資産管理も

MSN マネー

作者 Microsoft Corporation
価格 無料

世界のファイナンシャル関連のニュースを配信。NASDAQやダウ・ジョーンズなどの指標、為替相場などをチェックできる

投資家のバイブル

四季報株アプリ

作者 Toyo Keizai Inc.
価格 無料

「会社四季報」のアプリ版。市場で話題の銘柄情報やチェックすべき銘柄リストなど、最新の株式ニュースを配信

経済番組が見放題

テレビ東京ビジネスオンデマンド

作者 TV TOKYO Communications Corporation
価格 無料［課金有］

WBSやガイアの夜明けなど、テレビ東京で人気の経済番組を配信する見放題サービス。オフライン再生にも対応している

人気の記事が丸わかり

FX ニュースまとめ!

作者 AR_Company
価格 無料

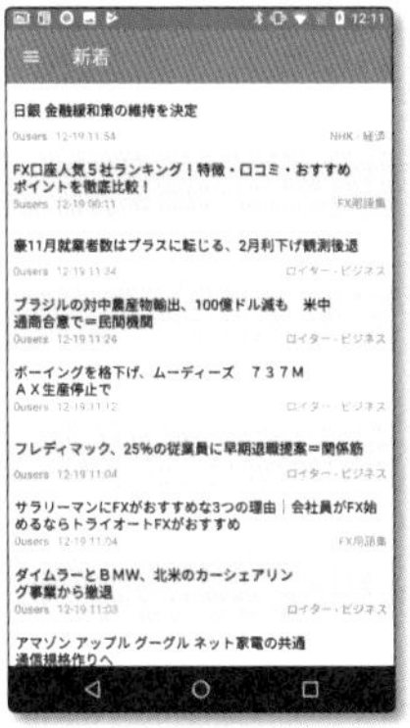

指標やまとめ情報などトレーダー向けのニュースを配信。ランキング機能で皆がチェックしている大事な記事を確認できる

Section 105

新聞社ニュース

新聞社や通信社のニュースを読む

世の中で起きていることを知るには、新聞社や通信社の配信しているニュースを読むのが手っ取り早くておすすめです。新聞社や通信社がリリースしているアプリからお気に入りを見つけましょう。有料会員になることで、朝刊や夕刊の紙面デザインそのままの内容を読むこともできます。

経済ニュースを読む

日本経済新聞 電子版

作者　日本経済新聞社
価格　無料［課金有］

日本経済新聞の電子版が読めるアプリ。有料会員は、朝夕刊の過去1か月分の記事や電子版オリジナル記事がすべて読み放題になる。無料会員も有料会員向けの記事を月に10本閲覧できる

速報と災害・地震情報が届く

News Digest

作者　JX PRESS Corporation
価格　無料

重要ニュースの速報や地震速報、災害速報をどのアプリよりも速く配信するライフライン型ニュースアプリ。さまざまなカテゴリのニュースがまとまっているので、毎日のニュースチェックにも便利

✔ 朝刊の自動ダウンロードが可能

朝日新聞デジタル

作者　朝日新聞社
価格　無料

朝日新聞 DIGITAL
トップ 新着 社会 政治 経済
トランプ氏演説で叫ぶ「我々は何も悪いことしていない」
クリントン氏ら過去の大統領は無罪 トランプ氏弾劾訴追
秋元司衆院議員の国会事務所など捜索 IR事業巡る不正
緊急着陸機に記者　離陸後感じた衝撃、機長のアナウンス

朝日新聞デジタルが読める公式アプリ。有料会員は朝夕刊が読み放題になり、誌面を自動ダウンロードすることが可能

✔ マーケットデータをチェック

ロイターニュース

作者　Thomson Reuters
価格　無料

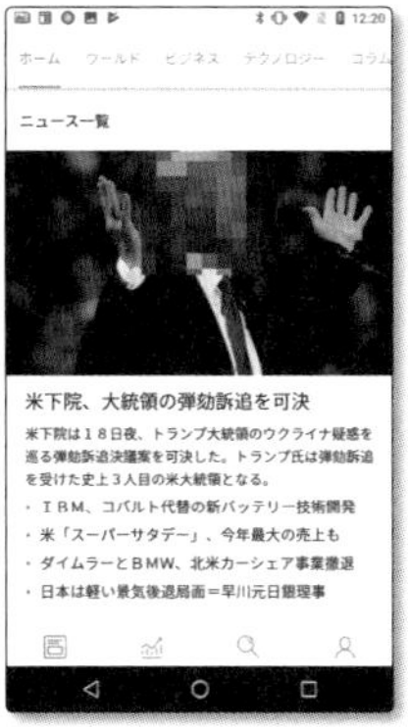
ニュース一覧
米下院、大統領の弾劾訴追を可決

イギリスの通信社ロイター通信の公式アプリ。世界の政治・経済・社会の最新ニュースをカテゴリごとにチェックできる

✔ 政治・経済・芸能ニュースも網羅

産経プラス

作者　産経デジタル
価格　無料

総合 話題 国内 政治 ビジネス
トランプ米大統領　弾劾訴追　史上3人目
秋元議員の事務所捜索　東京地検特捜部
Sponsored

産経新聞やサンスポ、夕刊フジなど産経新聞グループの記事が読める。「きょうの誌面」のほか、オリジナルコラムも配信

✔ 気になるニュースをフォローする

毎日新聞ニュース

作者　THE MAINICHI NEWSPAPERS
価格　無料

毎日新聞
主要ニュース
ニューオータニ領収書「下関に見た人いない」

気になる連載や特集の新着記事をフォローしておくと、ホーム画面ですばやくチェックできるのが便利。地域のニュースも表示

Section 106
動画／音声ニュース

動画や音声でニュースをチェックする

毎日のニュースをテレビでチェックしている人は多いでしょう。スマートフォンがあれば、どんなに忙しくても、動画や音声でニュースをチェックできます。動画なら気になるニュースをチャンネルを変える感覚で確認できます。音声なら、ニュースを歩きながら耳に入れることが可能です。

テレビ動画でニュースを見る

TBSニュース

作者 TBSテレビ
価格 無料

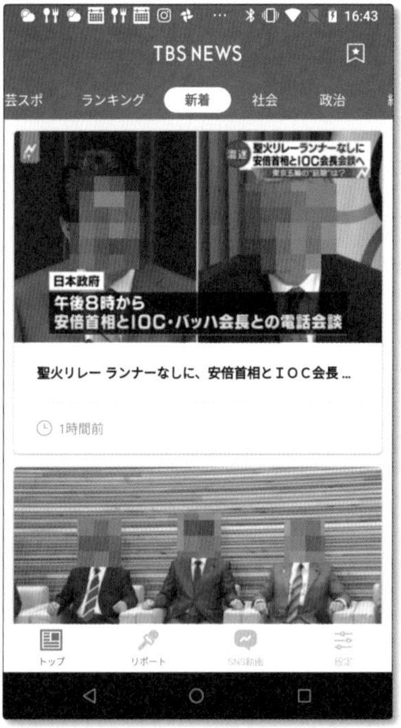

TBSのテレビニュースを見ることができる動画ニュースアプリ。各記事のサマリも一緒に読むことができるので、動画を見ながら効率的にニュースをチェックできる。災害時のLIVE配信にも対応している

100チャンネル以上のボイスメディア

Voicy

作者 Voicy, Inc.
価格 無料

100以上のトークチャンネルで記事を配信するボイスメディア。ここでしか聞けないオリジナルコンテンツが充実。毎朝10分で主要ニュースがわかるチャンネルなど、好きなチャンネルをフォローできる

注目のニュースを連続再生

テレ朝news

作者 TV Asahi Corporation
価格 無料

news
ヘッドライン

テレビ朝日のニュースを動画で視聴できるアプリ。注目のニュースを10本を続けて見ることができる。災害情報も充実している

厳選ニュースを朝昼夕に配信

朝日新聞アルキキ

作者 The Asahi Shimbun Media Lab
価格 無料［課金有］

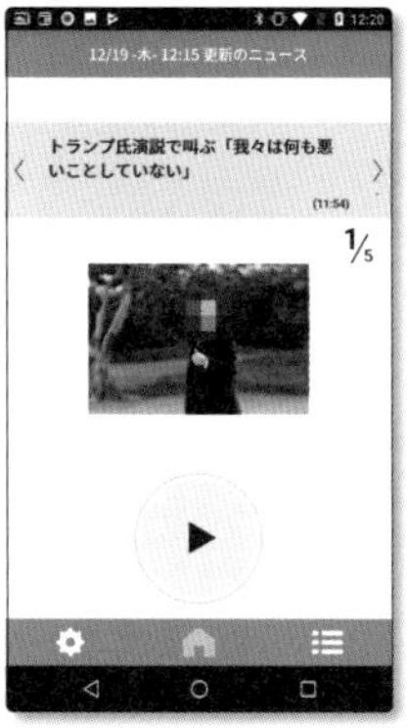
12/19-木-12:15 更新のニュース
トランプ氏演説で叫ぶ「我々は何も悪いことしていない」
(11:54)
1/5

朝日新聞朝刊から厳選されたニュース約10本を音声で聞ける。1日3回更新。100本以上のニュースを聞ける有料版もある

5秒動画でニュースがわかる

LINE NEWS

作者 LINE Corporation
価格 無料

ピックアップ
どっちを選ぶ？

動画でその日のニュースをチェックできる。記事には要約が付き、概要を把握しやすい。ランキングも用意されている

英語ニュースをネイティブスピーカーで

ざっくり英語ニュース！StudyNow

作者 Eotec International inc.
価格 無料［課金有］

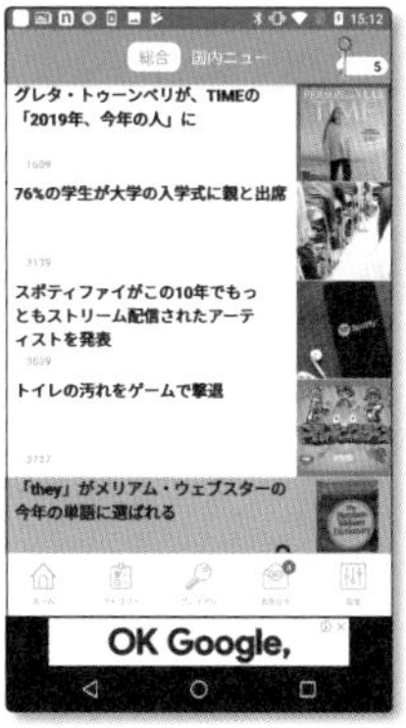
グレタ・トゥーンベリが、TIMEの「2019年、今年の人」に
76%の学生が大学の入学式に親と出席
スポティファイがこの10年でもっともストリーム配信されたアーティストを発表
トイレの汚れをゲームで撃退
「they」がメリアム・ウェブスターの今年の単語に選ばれる
OK Google,

英語のニュースを配信。サブスクリプションを購入することですべての記事をネイティブの発音で聞くことができる

Section 107

専門ニュース

専門のニュースアプリで趣味の分野を広げる

通信機器やIT家電などのガジェットが好きな場合、普通のニュースアプリでは思うように情報が得られないかもしれません。趣味性の高い情報を集めたいときは、それぞれ専門のニュースアプリを使って、話題を追いかけたほうが、より深い情報を得られるでしょう。

アウトドア情報が毎日届く

ソトシル

作者 株式会社スペースキー
価格 無料

15:31
マイリスト
3D-COAT 4.5　お試し編
handtomouse.sblo.jp · 5分
飲食店「無断キャンセル」最新防衛策がすごいことになっていた
diamond.jp · 7分
モデリングの際に知っておくと便利な機能
dskjal.com
ZBrushライブスカルプティング>>プロの技術は何がちがう？
entry.cgworld.jp · 9分
blender2.8でpngの画像を使ってテクスチャを透過させてみた
muro-ganmin.com · 3分
あの4Kテレビが「暗い」というとん

キャンプ、登山、釣りなどアウトドアに関する7つのジャンルのニュースが届く。提携メディアが90以上と充実しており、気になった記事はお気に入りに保存して、あとでじっくりと読むことができる

ITの旬な話題をチェックする

ITmedia for Android

作者 ITmedia Inc.
価格 無料

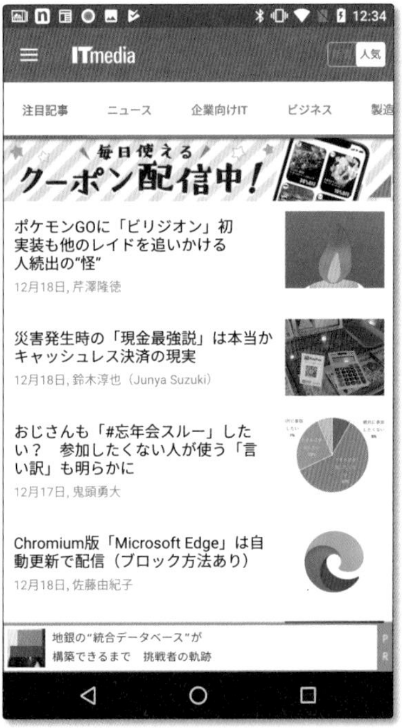
12:34
ITmedia
人気
注目記事
ニュース
企業向けIT
ビジネス
毎日使える
クーポン配信中！
ポケモンGOに「ビリジオン」初実装も他のレイドを追いかける人続出の"怪"
12月18日, 芹澤隆徳
災害発生時の「現金最強説」は本当かキャッシュレス決済の現実
12月18日, 鈴木淳也（Junya Suzuki）
おじさんも「#忘年会スルー」したい？　参加したくない人が使う「言い訳」も明らかに
12月17日, 鬼頭勇大
Chromium版「Microsoft Edge」は自動更新で配信（ブロック方法あり）
12月18日, 佐藤由紀子
地銀の"統合データベース"が構築できるまで　挑戦者の軌跡
PR

ITmedia、@IT、MONOist、ねとらぼなど、アイティメディアの17媒体の記事を配信している。ネットの話題からエンタープライズITニュースまで、ITに関わるニュースをまとめてチェックしたい人におすすめ

ポップカルチャーのニュースを読む

マイナタリー

作者 Natasha,Inc.
価格 無料

音楽、コミック、お笑い、映画など多彩なポップカルチャーニュースを配信。好みの記事だけ通知を受け取れるのが便利

おでかけ&グルメ情報が満載

antenna

作者 GLIDER associates, INC.
価格 無料

暮らしやお出かけなどをテーマに毎日1,000本以上の記事から厳選してお届け。キーワードをフォローして記事を入手できる

アニメ&声優%ゲーム情報をチェック

JCnews

作者 Akinasista Corporation.
価格 無料

アニメ、ゲーム、マンガ・ラノベなどジャンルを切り替えてニュースをチェック。気になるニュースだけ選んで表示することも可能

住まいづくりを応援

LIMIA

作者 LIMIA, Inc.
価格 無料

インテリアや家具、DIY、雑貨を中心に、暮らしや住まいに関わる情報を配信する。おしゃれな部屋を作るためのヒントが満載

Section 108

スポーツニュース

最新のスポーツニュースをいち早く手に入れる

ひいきにしているチームの試合結果や、お気に入り選手の最新情報などを手に入れたいなら、スポーツニュースを専門に扱っているアプリがおすすめです。最新のニュースや読み応えたっぷりのコラムのほか、試合の日程、選手の情報など、欲しい情報がいつでも手に入ります。

スポーツの「今」がわかる

スポーツナビ

作者 Yahoo Japan Corp.
価格 無料

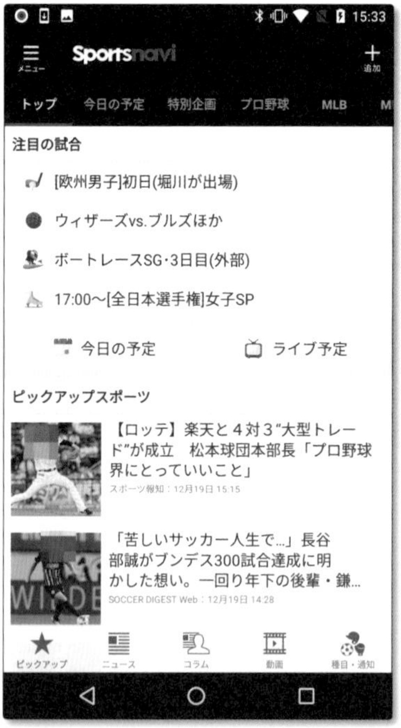

国内最大級の総合スポーツ情報サイト「スポーツナビ」の記事を読める公式アプリ。試合日程や結果、各種目のニュースやコラムなど、スポーツ全般の話題を身近に届けてくれる

高校野球を楽しむ

スポーツブル

作者 株式会社運動通信社
価格 無料［課金有］

各種目のニュース記事をまとめて読むことができる。提携媒体は60社以上。プロだけでなくアマチュアスポーツの情報も豊富。高校野球では地方大会決勝から全国大会までライブ中継も楽しめる

Jリーグ公式アプリ

Club J.LEAGUE

作者 Jリーグ
価格 無料

お気に入りのクラブを登録してニュースや試合速報、チケット情報などをまとめてチェック。アプリからチケット購入も可能

国内外の速報をお届け

ゴルフニュース速報-GDO

作者 Golf Digest Online Inc.
価格 無料

ゴルフ情報サイトGODの公式アプリ。国内外のトーナメント情報や選手情報、スイング動画、最新ギアなど情報が満載

取組ムービーを再生可能

日本相撲協会公式アプリ「大相撲」

作者 DWANGO MOBILE CO., LTD.
価格 無料［課金有］

好きな力士を登録すると、取組結果を通知してくれる。本場所情報の閲覧のほか幕内取組ムービーの再生も楽しめる

プロ野球ファン必携

スポナビ プロ野球速報

作者 Yahoo Japan Corp.
価格 無料

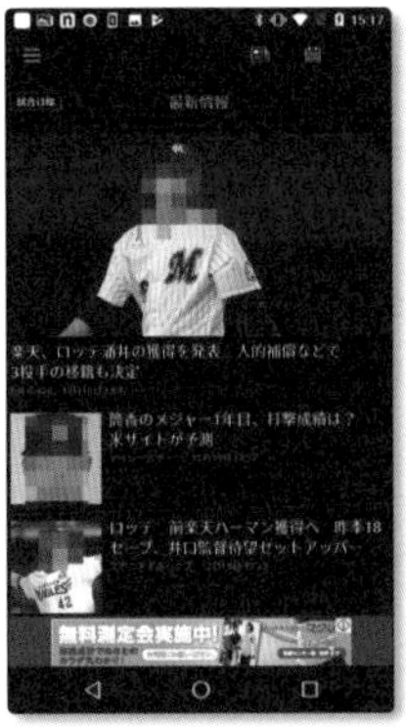

プロ野球の情報をほぼリアルタイムに配信する。1球ごとの結果を超高速で配信し、試合の状況が手に取るようにわかる

Section 109

ニュース／コラム

おもしろニュースやコラムで雑談のネタを仕入れる

ネットはさまざまな話題であふれていて、スキマ時間に読む記事に困ることがありません。しかし、ネットの記事は玉石混交で、おもしろい記事もそうでないものもあります。大切なのはアプリを厳選することです。ここでは、おもしろい記事やためになる記事が見つかるアプリを紹介します。

「ほぼ日」を毎日読む

ほぼ日アプリ

作者 Hobonichi Co., Ltd.
価格 無料

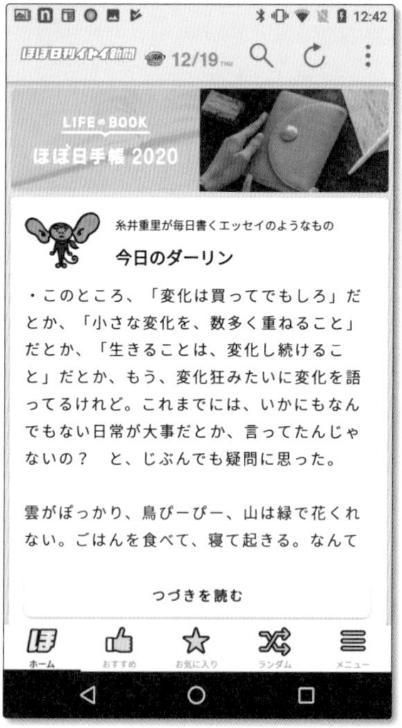
12:42
ほぼ日刊イトイ新聞
12/19
LIFE BOOK
ほぼ日手帳 2020
糸井重里が毎日書くエッセイのようなもの
今日のダーリン
・このところ、「変化は買ってでもしろ」だとか、「小さな変化を、数多く重ねること」だとか、「生きることは、変化し続けること」だとか、もう、変化狂みたいに変化を語ってるけれど。これまでには、いかにもなんでもない日常が大事だとか、言ってたんじゃないの？　と、じぶんでも疑問に思った。
雲がぽっかり、鳥ぴーぴー、山は緑で花くれない。ごはんを食べて、寝て起きる。なんて
つづきを読む
ホーム
おすすめ
お気に入り
ランダム
メニュー

「ほぼ日イトイ新聞」の公式アプリ。インタビューや対談、コラムなど、毎日更新される同サイトの記事を読むことができる。過去に掲載された膨大なアーカイブを含む人気記事もまとめて読むことができる

ダイジェストでチェックする

ハフィントンポスト

作者 Huffington Post
価格 無料［課金有］

15:40
HUFFPOST
「見えているこの景色が、以前とはまったく違う」
NEWS
【地震情報】青森県階上町で震度5弱。津波の心配なし
ニュース
セクション
ブックマーク
設定

最新ニュースや主要な話題のダイジェストを閲覧するためのアプリ。政治から経済まで、さまざまな話題を提供する。世界中から集めた豊富な記事で皆の知らない話題を提供できる

バイラルメディアの草分け的存在

BuzzFeed

作者 BuzzFeed
価格 無料

おすすめ　話題の記事
自身の会見に姿を見せた伊藤詩織さんに、元TBS記者・山口敬之さん「問題ない」
伊藤さんはジャーナリストとして、取材しに来た。
広告
ホーム
News
お買い物
Quizzes

ニュースからエンタメまで多彩なコンテンツを配信。月間のユニークビジター数が3,000万人を超える人気サイトの公式アプリ

毎日20本程度のおもしろネタを配信

ロケットニュース24

作者 SOCIO CORPORATION
価格 無料

新着

ほかでは読めない独自ネタが満載のニュースメディア。国内外のおもしろネタを毎日20本程度配信している

ネットの旬ネタを仕入れる

ねとらぼ

作者 ITmedia Inc.
価格 無料

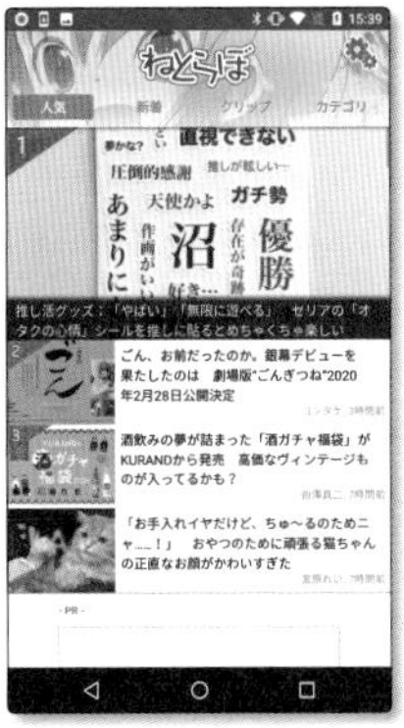
ねとらぼ
人気　新着　クリップ　カテゴリ
ごん、お前だったのか。銀幕デビューを果たしたのは 劇場版"ごんぎつね"2020年2月28日公開決定
酒飲みの夢が詰まった「酒ガチャ福袋」がKURANDから発売 高価なヴィンテージものが入ってるかも？
「お手入れイヤだけど、ちゅ～るのためニャ……！」 おやつのために頑張る猫ちゃんの正直なお顔がかわいすぎた

毎月6,000本以上の記事を配信しているねとらぼの公式アプリ。ネットユーザーの視点でジャンルを超えた幅広い話題を扱う

Twitterで話題のネタをまとめる

トゥギャッター

作者 Togetter Inc
価格 無料

togetter
『まだスタバで消耗してるの？』Wi-Fiやコンセント完備で飲み放題な上に運が良ければお金も入ってくるコワーキングスペース
サイゼリヤさんがチキンを極限まで抽象化することに成功→コストカットの極みを感じる「これはチッキンペーパーですね！」
耳に障害のある友人が、Netflixに入った途端アニメを貪るように観るようになった理由に納得「各配信サービスが前向きに取り組むといいな」

Twitterのツイートをまとめるサービス。話題になっているネタや画像をチェックできる。自分でまとめを作成することも可能

Section 110
RSSリーダー

SNSやブログの最新記事をまとめて読む

ニュースサイト以外にも、毎日見ているWebサイトがあるかもしれません。巡回しているサイトがいくつもあるときに使いたいのが、RSSリーダーです。登録したWebサイトの新着記事だけを集めることができます。記事を保存できるアプリと組み合わせるとより便利です。

ブログの更新をいち早くキャッチする

Feedly

作者 Feedly Team
価格 無料［課金有］

15:42
Today
Me
Explore
★★: Nice
JBLの新ワイヤレスヘッドフォン「Reflect Eternal」はソーラー発電で充電知らず！
52 Techable（テッカブル）-海外・国内のネットベンチャー系ニュースサイト / 9h
ウォータールー大のフェイクニュース検出AI！ ほかのコンテンツと見比べて真偽を判定
Techable（テッカブル）-海外・国内のネットベンチャー系ニュースサイト / 7h
iPad Proを万能ラップトップに変える外付けキーボード「H1 Pro」が便利そう！
Techable（テッカブル）-海外・国内のネットベンチャー系ニュースサイト / 5h
日本発グローバルQ＆Aアプリ

お気に入りのブログを登録して新しい記事をいち早く読むためのRSSリーダー。1つ1つのブログを見て回らなくても1か所でサクサク読むことができる。お気に入りの記事は保存することも可能

興味のある記事が見つかる

Flipboard

作者 Flipboard
価格 無料

12:44
おすすめ
興味をもっと探そう
あぶり出されるこの国の生きづらさ～『「れいわ現象」の正体』を読んで
Huffington Post Japan · 1時間前
コダックの中判大判フィルム再販決定につき、ホルガ遊...
GIZMODO Japan · 8...
「男女格差」が日本で埋まらない本当の理由。...
Huffington Post Japa...

TwitterやFacebookの知り合い、興味のあるブログなどを登録し、最新の投稿や記事を自動で集める。興味のある事柄を登録しておくと、おすすめの記事をピックアップしてくれる

みんなに人気の話題がわかる

はてなブックマーク

作者 Hatena Co., Ltd.
価格 無料

ホーム
おもしろ
新着
総合
おすすめ
世の中
PR記事のタイトルに「PR」を入れるか問題2019 - Togetter
329 users
KYODO
285 users
Linux
698 users
180 users

はてなブックマークの公式アプリ。政治ニュースからエンタメまでカテゴリを選んで、みんながブックマークした記事を探せる

フィルタで絞り込めるRSSリーダー

Inoreader

作者 Innologica
価格 無料

全ての記事
Amazon、Apple、Googleらがスマートホーム機器向けのオープンな開発環境と互換性強化に乗り出す　Appleが発表
日本発グローバルQ＆Aアプリ「HiNative」、MAU1,000万人を突破！
女子キャンパー18名にアンケート調査！「今年のクリスマスはどんなプレゼントが欲しいですか？」
「トランプ氏は安全保障にとって脅威」　ペロシ議長、弾劾訴追の審議で - BBC News

RSSリーダーアプリ。有料のProアカウントにアップグレードすると、集めた記事に「ルール」を適用して操作を自動で行える

オフラインで記事を読む

Instapaper

作者 Instant Paper, Inc.
価格 無料［課金有］

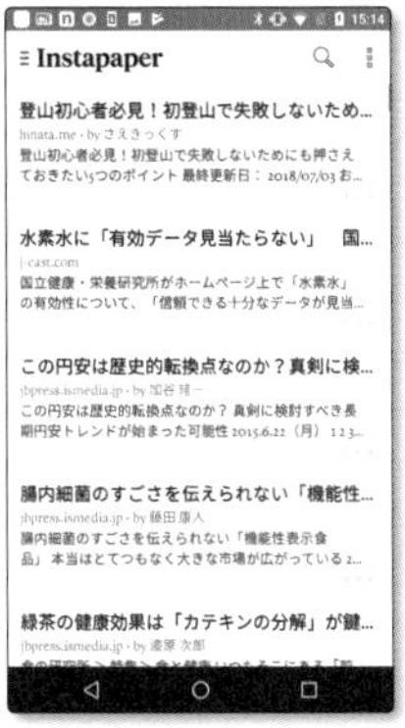
Instapaper
登山初心者必見！初登山で失敗しないため…
水素水に「有効データ見当たらない」　国…
この円安は歴史的転換点なのか？真剣に検…
腸内細菌のすごさを伝えられない「機能性…
緑茶の健康効果は「カテキンの分解」が鍵…

記事をオフラインで読むためのリーダーアプリ。記事を読みやすく調整したり、文中にハイライトを付けたりと多機能なのがウリ

おもしろい記事を保存する

Pocket

作者 Read It Later
価格 無料［課金有］

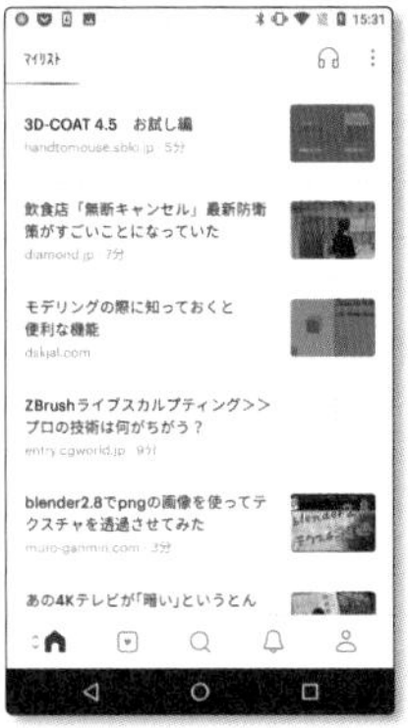
マイリスト
3D-COAT 4.5　お試し編
飲食店「無断キャンセル」最新防衛策がすごいことになっていた
モデリングの際に知っておくと便利な機能
ZBrushライブスカルプティング>>プロの技術は何がちがう？
blender2.8でpngの画像を使ってテクスチャを透過させてみた
あの4Kテレビが「暗い」というとん

Webブラウザや RSSリーダーと連携し、お気に入りの記事を保存できる。集めた記事はオフラインで読むことができる

Section 111

テレビ／映画

テレビドラマや映画の最新情報を調べる

おもしろそうなテレビ番組や映画を探すとき、頼りになるのはアプリです。番組表アプリなら1週間先の番組表を表示して、見たい番組を検索したり、出演者の情報を調べたりできます。リアルタイムで見たい番組は、放送時間前に通知を受け取れるようにしておくと見逃すことも減るはずです。

出演者が全員わかる

Gガイド テレビ番組表

作者 IPG Inc
価格 無料

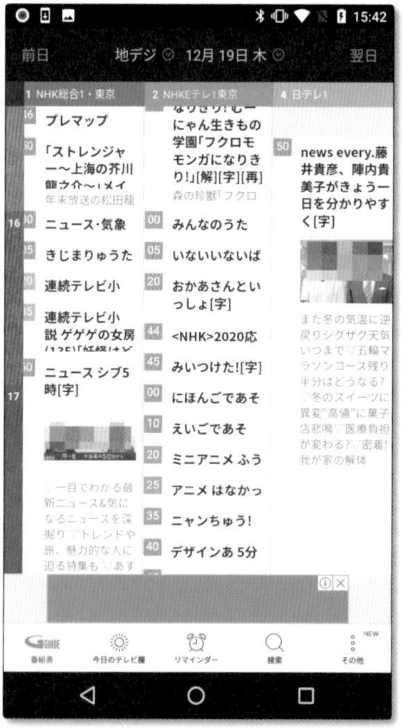

番組をタップすると画像付きの詳細情報を表示。出演タレントの情報やタレント別に出演番組情報を表示でき、関連番組をかんたんに見つけることができる。地デジ・BS・CSに対応する

リモコン&テレビ番組表

Video & TV SideView

作者 Sony Home Entertainment & Sound Products Inc.
価格 無料

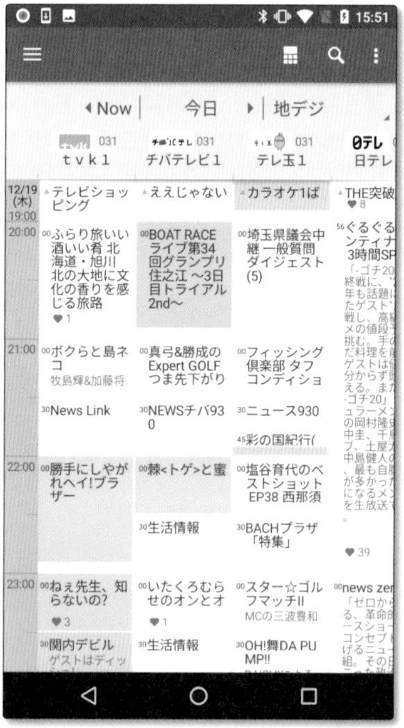

スマートフォンでテレビ(ソニー製BRAVIA)をリモコン操作できるアプリ。テレビ番組表で気になる番組を見つけたら、アプリから録画予約を行える。関連の番組も見つけやすい

イベント情報をやニュースをチェックする

e+（イープラス）

作者 e+（イープラス）
価格 無料

チケット情報管理アプリ。演劇やミュージカルなどの公演情報、イベント情報を見ることができ、チケットをその場で購入できる

アニメ番組だけをチェック

アニ番

作者 楓ソフトウェア
価格 無料

アニメ番組の放送時間を表示するアプリ。登録した地域のアニメ番組が閲覧できる。BSやインターネット配信に対応している

日本最大級の映画情報サイト

映画.com

作者 eiga.com, Inc.
価格 無料

映画のレビューを読んだり、上映時間を調べたりできる。マイページで映画の鑑賞記録を付けることも可能

タレント出演情報で検索できる

TV番組一括検索

作者 Indoor Corgi
価格 無料

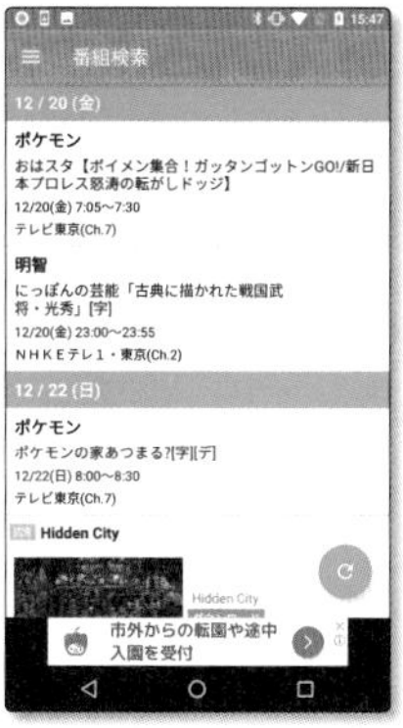

登録したキーワードから番組情報を検索できるアプリ。興味のある番組を探すのにぴったり。見逃し防止の通知機能も備える

Section 112

悩み相談

質問や悩みを解決する

今さら聞けない疑問や、身近な人にいえない悩みは、自分ひとりで抱え込むのではなく、Q&Aサイトを利用してすっきりさせましょう。匿名で参加でき、聞きたいことや知りたいことを何でも発言できます。投稿すると、たくさんのユーザーが回答してくれるので、解決の糸口を得られるはずです。

Q&Aチャットで悩みを相談

Yahoo!知恵袋

作者 Yahoo Japan Corp.
価格 無料

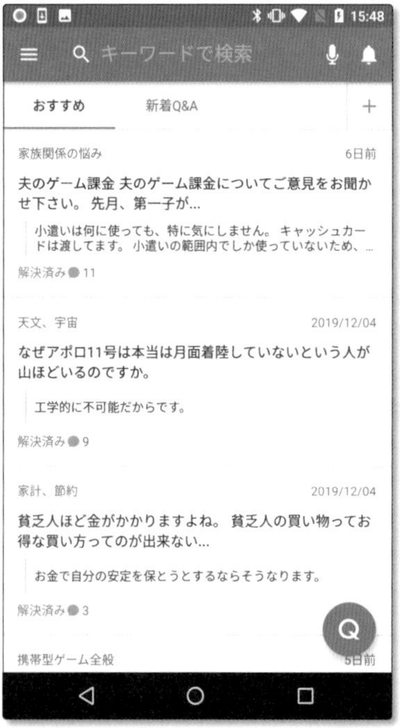
15:48
キーワードで検索
おすすめ
新着Q&A
家族関係の悩み
6日前
夫のゲーム課金 夫のゲーム課金についてご意見をお聞かせ下さい。 先月、第一子が...
小遣いは何に使っても、特に気にしません。 キャッシュカードは渡してます。 小遣いの範囲内でしか使っていないため、...
解決済み 11
天文、宇宙
2019/12/04
なぜアポロ11号は本当は月面着陸していないという人が山ほどいるのですか。
工学的に不可能だからです。
解決済み 9
家計、節約
2019/12/04
貧乏人ほど金がかかりますよね。 貧乏人の買い物ってお得な買い方ってのが出来ない...
お金で自分の安定を保とうとするならそうなります。
解決済み 3
Q
携帯型ゲーム全般
5日前

1億を超える質問が集まっている日本最大の知恵共有サービスYahoo!知恵袋の公式アプリ。お気に入りのカテゴリや検索結果の画面を最大で20件登録し、ホーム画面に表示することができる

Q&A数3,000万件の実績

教えて!goo

作者 NTT Resonant Inc.
価格 無料

15:52
ホーム
新着QA
悩み相談・人生相談
暮らし・生活・行事
ログインすると質問や回答ができるようになります
登録・ログイン
d払いご利用で dポイントが
たまる!つかえる!
エアガン・モデルガン
電動ハンドガンの初速を上げたい（初速アップ90m/s希望）電動ハンドガン カスタム 電動ハン...
詳しい人求ム
sew999ssskinkin
0分前
高校
問6の考え方が分かりません 分かる方教えてください
minitarte
2分前
ホーム
ランキング
お知らせ
マイページ

質問を投稿すると誰かが回答してくれる無料のQ&Aコミュニティ。投稿はニックネーム（匿名）でOKなので気軽に質問できる。約700種類のカテゴリから気になる質問を見つけることも可能

第11章

ビジネス

Sec.113 仕事のスケジュールを効率的に管理する
Sec.114 ToDoやタスクを忘れないようにする
Sec.115 仕事上で気になったことをメモとして記録する
Sec.116 アイデアやひらめきを整理してまとめる
Sec.117 Office文書やPDFをモバイルで確認／編集する
Sec.118 効率的なプレゼンテーションをサポートする
Sec.119 会議や打ち合わせの内容をしっかり録音する
Sec.120 仕事で使うデータをクラウドに保存する
Sec.121 紙の資料や名刺をデジタル化して管理する
Sec.122 ビジネス文書や写真を印刷する
Sec.123 パスワードや個人情報をセキュアに管理する
Sec.124 仕事のチーム内でコミュニケーションを高める
Sec.125 ビジネスの計算をすばやく正確に行う

Section 113

スケジュール管理

仕事のスケジュールを効率的に管理する

いつも手にしているものだからこそ、ビジネスやプライベートのスケジュール管理は紙の手帳ではなくスマートフォンで行いたいものです。スケジュール管理を管理できるアプリをスマートフォンに入れておけば、気になったときにスマートに予定を確認することができます。

定番のスケジュール管理サービス

Googleカレンダー

作者 Google LLC
価格 無料

Googleが提供するAndroid標準のスケジュール管理アプリ。表示形式は月／週／日などが選べ、かんたんに切り替えて利用可能。Gmailのメールにある予約などのスケジュールも自動追加される

システム手帳風に構成された人気アプリ

ジョルテカレンダー

作者 Jorte Inc.
価格 無料［課金有］

紙のシステム手帳スタイルで、Googleやスマートフォンのカレンダーと同期可能。天気予報やスポーツイベントなどの情報もカレンダー上に取り込めるので、プライベートでも使える

スタンプで賑やかに予定管理

Lifebear カレンダー

作者 Lifebear Inc.
価格 無料［課金有］

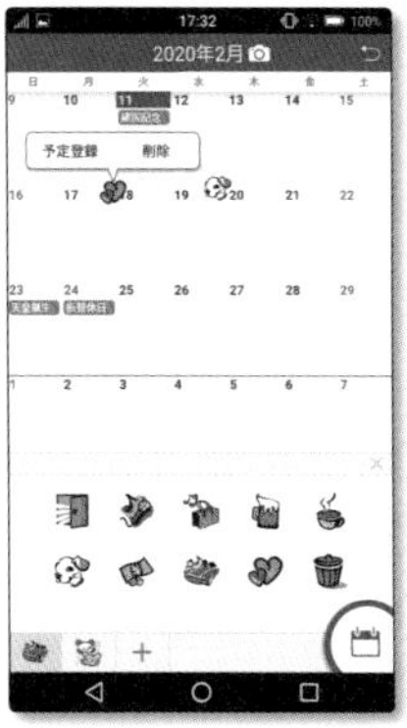

カレンダーや日記、タスクリスト、ノートを1つのアプリに統合。カレンダーは縦・横スクロールを切り替えられる

仕事のメンバーでスケジュールを共有

TimeTree

作者 TimeTree, Inc.
価格 無料

複数のユーザーでスケジュールを共有できるカレンダーアプリ。仕事のグループで利用すると予定調整が効率化できる

シンプルでわかりやすい

Ucカレンダー

作者 URECY WORKS LLC
価格 無料［課金有］

味気ないビジネス管理もアプリで楽しく行いたい人向け。シンプルながらビジネス用途でしっかりと活用することが可能

ビジネス向けのカレンダーアプリ

ビジネスカレンダー2

作者 Appgenix Software
価格 無料［課金有］

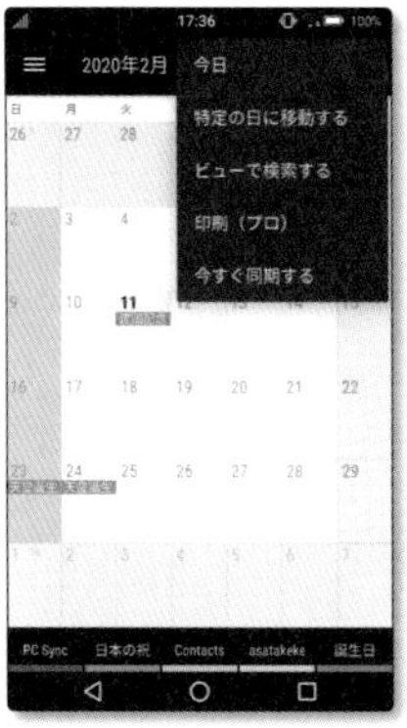

スケジュールの確認や追加・編集が容易に行えるビジネス向けのカレンダーアプリ。Googleのタスクとも同期できる

Section 114

ToDo／タスク管理

ToDoやタスクを忘れないようにする

ビジネスには数多くのToDo、すなわち「すべきこと」があります。こまかな作業を頭だけで覚えているのは大変なので、ToDoアプリを上手に使って、ビジネスに支障をきたさないようにタスク管理を行いましょう。ここでは、バラエティ豊かなToDo／タスク管理アプリを紹介していきます。

マイクロソフト純正のタスク管理アプリ

Microsoft To-Do

作者 Microsoft Corporation
価格 無料

シンプルな操作性でタスク追加や管理がしやすいマイクロソフト製アプリ。リマインダーや期限を設定できるので、重要なタスクを忘れずしっかりやり遂げることが可能。詳細なメモも追加できる

さまざまなサービスと同期

Any.do

作者 Any.do Calendar & To-Do List
価格 無料［課金有］

タスク、カレンダー、リマインダーなどをシームレスに扱え、ToDoリストを同僚、友人、家族などと共有可能。「やりたいこと」「やらなければいけないこと」をわかりやすく整理できる

11 ビジネス

重要項目をハイライト表示

Todoist

作者 Doist
価格 無料［課金有］

自然な言葉でタスクの追加が行える。重要項目のハイライト表示など、するべき作業を忘れない工夫が凝らされている

ビジネスでもプライベートでも大活躍

タスクリスト - To Doリスト

作者 Splend Apps
価格 無料［課金有］

シンプルでわかりやすいインターフェイスのToDoアプリ。テキストだけでなく音声でもタスクを追加することが可能

ボードを作成してプロジェクトを管理

Trello

作者 Trello, Inc.
価格 無料

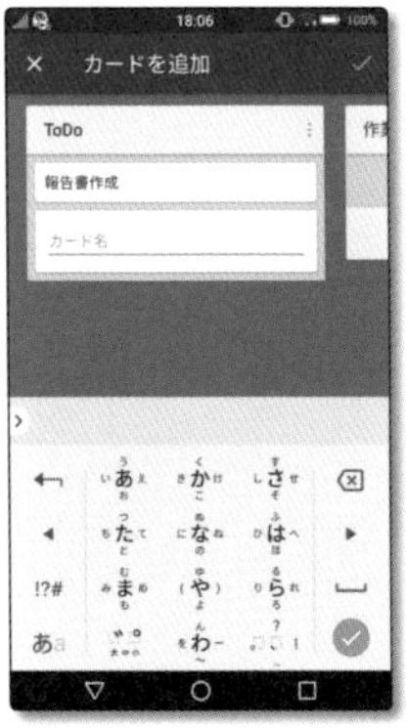

ボードを作ってカードを追加することで、さまざまなプロジェクトを効率的に管理。今後何をすべきかがひと目でわかる

Google純正のToDoアプリ

ToDo リスト

作者 Google LLC
価格 無料

Googleカレンダー、Gmailなどと統合され、タスクを総合的に管理可能。タスクをサブタスクに細分化することもできる

Section 115

メモ

仕事上で気になったことをメモとして記録する

ビジネスで役立ちそうなアイデアはもちろん、「あれをしよう」「これを買おう」といった思いつきも、その場でメモを取らないとすぐに忘れてしまいます。そのようなときこそスマートフォンの出番です。使いやすいアプリをインストールすれば、紙のメモと同じ感覚で利用できます。

気になったことを即座にメモしておける

Simplenote

作者 Automattic, Inc
価格 無料

クラウド上にテキストデータを保存することで、Androidスマートフォン以外のデバイスでもメモの作成・確認が行える。検索機能やタグ機能も充実しており、多数のメモを効率的に管理できる

色分けしてメモを分類する

ColorNote

作者 Notes
価格 無料

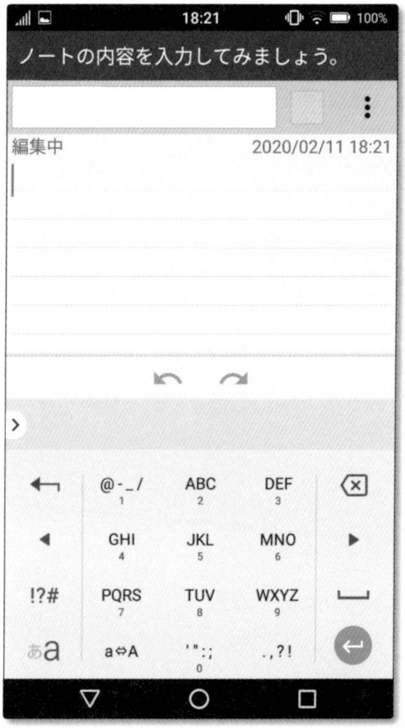

付箋感覚で使えるシンプルなメモアプリ。テキストノートとチェックリストを作成することができ、色分けしてメモの内容を区別できる。作成したノートはメールやSNSに転送することも可能

✓ さまざまな形式に対応した多機能メモ

Microsoft OneNote

作者 Microsoft Corporation
価格 無料

マイクロソフトが提供する多機能メモアプリ。テキストをはじめ、画像、音声、手書きなど、多彩なメモの作成が行える

✓ シンプルな操作でメモの整理が行える

Notebook

作者 Zoho Corporation
価格 無料

テキスト、手書き、音声などさまざまなメモを取ることが可能。グループ化など多数のメモを整理する機能も充実している

✓ 書きやすく思い出しやすいメモに

Google Keep

作者 Google LLC
価格 無料

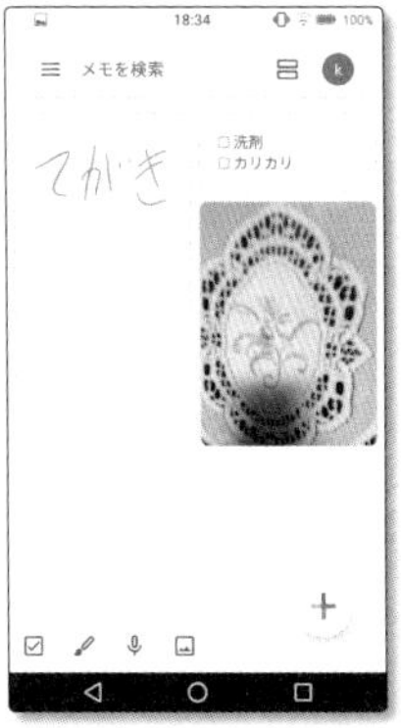

思いついたことをテキスト、手書き、音声など状況にあった方法で記録し、付箋紙のようにカラフルに並べられるアプリ

✓ 起動した直後に入力可能

高速メモ帳

作者 Simple Apps.
価格 無料［課金有］

シンプルな操作ですばやくメモを作成。メモの色を設定することもでき、多数のメモの保存していても容易に探し出せる

Section 116

アイディア整理

アイデアやひらめきを整理してまとめる

アイデアやひらめきはあらゆる行動の源泉です。ただし、1つの思いつきだけでは具体的な行動につながりません。その思いつきを、柔軟な発想で膨らませ、形を整えていくことが重要です。スマートフォンでは、マインドマップをはじめ、アイデアの整理と発想を支援するツールが使えます。

思いつきを自在に配置する

SimpleMind Lite

作者 ModelMaker Tools
価格 無料

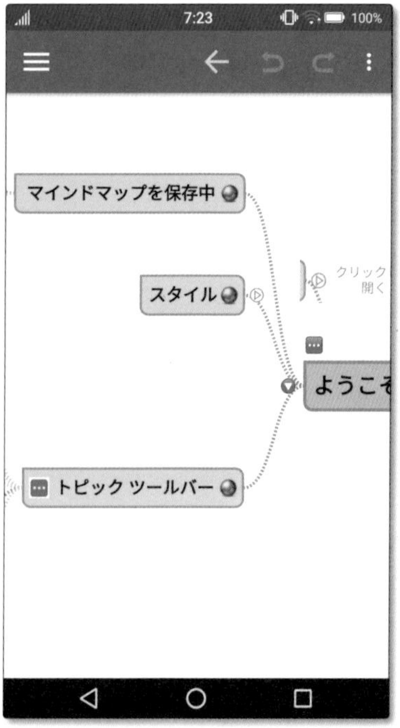

フリーレイアウトで自在にアイデアを書きつけられるマインドマップアプリ。画面のどこにでもトピックを配置でき、効率的に整理する自動レイアウト機能を備える。マインドマップの共有も可能

多機能で使いやすい人気マインドマップ

XMind マインドマップ

作者 XMind Limited
価格 無料

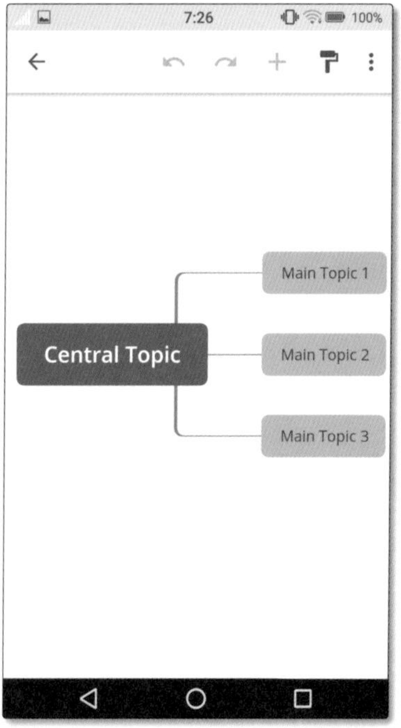

たくさんのユーザーが活用している定番マインドマップアプリのAndroid版。機能豊富で描画も高速なため、思いついたアイデアをかんたんに整理できる。パソコン版との連携にも対応する

ひとりチャット形式でアイデアを整理する

ひとり会議

作者 Shigenori Kumagai
価格 無料［課金有］

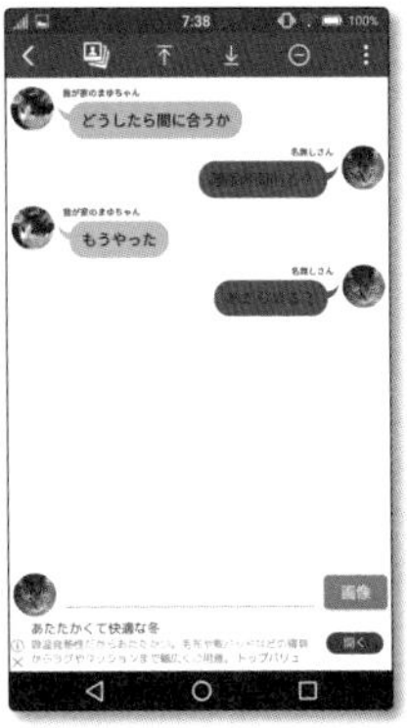

複数のアイコン（登場人物）を設定して、擬似的なチャットを展開しながらアイディアや思いつきを整理できるアプリ

2つに分割した画面で文章をまとめる

ハルナ アウトライン free

作者 halna
価格 無料

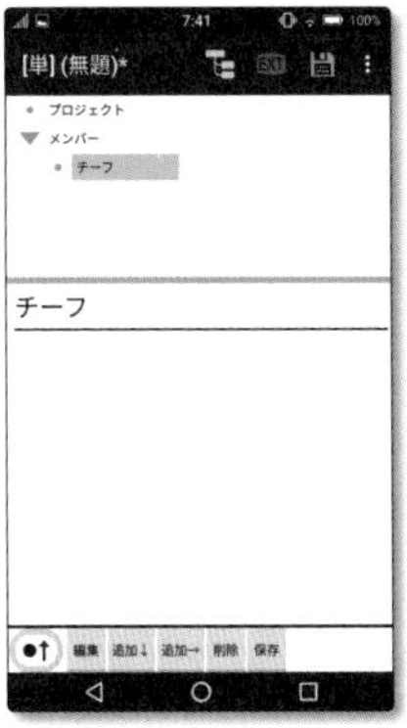

文章全体の構成を確認しながら作成できるアウトラインプロセッサー。2画面構成でテキストを表示・作成できる

プロジェクト管理にも活用できる

Outliner

作者 Alfred Fritz
価格 無料

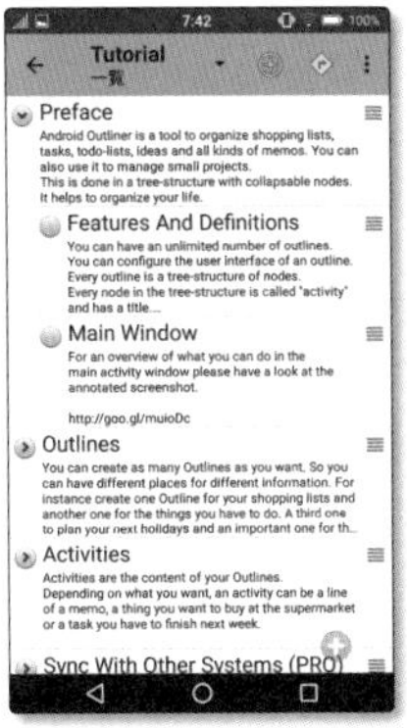

多機能なアウトラインプロセッサー。アイデアのまとめ、タスク、ToDoリスト、プロジェクト管理などに活用できる

かんたん操作でマインドマップを作成

miMind

作者 CryptoBees
価格 無料［課金有］

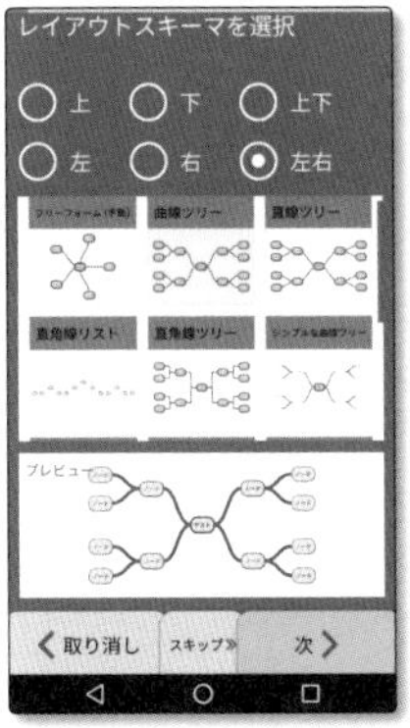

数多くのレイアウトが用意され、考えやアイデアをマインドマップにまとめられる。作成したマップは共有することも可能

Section 117

文書作成／編集

Office文書やPDFをモバイルで確認／編集する

表計算、ワープロ、PDFなどを作成・編集するアプリは、スマートフォンでも多数用意されています。つまり、スマートフォンがあれば、外出先のカフェなどで、いつでもどこでも仕事ができます。最初は画面の小ささに作業のしづらさを感じるかもしれませんが、すぐに慣れてくるはずです。

✓純正のAndroid版Excel

Microsoft Excel

作者 Microsoft Corporation
価格 無料［課金有］

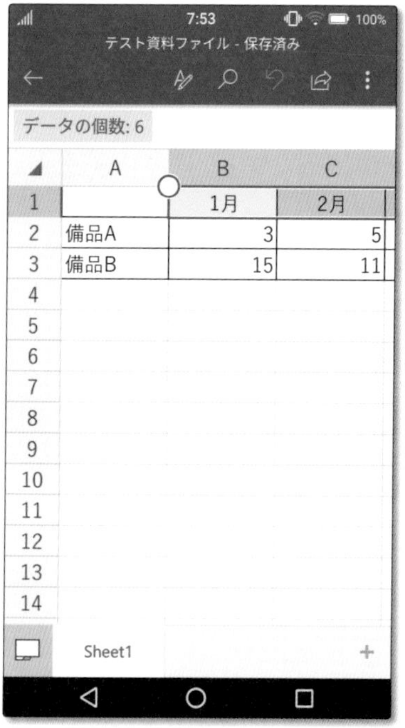

マイクロソフト純正のAndroid版Excel。最新のテンプレートを収録し、数式、テーブル、グラフなどの機能も備えている。作成・編集を行うにはMicrosoftアカウントにサインインする必要がある

✓PDFに注釈を追加できる公式アプリ

Adobe Acrobat Reader

作者 Adobe
価格 無料［課金有］

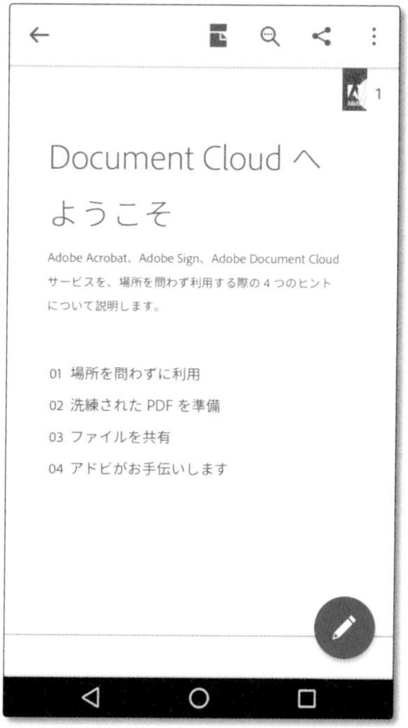

PDFファイルの閲覧／編集が行えるAdobe公式アプリ。スマートフォン内にあるPDFファイルの確認をはじめ、ページの入れ替え、コメントの挿入、署名の追加といった多彩な機能を持っている

見栄えのするWord文書を作成

Microsoft Word

作者 Microsoft Corporation
価格 無料［課金有］

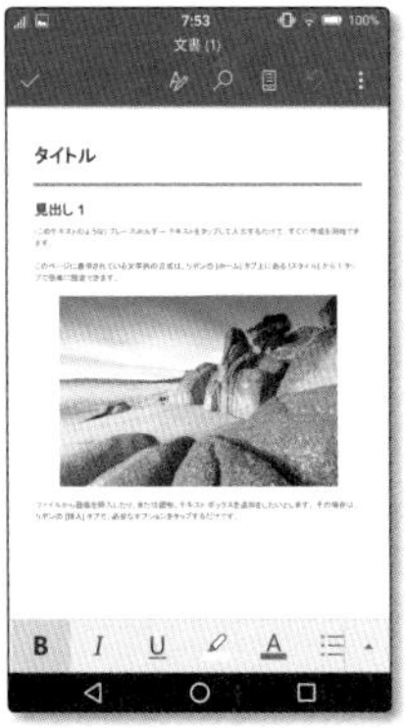

使い慣れたWordをAndroidスマートフォンで利用可能。スマートフォンで読みやすいレイアウトにも切り替えられる

Googleのドキュメント作成アプリ

Google ドキュメント

作者 Google LLC
価格 無料

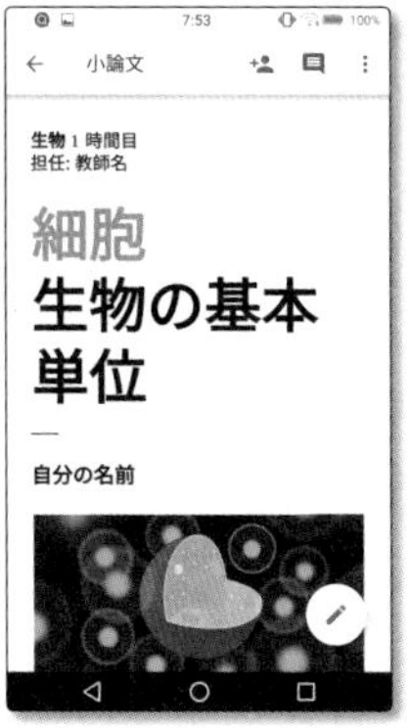

スマートフォンでワープロドキュメントの作成を行えるほか、作成した文書をほかのユーザーと同時編集することも可能

表計算ファイルを作成・編集

Google スプレッドシート

作者 Google LLC
価格 無料

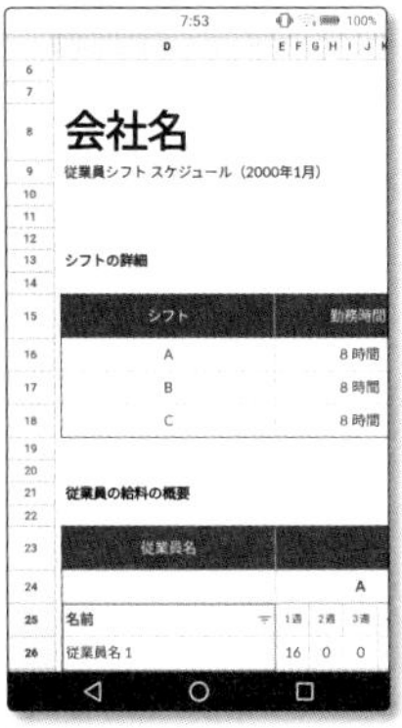

表計算ファイルの作成・編集をはじめ、ほかのユーザーとを共有して共同作業が可能。作業はオフラインでも行える

Office文書作成とPDFの編集に対応

OfficeSuite

作者 MobiSystems
価格 無料［課金有］

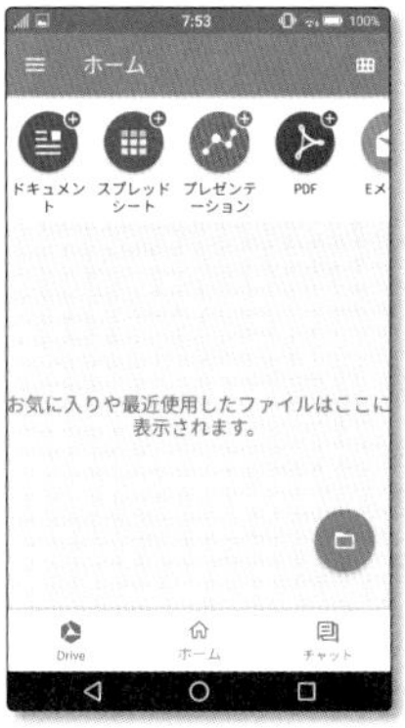

Excel／Word／PowerPointのドキュメントを作成・編集できるオフィススイートアプリ。PDFファイルもサポートする

Section 118

プレゼンテーション

効率的なプレゼンテーションをサポートする

ビジネスで欠かせないプレゼンテーションですが、実はスマートフォンもプレゼンに役立てることが可能。プレゼンに使うファイルを作成したり、スマートフォンからプロジェクターに表示したりできます。ここでは、プレゼンで威力を発揮するスマートフォンアプリを紹介していきます。

プレゼンツールの超定番

Microsoft PowerPoint

作者 Microsoft Corporation
価格 無料［課金有］

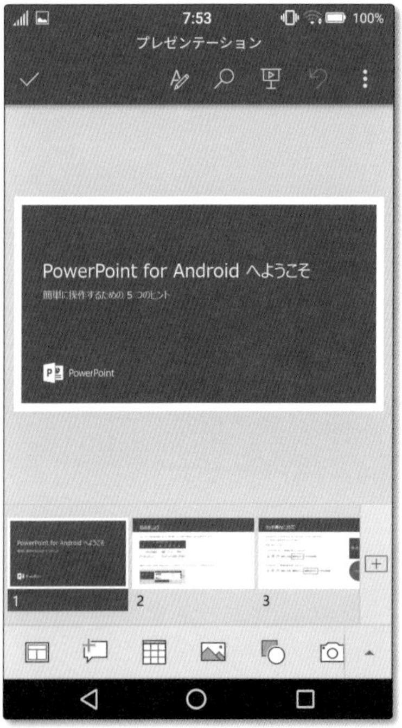

プレゼンテーションの標準的ツールであるPowerPointのマイクロソフト純正Android版。訴求力が高く見た目にも美しいプレゼン資料を作成／表示できる。複数ユーザーの同時作業にも対応

プレゼン作成や共同作業が行える

Google スライド

作者 Google LLC
価格 無料

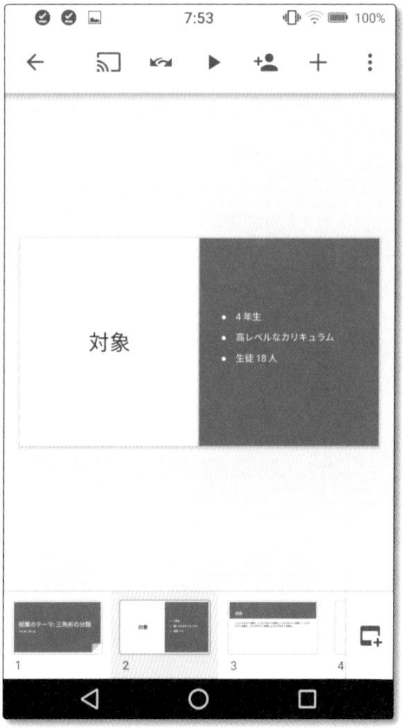

Googleが提供するプレゼンアプリ。プレゼンの作成や別の端末で作成したプレゼンの編集、ほかのユーザーと共有しての共同作業が可能。PowerPointで作成したプレゼンの閲覧／編集も行える

残り時間を色で確認できる

プレゼンテーションタイマー

作者 NeuronDigital
価格 無料［課金有］

時間を設定するだけでカウントダウンを開始。残り時間に応じて画面の色が変化し、時間経過をビジュアル的に確認できる

手元操作でスタイリッシュにプレゼン

キーボードトラックパッド

作者 WiFi Mouse
価格 無料［課金有］

パソコンを使ってプレゼンを行うときに、スマートフォンを操作用デバイスとして利用できるようになる

イベント関連のポスターをデザイン

Canva

作者 Canva
価格 無料［課金有］

大規模なプレゼンや発表会、イベントなどで会場をポスターで彩りたいといったニーズに応えてくれるデザインツール

センス抜群のプレゼン資料を作成

プレゼンテーションクリエイター

作者 Desygner Pty Ltd
価格 無料［課金有］

さまざまな用途向けのテンプレートを利用可能。デザインの知識がなくても、印象的なプレゼンをかんたんに作成できる

Section 119

ボイスレコーダー

会議や打ち合わせの内容をしっかり録音する

会議の議事録作成のために録音する人は多いでしょう。時間が長いと手書きでは疲れますし、話者が早口で書き取りが追いつかないこともあるので、録音してあとから聞き返したほうが間違いなく正確です。スマートフォンのボイスレコーダーアプリならば、かんたんに共有できて便利です。

多様な音声フォーマットに対応

簡単ボイスレコーダー

作者 Digipom
価格 無料［課金有］

高音質なPCM、MP4やファイルサイズの小さいAMRなど、さまざまなフォーマットに対応。ウィジェットやショートカットを利用すると、アプリを起動することなくバックグラウンドで録音できる

リニアPCMでの高音質録音が可能

PCM録音

作者 Kohei YASUI
価格 無料

非圧縮のリニアPCM（WAV）形式での録音に対応し、クリアな音声で再生可能。ファイル容量を小さくしたい場合はサンプリングレートを変更する。バックグラウンドでの録音にも対応している

録音した音声ファイルの管理も快適

スーパーボイスレコーダー

作者 lovekara
価格 無料

MP3に対応しているためファイル容量を節約でき、長時間の録音にも対応する。録音した音声ファイルの管理機能も充実

マイクに話した言葉をテキスト化

Speechnotes

作者 WellSource - Empowering You
価格 無料［課金有］

スマートフォンのマイク機能を使い、話した言葉をテキストとして認識・保存可能。Google音声認識機能を利用している

アイデアが浮かんだら即起動

音声メモ

作者 gawk
価格 無料［課金有］

音声認識に対応した音声メモアプリ。録音した音声をファイルとして保存できるほか、音声認識でのテキスト作成も可能

通話の内容を録音して保存

通話レコーダー

作者 Appliqato
価格 無料

スマートフォンの通話内容を録音できるアプリ。設定した連絡先との通話は録音しないような設定も行える

Section 120

クラウドストレージ

仕事で使うデータをクラウドに保存する

スマートフォンはパソコンに比べるとデータを保存するための容量が少ないので、「クラウドストレージ」を活用するのが効果的です。クラウドストレージはネット上にデータを保存するため、使う機器に依存しません。自宅や会社、出先のパソコンやタブレットからでも同じデータを使えます。

Google提供の定番クラウドサービス

Google ドライブ

作者 Google LLC
価格 無料［課金有］

Googleが提供するクラウドストレージの定番サービス。文書、画像、音楽、動画と、ファイル形式を気にせずに保存できる。無料の容量は15GBで、有料会員は大容量スペースを使える

WordやExcelと連携して使える

Microsoft OneDrive

作者 Microsoft Corporation
価格 無料［課金有］

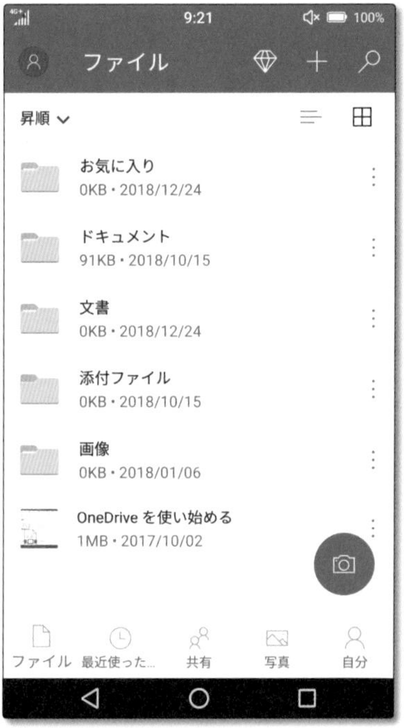

マイクロソフトが提供するクラウドストレージサービス。AndroidスマートフォンはもちろんiPhoneやパソコンから利用できる。Officeとの連携に優れているのも特徴といえる

柔軟な作業を可能にする人気サービス

Dropbox

作者 Dropbox, Inc.
価格 無料［課金有］

ファイルを更新すると瞬時にクラウドと同期。ファイルの保管場所としてはもちろん、作業スペースとしても活用できる

ファイルを安全に保管できる

Box

作者 Box
価格 無料

無料で10GBのクラウドストレージを利用でき、文書や画像を安全に保存・管理できる。共有機能も用意されている

Amazonのクラウドストレージ

Amazon Drive

作者 Amazon Mobile LLC
価格 無料

Amazonが提供する無料のクラウドストレージ。画像や動画はもちろん、Word、PDFといった文書ファイルも保存できる

50GBの大容量を無料で使える

MEGA

作者 Mega Ltd
価格 無料［課金有］

無料アカウントでも50GBという圧倒的な大容量を提供するクラウドストレージ。大量の写真や動画も余裕で保存できる

Section 121

名刺／資料管理

紙の資料や名刺をデジタル化して管理する

スマートフォンのビジネス活用を考える際に、見逃すことができないのが紙の資料や名刺などのアナログ文書のデジタル化でしょう。最近のスマートフォンはカメラ機能が高性能化し、スキャンアプリや名刺管理アプリのOCR（スキャンデータから文字を認識する機能）精度も向上しています。

OCRで検索可能なファイルに

Microsoft Office Lens

作者 Microsoft Corporation
価格 無料

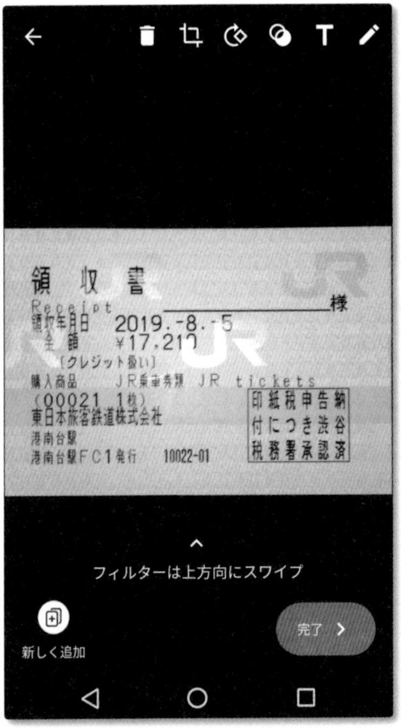
領収書
Receipt
様
東日本旅客鉄道株式会社
印紙税申告納付につき渋谷税務署承認済
フィルターは上方向にスワイプ
新しく追加
完了

印刷文書や名刺はもちろん、ホワイトボードや写真、メモなどを、スマートフォンのカメラで撮影して取り込める。スキャンしたデータ内のテキストはOCRで自動認識され、検索や編集を行える

オペレーターがデータを入力

Eight

作者 Sansan, Inc.
価格 無料［課金有］

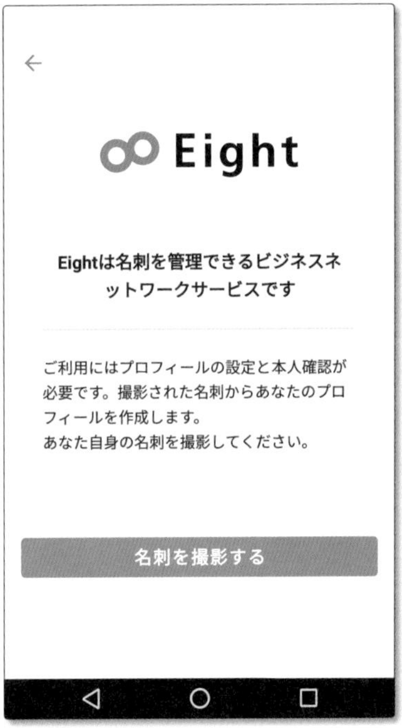
Eight
Eightは名刺を管理できるビジネスネットワークサービスです
ご利用にはプロフィールの設定と本人確認が必要です。撮影された名刺からあなたのプロフィールを作成します。
あなた自身の名刺を撮影してください。
名刺を撮影する

スマートフォンのカメラで撮影した名刺画像を高度な技術で読み取り、さらにオペレーターが正確に手入力して登録する人力名刺管理サービス。万全のセキュリティ対策が施されている

連絡先アプリに名刺データを保存

CamCard Lite

作者 INTSIG
価格 無料［課金有］

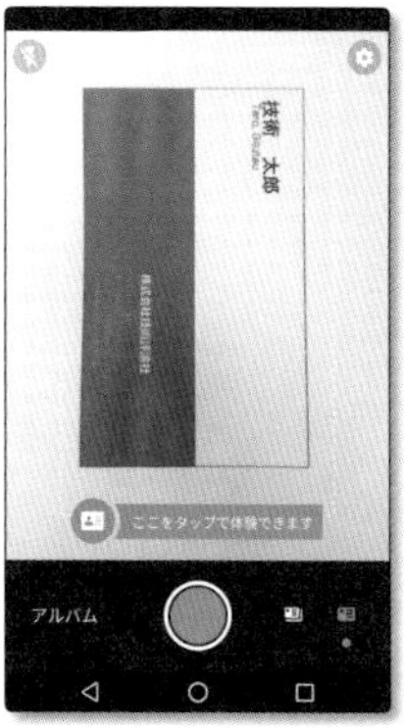

スマートフォンのカメラを使って名刺を撮影してデジタルデータ化。読み取った情報は連絡先アプリなどで利用できる

名刺画像をAIで文字認識

Wantedly People

作者 Wantedly, Inc.
価格 無料

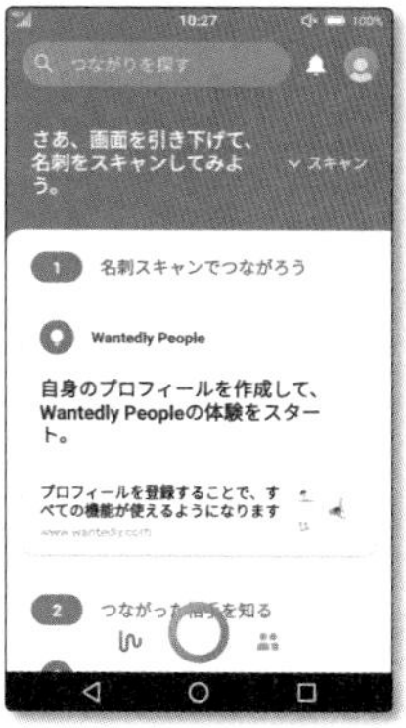

名刺をスマートフォンで撮影すると人工知能で文字を認識してデータ化するアプリ。最大10枚の名刺を同時スキャン可能

名刺情報を安全に管理できる

myBridge

作者 LINE Corporation
価格 無料

スマートフォンのカメラで名刺を撮影するだけでデータ化。国際標準に従ったセキュリティ対策で、個人情報を管理する

読み取ったデータをPDFで保存

Adobe Scan

作者 Adobe
価格 無料

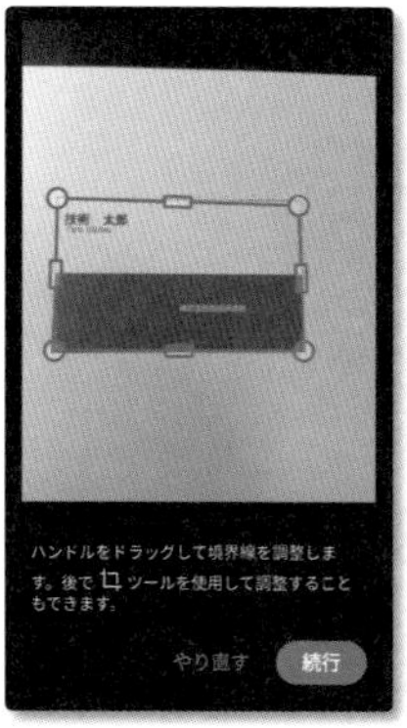

領収書や文書、写真、名刺、ホワイトボードなどを撮影し、検索などに使えるテキストデータを含むPDFとして出力できる

Section 122

印刷

ビジネス文書や写真を印刷する

デジタル時代になっても紙に印刷したいということはよくあります。スマートフォンに保存してある仕事のファイルを印刷したいときもあるでしょう。スマートフォンにプリントアプリを導入しておけば、訪問先のプリンターを借りたり、コンビニのサービスで印刷したりすることが可能です。

セブン-イレブンで印刷する

かんたんnetprint

作者 Fuji Xerox Co., Ltd.
価格 無料

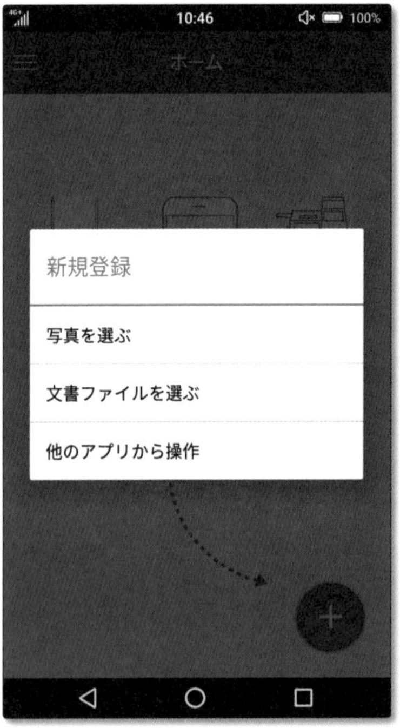

スマートフォン内の文書や写真、Webページなどを、セブン-イレブンに設置されているマルチコピー機で印刷するためのアプリ。店舗で予約番号を入力すれば印刷できる

多様なメーカーのプリンターから印刷

PrinterShare 印刷

作者 Mobile Dynamix
価格 無料［課金有］

Wi-Fi、Bluetooth、インターネットなどを利用してプリンターと接続し、写真や連絡先、Webページ、メールなどを印刷可能。さまざまなメーカーのプリンターに対応している

コンビニでプリントできる

ネットワークプリント

作者 SHARP CORPORATION
価格 無料

コンビニにあるシャープ製マルチコピー機で、あらかじめ登録しておいたファイルを印刷できる。会員登録（無料）が必要

エプソン製プリンターで印刷する

Epson iPrint

作者 Seiko Epson Corporation
価格 無料

Wi-Fiネットワーク内のエプソン製プリンターを自動認識し印刷。プリンターに挿入したメモリカードへのアクセスも可能

キヤノン製インクジェットで印刷

Canon PRINT Inkjet/SELPHY

作者 Canon Inc.
価格 無料

キヤノンのインクジェット機「PIXUS」、「MAXIFY」、「SELPHY」からスマートフォン内の写真や文書を印刷できる

ブラザー製プリンターで印刷する

Brother iPrint&Scan

作者 Brother Industries, Ltd.
価格 無料

スマートフォンと同じWi-Fiネットワーク内にあるブラザー製プリンターで、文書や写真、Webページの印刷を行える

Section 123

パスワード管理

パスワードや個人情報をセキュアに管理する

インターネットを利用していると、ショッピングやSNS、金融機関など、さまざまなサービスでパスワードが増えていきます。サービスごとにパスワードを変えようにも記憶には限界があります。そのようなときに役立つのが、あなたの代わりに覚えていてくれるパスワード管理アプリです。

ユーザーの使いやすさを追求

SIS-パス管理

作者 SISYOU.KUM Security JAPAN

価格 無料［課金有］

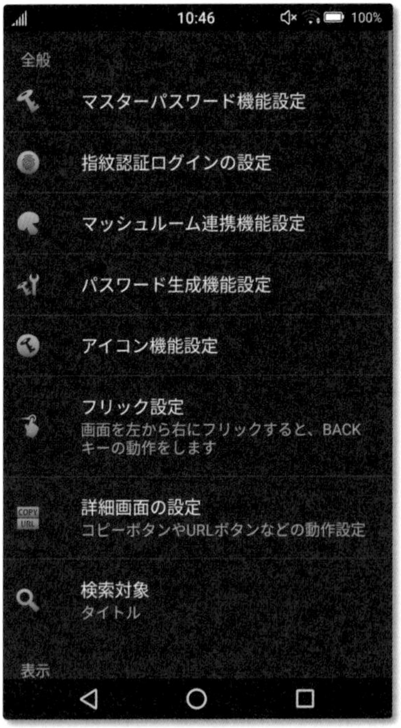

さまざまなサービスで利用しているID、パスワードを安全に管理できる。強力な暗号化機能を搭載するほか、指紋認証にも対応。カテゴリー分けや検索機能も充実しておりクラウド保存も行える

ログイン情報を確実に保護する

1Password

作者 AgileBits

価格 無料［課金有］

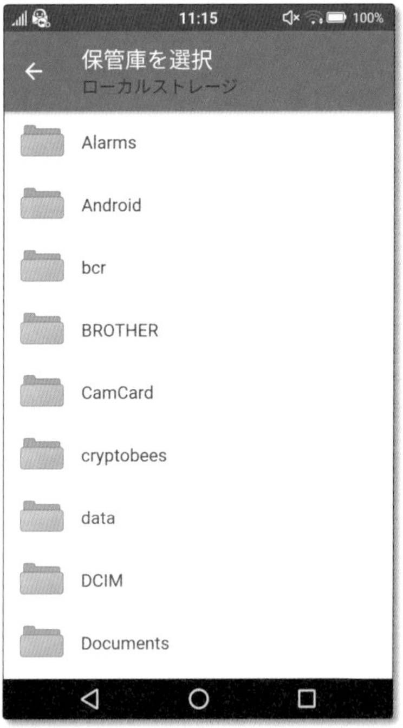

Webサイトのログインに必要なパスワードをサイトごとに作成し、タップするだけで安全にログインできる。指紋認証にも対応し、自動ロック機能でスマートフォンの紛失・盗難時も安心

オフライン保存でパスワードを安全管理

Password Safe and Manager

作者 Robert Ehrhardt
価格 無料［課金有］

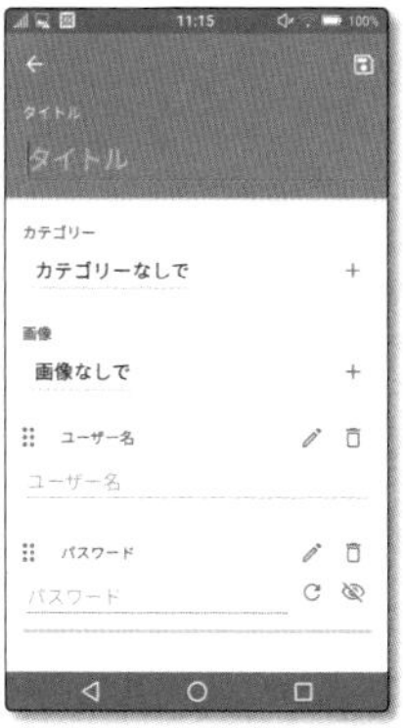

マスターパスワード1つで各種サービスやアプリにアクセス可能。パスワードはスマートフォン内に保存され安全性も高い

トレンドマイクロ製の管理ツール

パスワードマネージャー

作者 Trend Micro Inc. ／トレンドマイクロ株式会社
価格 無料［課金有］

セキュリティ対策でおなじみのトレンドマイクロが提供するID・パスワード管理アプリ。パスワード生成機能も備える

パスワード管理にクラウドを活用

SafeInCloud

作者 SafeInCloud
価格 無料［課金有］

暗号化されたデータベースにIDやパスワードなどの個人情報を安全に保存して活用できる。クラウドとの連携機能も搭載

Webフォームへの入力が大幅に効率化

ロボフォーム

作者 Siber Systems Inc
価格 無料［課金有］

パスワード管理とフォーム入力を効率化できるアプリ。IDやパスワード、Webサイトのフォームへの入力が安全に行える

Section 124

コミュニケーション

仕事のチーム内でコミュニケーションを高める

チームでの仕事を可視化することで、生産性を高めようという動きが多くの企業で起こっています。与えられたタスクの進捗状況をメンバーで共有できれば、業務を効率的に進められるはずです。チーム内でのコミュニケーションや、効率的な会議をサポートするアプリを利用しましょう。

メンバーで効率的に会議を行う

Chatwork

作者 ChatWork Co.,Ltd.
価格 無料

登録したメンバーで自在にチャットできるアプリ。業務効率化と生産性向上を目的として多くの企業・組織に導入されている。ファイル共有やタスク管理も可能で、チームの仕事を円滑に進められる

多くのビジネスユーザーが活用

Cisco Webex Teams

作者 Cisco Systems, Inc.
価格 無料

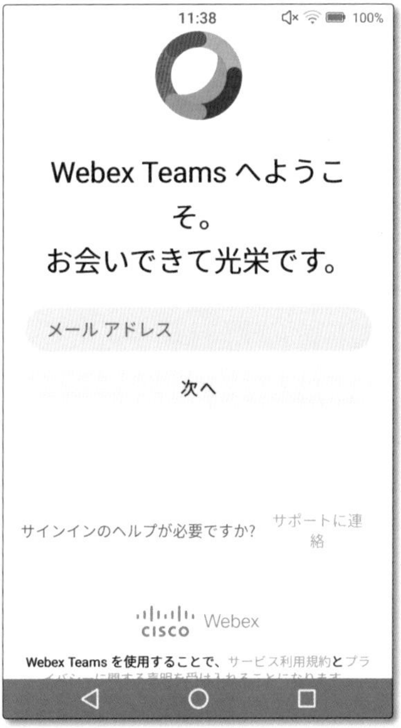

プロジェクトに携わるメンバー間で、メッセージ送信やファイル共有、ビデオミーティング、音声通話などが行える。ユーザーどうしが密接につながることができ、仕事の効率が大幅に向上する

さまざまな業種で活用されている

Backlog

作者 Nulab Inc
価格 無料

Web制作会社やソフトウェア開発会社、広告代理店など多様な業種で活用されているAndorid版のプロジェクト管理ツール

共同作業を効率化できるアプリ

Dropbox Paper

作者 Dropbox, Inc.
価格 無料

プロジェクトの情報を一元化してメンバー間の共同作業を効率化。共有スペースで作業内のチェックや修正が行える

シームレスなチーム作業を実現する

Slack

作者 Slack Technologies Inc.
価格 無料

複数メンバーによる作業を効率的に行うためのコラボレーションツール。密接なコミュニケーションで作業効率が向上する

Office 365純正のデジタルハブ

Microsoft Teams

作者 Microsoft Corporation
価格 無料

Office 365を利用しているユーザー、企業向けのコラボレーションツール。チームの"ハブ"となる連携機能が備わっている

Section 125

計算

ビジネスの計算をすばやく正確に行う

計算は、ビジネスとプライベートとを問わず頻繁に行うものです。お使いのスマートフォンに標準で用意されている計算機アプリを使う人も多いでしょう。少し複雑な式や関数を利用するとなると、高機能の計算機アプリをスマートフォンにインストールしたほうがはるかに便利です。

ビジネスで重宝する機能が使える

ビジネス電卓

作者 CO., LTD. TAS
価格 無料

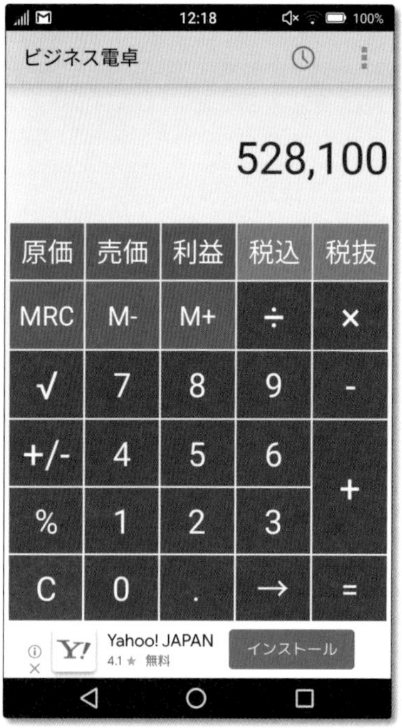

見積もりの作成などでに必須となる「損益算」に対応した電卓アプリ。メモリ演算、税込・税抜表示、平方根、割合計算などにも対応しており、ビジネスに必要な計算をスムーズに実行できる

生活やビジネスで役立つ計算に対応

万能電卓

作者 Cleveni Inc.
価格 無料［課金有］

四則演算から指数関数、対数などの計算をサポートするのに加え、長さ、重量、量、時間、温度単位などの単位変換や通貨の換算などにも対応する。多機能ながら使いやすいのもポイント

第12章

カスタマイズ

Sec.126 使いやすいホーム画面に変更する
Sec.127 クオリティの高い壁紙でホーム画面を彩る
Sec.128 文字入力をスムーズに行う
Sec.129 スマートフォンの操作方法を改良する
Sec.130 さまざまな操作を自動化する
Sec.131 ファイルをかんたん便利に操作／管理する
Sec.132 スマートフォンの機能やアプリをロックする
Sec.133 安心して使えるようにセキュリティ機能を強化する
Sec.134 スマートフォンやネットワークの状態を確認する
Sec.135 メモリを解放して動作を軽快にする

Section 126

ホーム／ランチャー

使いやすいホーム画面に変更する

Androidスマートフォンには、「ホームアプリ」(またはランチャー) と呼ばれるアプリが数多く用意されており、ホーム画面の見た目や機能をカスタマイズすることができます。設定画面でホームアプリを切り替えればすぐに反映できるので、いろいろなホームアプリを試してみましょう。

カスタマイズ性が高いホームアプリ

Nova Launcher ホーム

作者 TeslaCoil Software
価格 無料

凝り性のユーザーに人気が高い多機能なホームアプリで、細かなところまでカスタマイズ可能。見た目を好みに変えるだけでなく、アプリの起動や機能へのアクセスを容易にする設定も行える

Microsoftアカウントと連動

Microsoft Launcher

作者 Microsoft Corporation
価格 無料

マイクロソフトが提供しているホームアプリ。Bingにアクセスして壁紙を自動変更したり、Microsoftアカウントと連動して各種アプリやサービスを使いやすくする便利な機能を備える

iOS風のホーム画面で利用できる

ランチャーiOS 13

作者 LuuTinh Developer
価格 無料

AndroidスマートフォンをiOSライクに使えるホームアプリ。iOSと同じ機能を持ったコントロールセンターが利用できる

多機能で使いやすい人気ホームアプリ

Apexランチャー

作者 Android Does Team
価格 無料［課金有］

ホーム画面の外観はもちろん、ジェスチャー操作の設定やテーマの適用など、多様なカスタマイズに対応するホームアプリ

メトロUI風画面が楽しめる

スクエアホーム3ランチャー

作者 ChYK the dev.
価格 無料

Windows 10のスタート画面風のメトロUIを採用したホームアプリ。情報の確認やアプリの起動がスムーズに行える

片手操作も快適に行えるホーム画面に

スマートランチャー

作者 Smart Launcher Team
価格 無料［課金有］

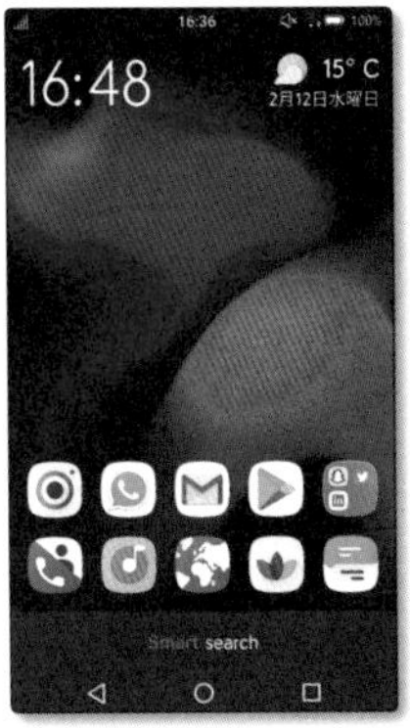

連絡先やアプリをすばやく探せる「スマートサーチ」をはじめ、スマートフォンを快適に使うための機能を備える

Section 127

壁紙

クオリティの高い壁紙でホーム画面を彩る

スマートフォンを自分好みにカスタマイズしたいと考えたときに、まず行いたいのが「壁紙」の変更です。Androidスマートフォンはホーム画面やロック画面の背景に、写真や画像ファイルを壁紙として設定できます。好みの写真や画像を設定しておくだけで、印象が大きく変わります。

Google Earthの画像も使える

壁紙

作者 Google LLC
価格 無料

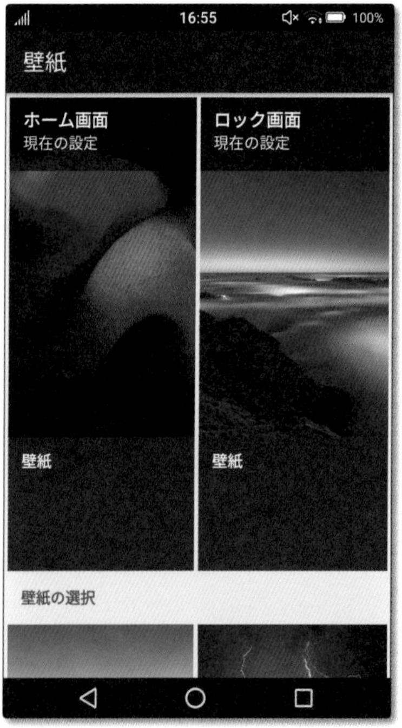

Googleが提供する壁紙アプリ。用意されたコレクションは、Google EarthやGoogle+の風景画像など魅力的な写真が多く、好みの壁紙を見つけ出せるはずだ。毎日壁紙を自動で切り替えることも可能

毎日更新される美しい画像を楽しむ

壁紙HD

作者 OGQ
価格 無料［課金有］

世界中のユーザーに利用されている人気の壁紙アプリ。利用可能な壁紙のコレクションは毎日更新される。30種類以上のカテゴリから検索できるなど、好みの壁紙を探すための機能も持つ

4K画面のスマートフォンにも対応

Wallpapers HD

作者 WallpapersCraft ¦ WallCraft
価格 無料［課金有］

4Kサイズの高解像度壁紙を利用でき、4Kディスプレイを採用したスマートフォンのホーム画面を彩ることが可能

きせかえ感覚で好みの壁紙を選択

Yahoo!きせかえ

作者 Yahoo Japan Corp.
価格 無料

2万種類以上のきせかえテーマが用意されたホームアプリ。気分に合わせて壁紙やアイコンを変更することができる

クリエイティブな壁紙を用意

Walli

作者 Shanga
価格 無料［課金有］

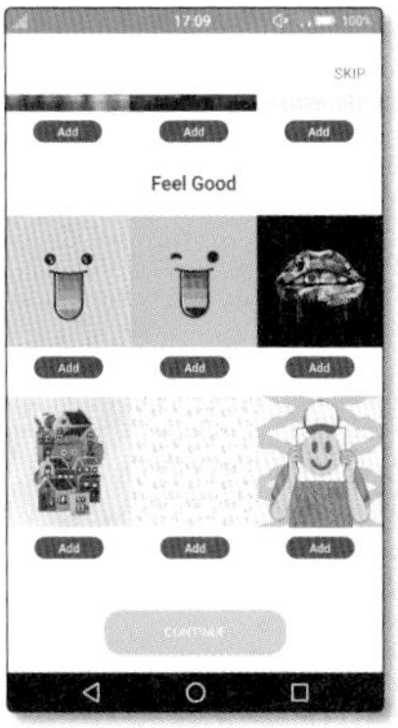

世界中から厳選されたアーティストたちの作品を壁紙として設定可能。ホーム画面をクリエイティブに彩ることができる

単色のみでエレガントに

Simplicity

作者 MadRabbit
価格 無料

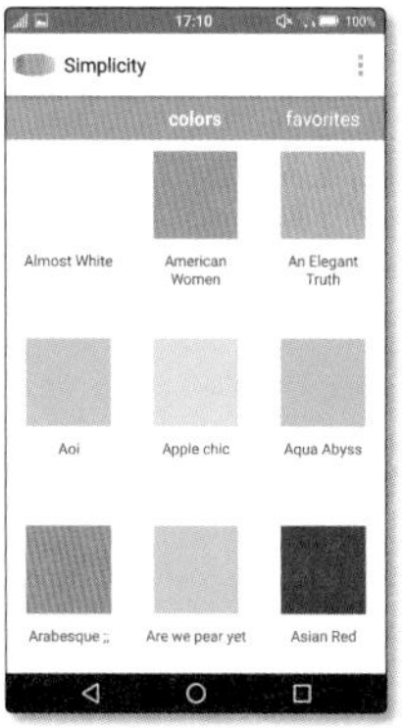

シンプルなホーム画面にしたいというニーズに応えてくれるアプリ。好みの単色をセレクトして壁紙に設定できる

Section 128

文字入力をスムーズに行う

文字入力

スマートフォンを使って日本語を入力するシーンは意外と多いものです。メールの作成やSNSの投稿をはじめ、Webサイトでの検索や入力フォームへの記入など、頻繁に入力を行っているはずです。スマートフォンを使った文字の入力効率は、使用する日本語入力アプリによって変わります。

人気日本語入力アプリのAndroid版

Google 日本語入力

作者 Google LLC
価格 無料

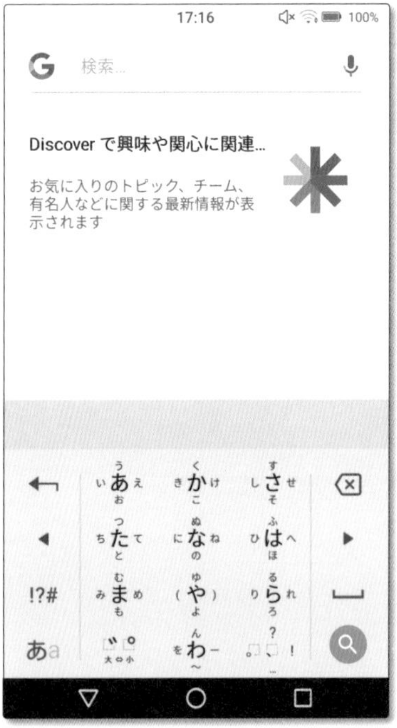

Googleが提供する日本語入力アプリ。Windowsパソコン向けにも提供されており、利用ユーザーは多い。高度な変換候補や便利な変換機能（「いま」で時刻に変換など）を用意している

日本語入力といえば「ATOK」

ATOK

作者 JustSystems Corporation
価格 1,720円

パソコン向けの日本語入力ソフトとして不動の地位を築いている「ATOK」のAndroid版。変換効率の高さには定評があり、独自のジェスチャー入力「フラワータッチ入力」も利用できる

進化したフリック入力で快適入力

アルテ日本語入力キーボード

作者 Umineko Design
価格 無料［課金有］

フリック入力を進化させた「ターンフリック入力」や、ローマ字入力を効率化する「アルテローマ字入力」などが利用可能

人気日本語入力アプリの先行開発版

Wnn Keyboard Lab

作者 OMRON SOFTWARE Co., Ltd.
価格 無料

数多くのスマートフォンに標準搭載されている「iWnn IME」の先行開発版。先進的な機能をいち早く取り入れている

顔文字やアスキーアートの入力に対応

flick

作者 IO Inc.
価格 無料［課金有］

200万種類の顔文字／絵文字を検索して入力することが可能。キーボード部分を画像や動画で彩るテーマ機能も備えている

セキュアな入力を実現する

ArtIME 日本語入力

作者 Kenichi Takahashi
価格 無料

入力した情報をログとして保存したり、サーバーに送ったりしないため安全な入力を実現する。入力のしやすさもポイント

Section 129

スマートフォンの操作方法を改良する

操作改善

仕事や生活のあらゆるシーンで活用できるスマートフォンは、ユーザーごとに使い方が異なります。使い方に合わせて頻繁に行う操作をスムーズに行えるようにカスタマイズできれば、より快適に使いこなせるはずです。ここでは、スマートフォンの操作を効率化するためのアプリを紹介します。

さまざまな画面をすばやく撮影

スクリーンショットイージー

作者 Ice Cold Apps
価格 無料

スマートフォンで表示している画面をすばやくきれいにキャプチャ（撮影）して保存することが可能。1画面に収まらないWebサイトも1つの画像として保存できるなど便利な機能を持つ

好みの位置にナビゲーションキーを配置

戻るボタン

作者 ogapps
価格 無料

Android OSは「戻る」「ホーム」「タスク」などのナビゲーションボタンが利用できるが、画面下に固定されている場合がほとんど。このアプリを使えば、好きな位置にボタンを配置できる

12 カスタマイズ

快適に操作するための機能が使える

TouchMaster

作者 beyondsw.assistive
価格 無料［課金有］

ホームボタンの長押しに機能を割り当てたり、ホーム画面にフローティングアイコンを表示したりと操作性の向上機能が満載

画面を撮影して不要な部分をカット

Screen Master

作者 Blossgraph
価格 無料［課金有］

多機能な画面キャプチャアプリ。多彩なスクリーンキャプチャ（撮影）機能と、トリミングなどの編集機能を備えている

ロック画面で最新通知を確認

画面のロックと通知iOS 13

作者 LuuTinh Developer
価格 無料

ロック画面で各種通知を表示させるiOSライクなデザインのアプリ。通知の管理や消去もかんたんな操作で行える

iOSのコントロールセンターを再現

コントロールセンターIOS13

作者 MegaVietbm
価格 無料［課金有］

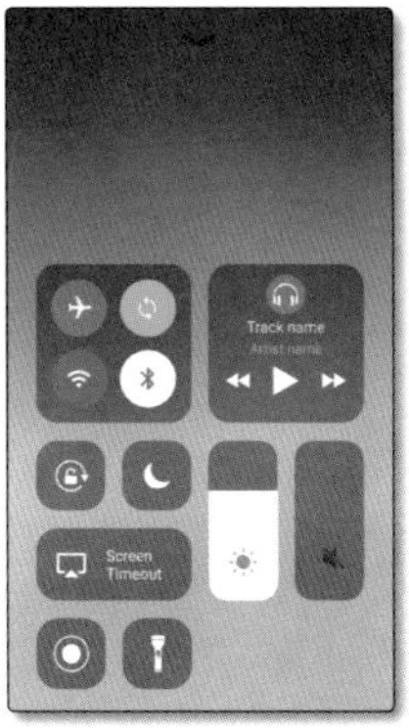

iOSの「コントロールセンター」と同じレイアウトの設定画面を利用可能。ホーム画面をスワイプするだけで表示できる

Section 130

操作自動化

さまざまな操作を自動化する

スマートフォンを使っていると「特定のメールやメッセージが届いたら返信を行う」といった具合に、同じ操作を繰り返していることに気づきます。こうした一連の操作を自動化できれば、スマートフォンをよりスムーズに活用できるはずです。ここでは、操作を自動化するアプリを紹介します。

膨大なサービス・アプリを連携

IFTTT

作者 IFTTT
価格 無料

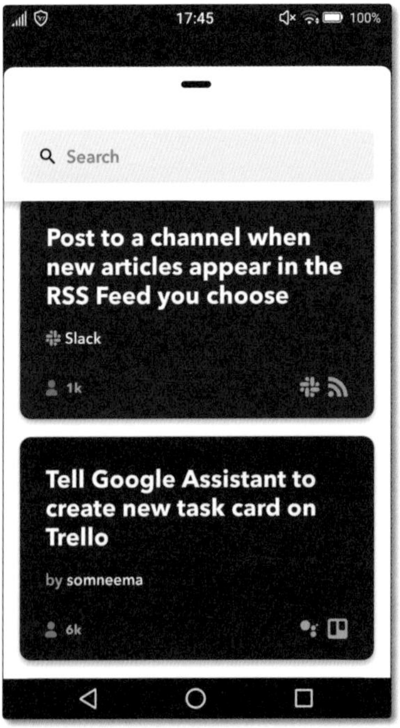

Twitter、Instagram、Gmail、Google Drive、Amazon Alexaなど、さまざまなサービスやアプリを連携させて自動実行するためのアプリ。アイデア次第であらゆる使い方を強力にサポートする

面倒な操作をスムーズに行える

アシスタントタッチ

作者 LuuTinh Developer
価格 無料

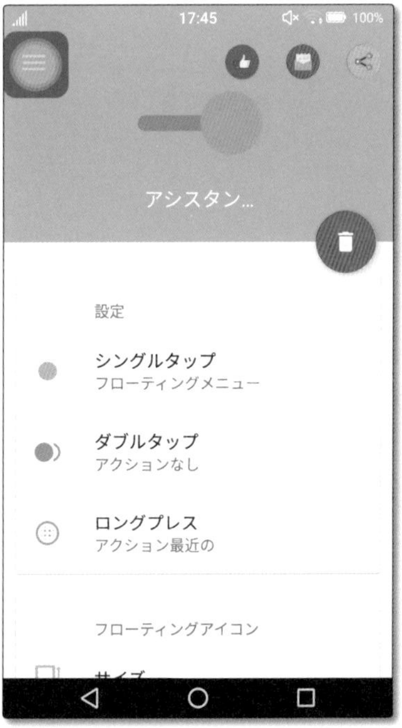

画面のロックやスクリーンショットの撮影、各種設定画面へのアクセスなどをパネル上から行うことが可能。これまで手間がかかっていた作業が、かんたんな操作で行える

多様な操作を自動化できる

MacroDroid

作者 ArloSoft
価格 無料［課金有］

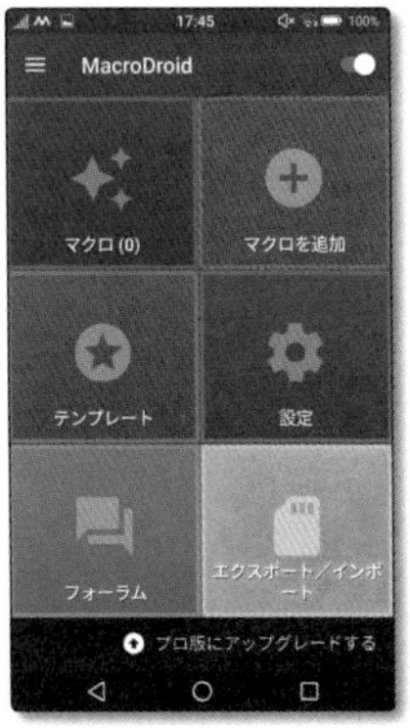

マクロを作成できるアプリ。「指定したアプリを起動するとWi-Fi機能をオンにする」といった一連の操作を自動実行する

シンプルな設定で操作を自動化

AutomateIt

作者 SmarterApps Ltd
価格 無料［課金有］

さまざまな操作のトリガーが用意されており、かんたんな設定でスマートフォンの操作を自動化することができる

ルールを設定して複数の操作を自動実行

aProfiles

作者 Sam Lu
価格 無料［課金有］

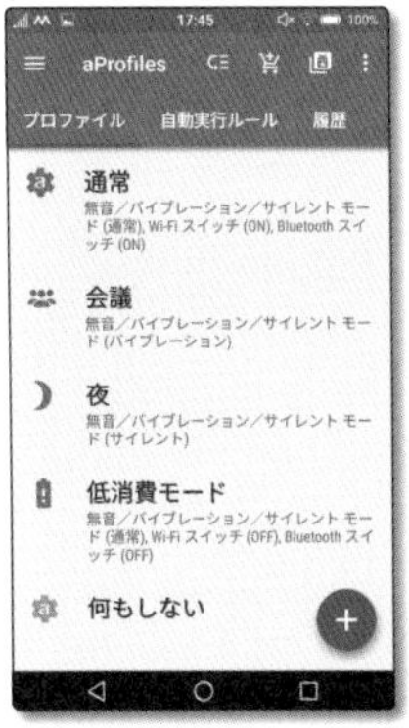

これまで数タップの操作が必要だったものを1タップで実行可能にするタスク自動化アプリ。さまざまな設定に対応する

操作の流れを記録して再生できる

FRep

作者 strAI
価格 無料

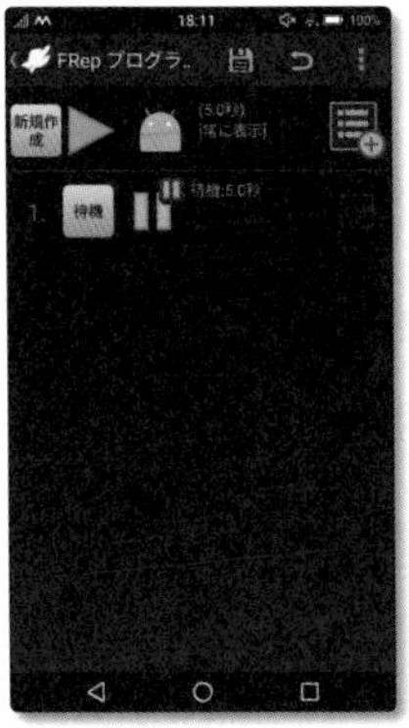

スマートフォンで行った操作を記録して再生することが可能。一連の操作を記録しておけば作業を効率化できる

Section 131

ファイルマネージャー

ファイルをかんたん便利に操作／管理する

写真や動画を撮影したり、ビジネス文書を作成したり、さらにWebサイトやクラウドサービスからファイルをダウンロードしたりと、スマートフォンを使っているとさまざまなファイルが保存されていきます。ファイルを整理したい場合は、ファイルマネージャーアプリの導入が効率的です。

スマートフォン内のファイルにアクセスする

ファイルマネージャー

作者 Flashlight + Clock
価格 無料［課金有］

内蔵ストレージやSDカード内に保存されているファイルにすばやくアクセス可能。シンプルなインターフェイスを採用し、直感的な操作でファイルの管理や操作を行える

2つのパネルでファイルを操作

Solid Explorer

作者 NeatBytes
価格 無料［課金有］

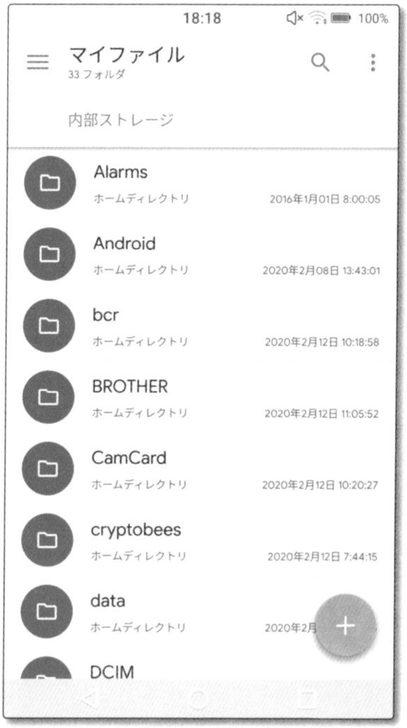

2つのパネルで構成され、パネル内やパネル間でのドラッグ&ドロップにも対応。ファイルの圧縮／展開機能やクラウドストレージへの対応などの機能を備える。14日間の試用版となっている

ファイルの管理とクリーンアップに使える

Mi File Manager

作者 Xiaomi Inc.
価格 無料

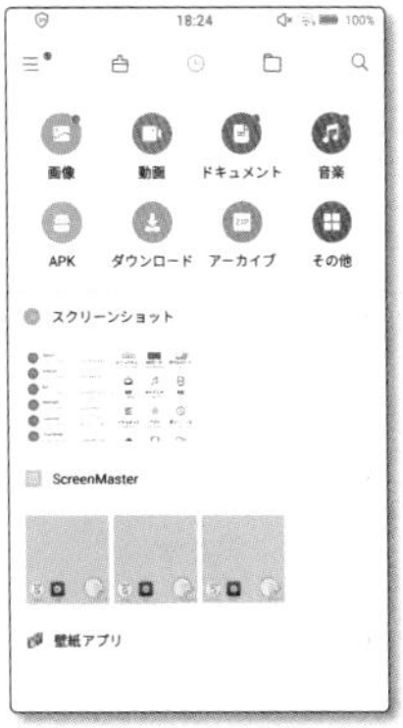

スマートフォン内にあるファイルを効率的に管理できるファイルマネージャーアプリ。クリーンアップ機能も搭載している

シンプルなインターフェイスを採用

Explorer

作者 Speed Software
価格 無料

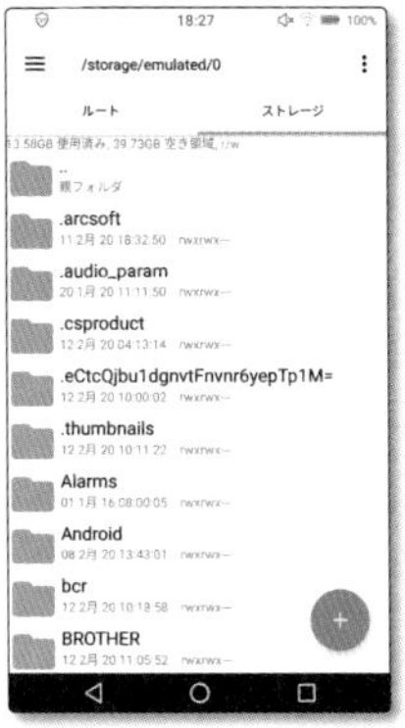

ストレージ内のファイル階層をサクサクとたどっていくことが可能。クラウドストレージにもかんたんにアクセスできる

空き容量の確保に効果を発揮

Files by Google

作者 Google LLC
価格 無料

Google純正のファイル管理アプリ。不要な写真の削除や重複しているファイルの削除などの操作がスピーディに行える

直感的な操作でファイルにアクセス

File Commander

作者 MobiSystems
価格 無料［課金有］

画像や動画、音楽ファイルをかんたんに探し出せ、再生用のプレイヤーも用意。ファイル変換など多彩な機能を持っている

Section 132

ロック

スマートフォンの機能やアプリをロックする

個人情報の漏えいなど、セキュリティ対策が重要となっている現代、スマートフォンを利用するうえでも安全性を考慮する必要があります。意図しない操作を制限したり、第三者にスマートフォンを使われた場合に特定アプリを起動されないようにするアプリを導入してみましょう。

アプリの利用やスマートフォン設定を制限する

アプリロック (Smart AppLock)

作者 SpSoft
価格 無料［課金有］

パスワードやパターンを設定して指定したアプリをロック。スマートフォンの設定画面もロックすることができるため、Wi-Fiの設定変更やアプリのインストール／削除を第三者に行われる心配がなくなる

ロック機能がないアプリも守れる

ノートン アプリロック

作者 NortonMobile
価格 無料

プライベートの写真やクレジットカード番号など、スマートフォン内の個人情報を保護するアプリ。重要情報にアクセスできるアプリを4桁のPINコードでロックすることができる

個人情報を扱うアプリをロック

アプリロック AppLock

作者 DoMobile Lab
価格 無料［課金有］

Facebook、Instagram、連絡先、Googleメールなどのアプリやスマートフォンの設定画面をロックしてプライバシーを保護する

タッチ操作やボタン操作をロック

画面そのままロック

作者 Team Obake Biz
価格 無料［課金有］

タッチパネルの操作やスマートフォンのボタンを使った操作をロック。誤操作を防止することができ、解除方法も複数用意

写真や動画を見られないようにする

Gallery Lock

作者 Morrison Software
価格 無料［課金有］

内蔵／外部ストレージに保存されている写真や動画を見られないようにロック可能。特定の写真のみを隠すこともできる

対応スマートフォンなら指紋認証も使える

Secure Gallery

作者 SpSoft
価格 無料［課金有］

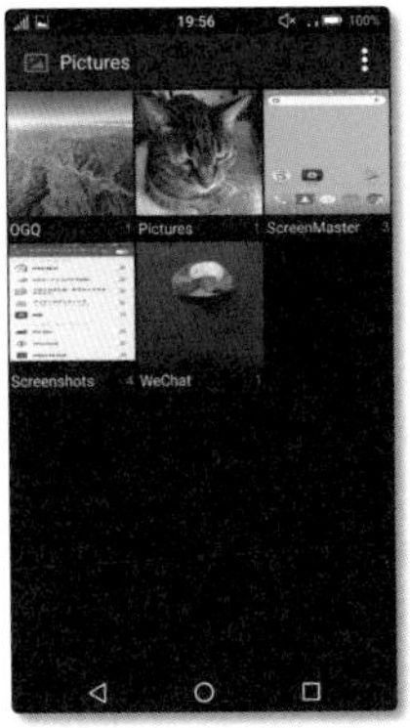

プライベートな写真や動画を第三者から見られることを防ぐアプリ。パスワードやパターン、指紋認証などでロックできる

Section 133

セキュリティ

安心して使えるように セキュリティ機能を強化する

インターネットに常時接続するのが前提のスマートフォンは、ネットを経由したサイバー攻撃の標的となっています。知らないうちに重要な情報を盗まれていたり、スマートフォンを乗っ取られて遠隔操作されたりと危険がいっぱいです。ここでは、セキュリティ対策アプリを紹介します。

統合型のセキュリティ対策アプリ

カスペルスキー インターネット セキュリティ

作者 Kaspersky Lab
価格 無料［課金有］

バックグラウンドでスキャンを行い、ウイルス、スパイウェア、トロイの木馬などを検知。駆除やブロックを実行する。アプリロックやフィッシング防止などの機能も利用できる

セキュリティを向上させる機能を満載

マカフィモバイル セキュリティ

作者 McAfee LLC
価格 無料［課金有］

パソコンのウイルス対策で定評のあるマカフィーが提供するAndroidスマートフォン向けセキュリティ対策アプリ。ウイルス、スパイウェア対策はもちろん、デバイスのロック機能など豊富な機能も備える

安全・快適にスマートフォンを活用

AVG

作者 AVG Mobile
価格 無料[課金有]

アプリや設定、スマートフォン内のファイルをリアルタイムでスキャン可能。デバイスを最適化するための機能も用意している

スマホに迫る脅威をシャットアウト

Avira Security 2020

作者 AVIRA
価格 無料[課金有]

強力なウイルス対策機能でスマートフォンの安全性を確保。盗難対策やカメラ・マイクの保護など、多様な機能を備える

多種多様な機能でスマートフォンをガードする

アバスト

作者 Avast Software
価格 無料[課金有]

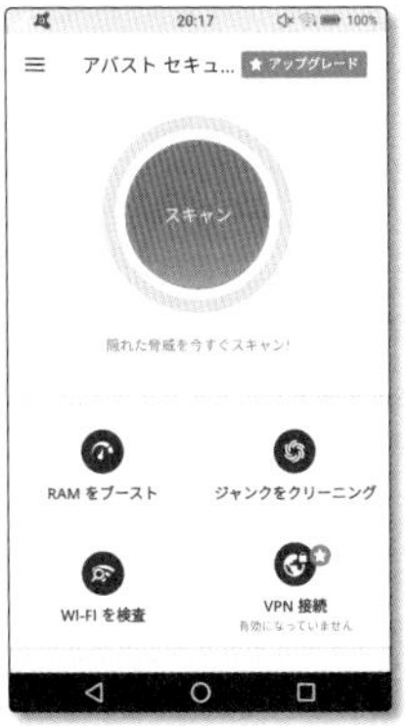

アンチウイルス、アプリロック、盗難対策、VPN、ウェブシールドなど、さまざまなセキュリティ機能を持つ多機能アプリ

多数のユーザーが活用する高機能アプリ

ESET Mobile Security & Antivirus

作者 ESET
価格 無料[課金有]

世界中のユーザーに利用されているセキュリティ対策アプリ。直感的なインターフェイスでセキュリティ状態を確認できる

Section 134

端末情報

スマートフォンやネットワークの状態を確認する

使っているスマートフォンの調子が悪くなった場合、現在の状態がどうなっているのか調べたくなります。そのようなときのために、スマートフォンのハードウェア情報をチェックしたり、モバイル通信やWi-Fiネットワークの速度を調べたりできるアプリを導入しておくと安心です。

CPU使用率や温度、バッテリー状態を確認

HWMonitor PRO

作者 CPUID
価格 無料

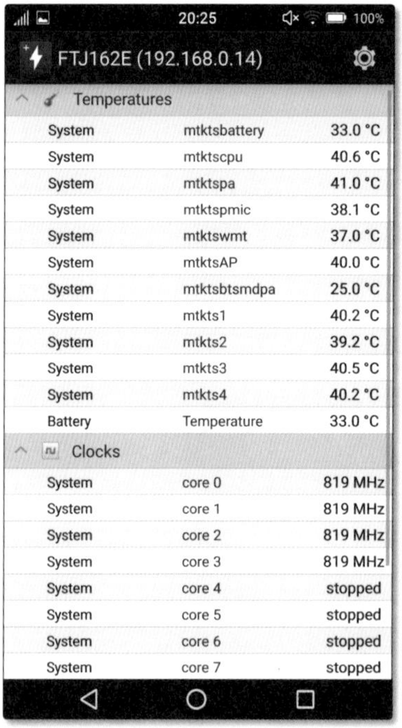

スマートフォンの状態をチェックするヘルスモニタリングアプリ。CPUの使用率や動作クロックをはじめ、スマートフォン内の温度、バッテリーの電圧、充電レベルなど多様な情報をチェックできる

Wi-Fiネットワークの状態をグラフで確認

WiFi アナライザー

作者 Abdelrahman M. Sid
価格 無料

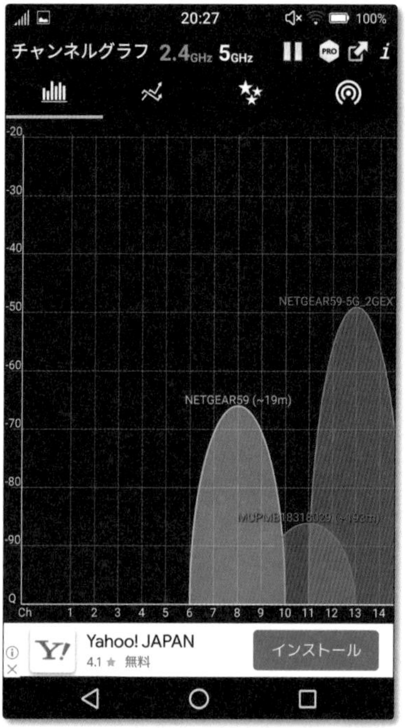

スマートフォンが検出したWi-Fiネットワークの状態を分析してグラフで表示。最適なチャンネルと場所を選んで接続速度と安定性を確保できる。2.4GHzと5GHzどちらのネットワークにも対応

スマートフォンの詳細情報を表示する

端末仕様確認ツール

作者 NTT DOCOMO
価格 無料

スマートフォンの仕様やアプリ情報などが確認できるNTTドコモ提供のアプリ。同社のスマートフォンでなくても利用可能

スマートフォンのCPUを知る

CPU-Z

作者 CPUID
価格 無料［課金有］

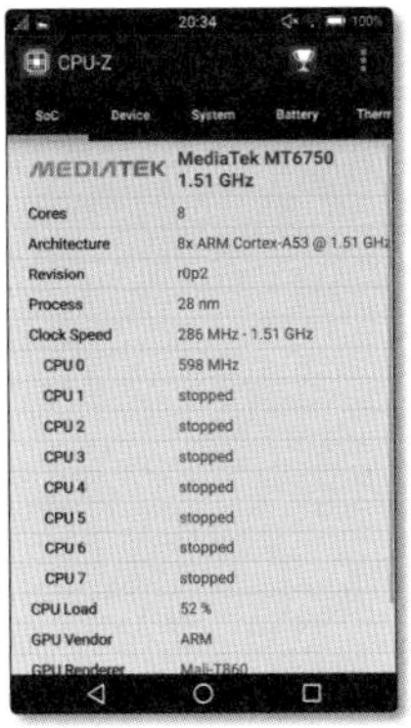

パソコン向けのCPU識別ツール「CPU-Z」のAndorid版。アーキテクチャや各コアのクロック速度までを詳細に確認できる

スマートフォンの健康状態を診断

Phone Doctor Plus

作者 iDea Mobile Tech Inc.
価格 無料

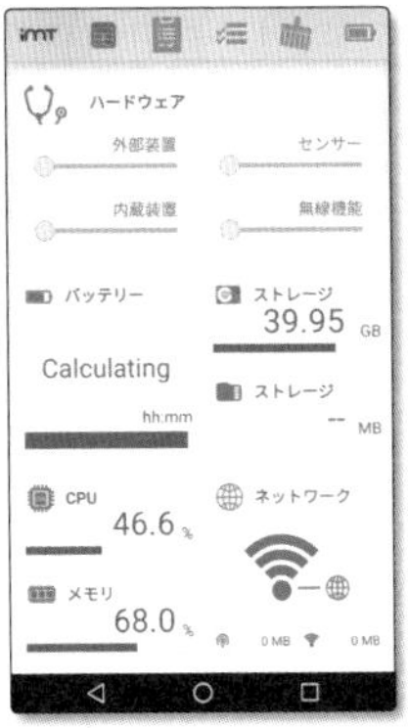

スマートフォンの仕様確認のほか、23項目のハードウェア、機能を診断。健康状態をチェックして最適化を実行できる

ネットワークの通信速度をチェック

Speedtest.net

作者 Ookla
価格 無料［課金有］

接続中のモバイルまたはWi-Fiネットワークの通信速度を測定可能。上り・下りの通信速度やpingの速度が表示される

Section 135

メモリ管理

メモリを解放して動作を軽快にする

スマートフォンは、長期間使い続けていると動作が遅くなったり不安定になったりすることがあります。要因はさまざまですが、可能性が高いのはメモリ（RAM）の空きが少なくなっているケースかもしれません。不要に使われているメモリを解放して空き容量を増やすアプリを導入しましょう。

シンプルで強力なメモリクリーナー

メモリそうじ専科

作者 J Kosa
価格 無料［課金有］

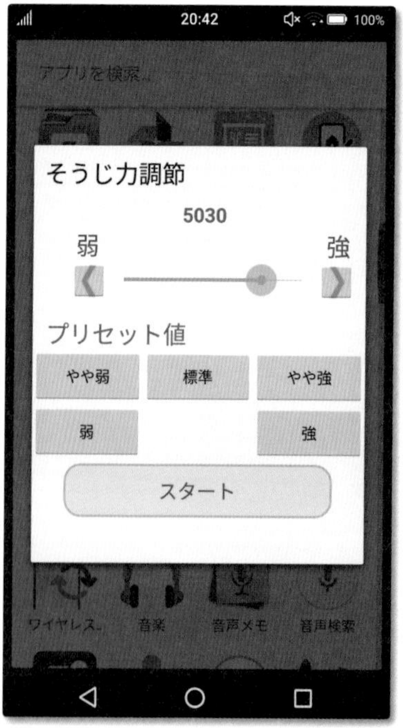

起動するだけで自動的にメモリを解放して使える領域を増やしてくれる。メモリ解放が終わると自動で終了するので面倒な操作は不要だ。スマートフォンの動作が重く感じられたときに利用したい

1回のタップでメモリを解放する

メモリ解放

作者 HDM Dev Team
価格 無料

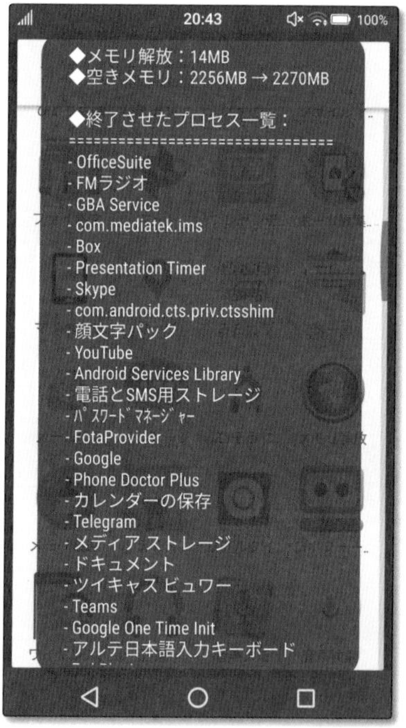

キャッシュや履歴などのデータを削除することでメモリを解放し、スマートフォンの処理速度向上やバッテリー消費の軽減を実現。アイコンをタップするだけで実行でき、メモリの解放率も高い

第13章

ゲーム

Sec.136 誰でも楽しめる定番ゲーム
Sec.137 緊迫感のある対戦バトルを繰り広げる
Sec.138 異世界での冒険にどっぷり浸かる
Sec.139 昔ながらのレトロゲームを楽しむ
Sec.140 週末は謎を解いて過ごす
Sec.141 やり始めたら止まらないパズルゲームにハマる
Sec.142 頭の体操で脳力をアップする
Sec.143 スポーツゲームで手に汗握る
Sec.144 テーブルゲームで盛り上がる
Sec.145 お手軽ゲームで集中力を高める
Sec.146 やりこみ度の高いゲームに何度も挑戦する
Sec.147 自分のペースでほのぼの楽しむ
Sec.148 未来を体験! VRARを楽しむ

Section 136

誰でも楽しめる定番ゲーム

定番ゲーム

「スマートフォンでゲームをするなら何がいい?」この疑問に答えてくれるのが、定番ゲームです。何年経っても色あせることがなく、いつプレイしても新鮮な気持ちを味わえる。これこそ定番の定番たるゆえんです。登場以来、プレイヤーを楽しませ続けている定番ゲームを紹介します。

強いポケモンを手に入れる

Pokémon GO

作者 Niantic, Inc.
価格 無料［課金有］

ポケモンを捕獲して、バトルを楽しめるARゲーム。街中の「ポケストップ」(施設)や「ジム」で必要な道具を集める。ポケモントレーナーとしてのレベルが上がれば、強いポケモンが見つかるようになる

ディズニーのぬいぐるみがゲームに

ディズニー ツムツム

作者 LINE Corporation
価格 無料［課金有］

同じキャラ（ツム）を3つ以上つなげて消していくシンプルなパズルゲーム。ツムを長くつなげるほど、高得点を狙える。ツムのスキルを鍛えれば、一度に消せるツムの数も大幅にアップする

コンピュータ対戦や詰将棋が楽しめる

将棋アプリ将皇

作者 ken1
価格 無料

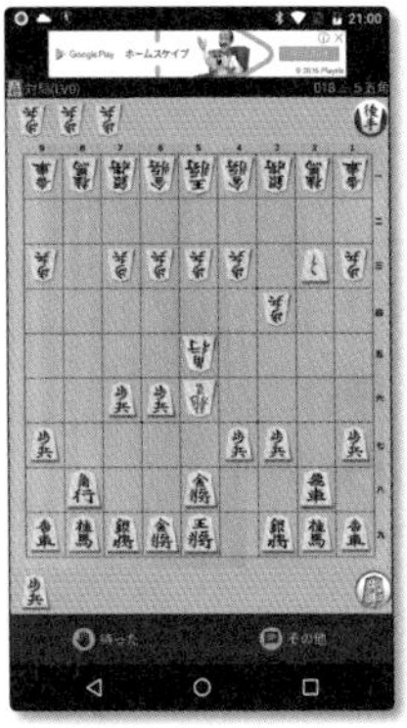

コンピュータ対戦が楽しめる将棋アプリ。実践問題を解いて楽しむ「実践詰将棋」や「勝ち切れ将棋」などで遊べる

マルチプレイに対応

Minecraft

作者 Mojang
価格 900円［課金有］

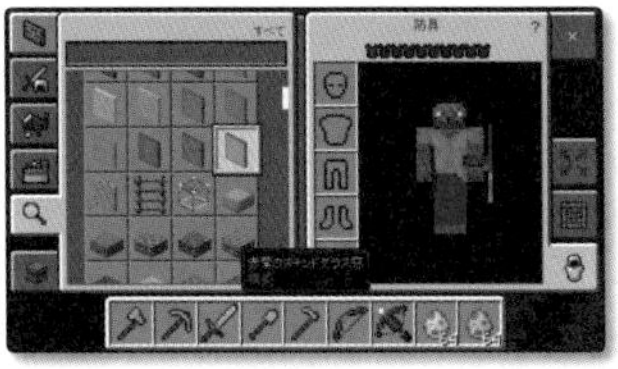

広大な世界でさまざまなもの作りが楽しめる。資源を使い放題のモードと、危険なモブと戦うモードが選べる

片手で遊べるマリオカート

マリオカート

作者 Nintendo Co., Ltd.
価格 無料［課金有］

アイテムとテクニックでライバルを蹴散らしながら1位を目指すレースゲーム。世界の都市をテーマにしたコースが登場

毎日が冒険になる

ドラゴンクエストウォーク

作者 SQUARE ENIX Co.,Ltd.
価格 無料［課金有］

街中を実際に移動しながら冒険を楽しむ位置情報ゲーム。目的地を選んでクエストをクリアすることで物語が進んでいく

Section 137

対戦プレイ

緊迫感のある対戦バトルを繰り広げる

ゲームの醍醐味といえば今も昔も対戦プレイです。オンラインの時代になっても、これは不変です。多人数同時参加型のマルチプレイに対応しているゲームなら、見知らぬユーザーどうしがネットワークを通じてつながり、同じフィールドで対戦プレイや協力プレイが楽しめます。

100名で戦うバトルロワイヤル

PUBG MOBILE

作者 PUBG CORPORATION
価格 無料［課金有］

8km×8kmの広大なエリアの中で100名のプレイヤーが生き残りをかけてサバイバルを繰り広げる。武器や弾薬などのアイテムを拾い集めながら戦術を組み上げ、最後まで生き残ることが勝者の条件だ

終末世界でサバイバル

ライフアフター

作者 NetEase Games
価格 無料［課金有］

大量の感染者がはびこる終末世界を舞台にサバイバル生活を満喫するゲーム。戦闘だけでなく、採集やハウジングなどを行いながら生き抜いていく。多くのサバイバーたちと巡り会い、共闘できる

世界中のプレイヤーが参戦

荒野行動-スマホ版バトロワ

作者 NetEase Gamesアドベンチャー

価格 無料［課金有］

無人島に集められた100人でプレイするバトルロワイヤル。最初にチュートリアルがあり、初心者にもおすすめ

白熱の戦車戦を体験

ワールド・オブ・タンクス・ブリッツ

作者 Wargaming Group

価格 無料［課金有］

7対7で史実や架空の戦車戦を行うアクションシューティング。実在の戦車が登場し、経験値をためて装備を強化できる

オンラインで早押しクイズ

みんなで早押しクイズ

作者 tactsh

価格 無料［課金有］

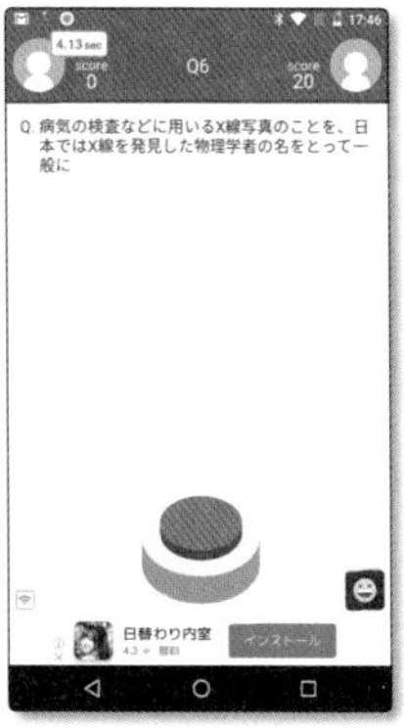
17:46
4.13 sec
score
0
Q6
score
20
Q. 病気の検査などに用いるX線写真のことを、日本ではX線を発見した物理学者の名をとって一般に
インストール

1対1や複数人でオンライン対戦ができる早押しクイズゲーム。勝ち上がることでレーティングとランクが上がっていく

ドリフトを極める

爆走ドリフターズ

作者 Tencent Games

価格 無料［課金有］

10種類以上の操作テクニックでドリフトレースを楽しむ。個性豊かなマシンが登場。1ゲーム3分程度なので手軽に遊べる

Section 138

RPG

異世界での冒険にどっぷり浸かる

今いる場所と違うところで冒険したいという願望を、ゲームはかんたんに叶えてくれます。ここでは剣や魔法が支配する世界で、チート級の活躍ができるRPGを紹介します。手軽にプレイできるものから壮大なストーリーを堪能できるものまで、さまざまな異世界があなたを待っています。

骨太のストーリーを楽しむ

オーシャンホーン

作者 FDG Entertainment GmbH & Co.KG

価格 無料［課金有］

未知の海に浮かぶ島々を冒険し、古代アルカディア王国の謎を明かす。海の怪物オーシャンホーンを倒すまでの道のりを体験する。骨太の物語と、剣や魔法を駆使したバトルの両方が楽しめる本格派アクションRPG

ビーストを育てる

キャラバンストーリーズ

作者 Aiming Inc.

価格 無料［課金有］

体調が悪くなったら、
いつでも言ってください。

幻想世界イアルで繰り広げる冒険譚。6つの種族と個性豊かな仲間、100体以上登場するビーストと一緒に冒険できる。フル3Dで描かれたイベントが美しい。移動や戦闘はオートも可能で手軽に楽しめる

✓ド迫力のバトル

キングスレイド

作者 Vespa Inc.
価格 無料［課金有］

最大9人のキャラクターが参戦するリアルタイムレイドバトルや、オンライン対戦が楽しめるRPG

✓英雄たちの叙事詩

エピックセブン

作者 Smilegate Megaport
価格 無料［課金有］

ディエネ

フルフレームの2Dアニメショーンで繰り広げられるRPG。さまざまな英雄たちのストーリーを紐解くことで連携が強化される

✓世界を救う戦略バトル

ファイアーエムブレム ヒーローズ

作者 Nintendo Co., Ltd.
価格 無料［課金有］

奥深い戦略バトルが楽しめるロールプレイングシミュレーション。ストーリーのステージ数は800以上とボリュームたっぷり

✓6人の美少女が戦うアドベンチャーRPG

ひびかけ色のキセキ ～portable～

作者 ecoddr
価格 無料

フリーズランサー
敵単体に氷属性の2連続ダメージ (攻撃力:16x2)

リジェ
こんなに魔法を使ったの初めてだよ……
Auto
Skip
Log

ステージクリア型のアドベンチャーRPG。ストーリー性の高さとガードを利用した戦術的なリアルタイムバトルが特徴

Section 139

昔ながらのレトロゲームを楽しむ

レトロ

1970年代後半から80年代を通して、ゲーム史に残るタイトルが、いくつも登場しました。ファミリーコンピュータを筆頭とする家庭用ゲーム機やパソコン、ゲームセンターとさまざまなところでゲーム文化が花開いた時期です。これらは今プレイしてもおもしろく、時間を忘れてしまいます。

次世代のパックマン

PAC-MAN 256

作者 BANDAI NAMCO Entertainment Europe

価格 無料［課金有］

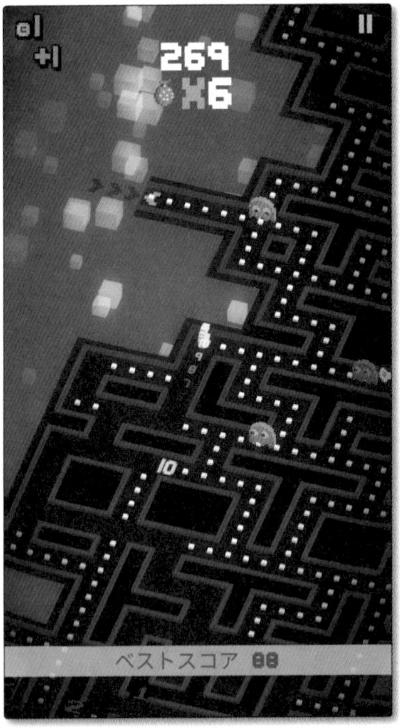

あのパックマンがスマートフォン向けに生まれ変わって登場。レーザーやトルネードなど15種類以上の武器を使ってゴーストを倒す。迫る「バグ」に飲み込まれないようにプレイする要素が加わっている

懐かしの3DダンジョンRPG

Wandroid #1

作者 TaKa

価格 無料

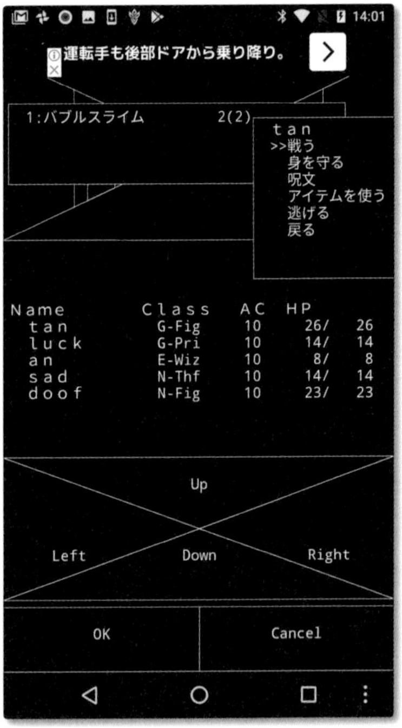

1981年に発売された「ウィザードリー」を彷彿とさせるワイヤーフレームのダンジョンRPG。8つの職業、5つの種族、3つの性格からキャラクターを作成できる。クリアしてからもアイテム探しが楽しい

唯一の宇宙船で敵を撃破

ギャラクシーアタック：エイリアンシューター

作者 ONESOFT
価格 無料［課金有］

古典的なスペースシューティングゲーム。レベルは160以上とやり応えたっぷり。アイテムを集めて武器を強化することが可能

懐かしのアクションパズル

Lode Runner 1

作者 NEXON Company
価格 無料

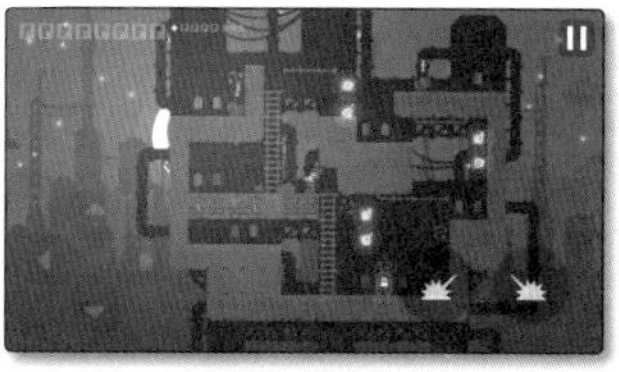

1983年に登場したアクション「ロードランナー」を現代風にアレンジ。ステージ上に散らばる金塊を集めてゴールを目指す

ストーリーやアクションが一新

ダブルドラゴン4

作者 Dotemu
価格 無料［課金有］

ダブルドラゴンシリーズの制作陣が開発。オリジナルの雰囲気を残している。最初のミッションのみ無料でプレイできる

正統派ピンボールゲーム

スペースピンボール

作者 CASUAL AZUR GAMES
価格 無料［課金有］

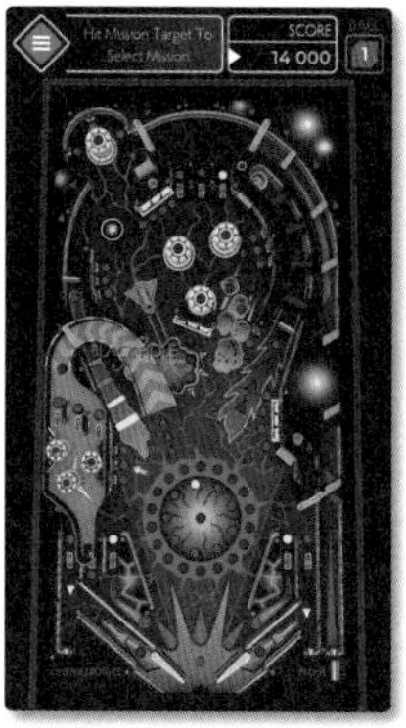

画面をタップするだけで遊べるピンボールゲーム。迫力あるサウンドで無心になれる。長くプレイして、ハイスコアを狙おう

Section 140

週末は謎を解いて過ごす

謎解き

眼の前に謎があれば解きたくなるのが人間というものです。謎が解けたときの爽快感はアクションゲームに勝るとも劣りません。すばやい反射神経が必要ない分、こちらのほうをより好む人も多いかもしれません。週末や休日など時間ができたとき、じっくり取り組んではどうでしょう。

命を賭けた二度目のゲーム

脱出アドベンチャーノベル 誰ソ彼ホテル

作者 ESC-APE by SEEC
価格 無料［課金有］

TICKET
+0
0
ロビー
塚原音子
「これからよろしくお願いしますね、阿鳥先輩」
メニュー

生と死の狭間にある「黄昏ホテル」を舞台に、ストーリー性を重視した脱出ゲーム。失われた記憶の手がかりを探しながら、事件の謎を解く。小説を読むような感覚で物語の世界が楽しめる

自分の罪をなかったことにする

犯人は僕です。～露天風呂編～

作者 G.Gear.inc
価格 無料

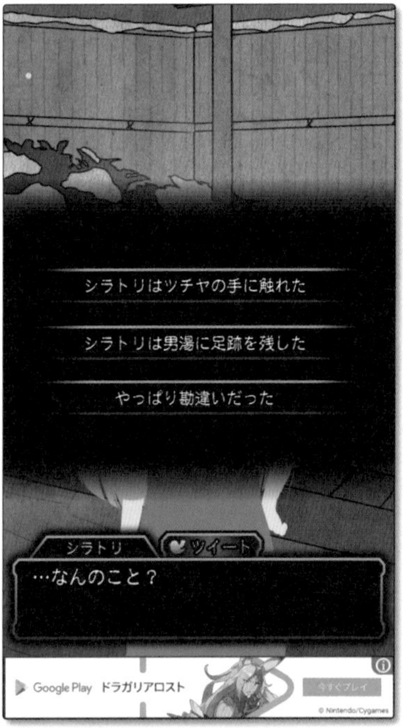
シラトリはツチヤの手に触れた
シラトリは男湯に足跡を残した
やっぱり勘違いだった
シラトリ
ツイート
…なんのこと？
Google Play ドラガリアロスト
© Nintendo/Cygames

サークルの旅行中、友達を見殺しにした「僕」。警察が来る56時間後までに、自分にかけられた疑いを晴らす。犯人の視点で謎解きと探索を行うのがユニーク。過去作をプレイしていなくても楽しめる

手軽にできる脱出ゲーム

脱出ゲーム Island 無人島からの脱出

作者 Jammsworks

価格 無料［課金有］

不思議な無人島から脱出するゲーム。画面をタップして手がかりを探す。多くのシリーズがあり、いずれも楽しい仕掛けが満載

ホグワーツに入学できる

ハリー・ポッター：ホグワーツの謎

作者 Jam City, Inc.

価格 無料［課金有］

ハリーポッターの世界を舞台にしたアドベンチャー。魔法魔術学校で学生生活を送りながらホグワーツの隠れた謎を探る

美しい脱出ゲーム

The Room：Old Sins

作者 NetEase Games

価格 520円

繊細で美しいビジュアルと、しっかり考え抜かれた世界観で人気の脱出ゲームシリーズ。芸術的なトリックの数々に挑む

シリーズ10作目

Cube Escape：Paradox

作者 Rusty Lake

価格 無料［課金有］

短編映画と一緒にリリースされた脱出ゲーム。探偵ヴァンダーミーアに扮して不気味な部屋からの脱出を試みる。日本語に対応

Section 141

やり始めたら止まらない パズルゲームにハマる

パズル

「指をすばやく動かすのはどうも苦手」という人におすすめなのが、パズルゲームです。ルールがわかりやすいシンプルなゲームほど、時間を忘れてプレイできるもので、気づいたらやり込んでいたなんてことも珍しくありません。ここでは中毒性の高いパズルゲームを紹介します。

部屋を組み替えて脱出する

ルームズ：おもちゃ職人の邸宅

作者 HandMade Game
価格 560円

スライドパズルのように部屋を動かして邸宅を移動する脱出パズル。ポータブルの家庭用ゲーム機やPCで人気を博した。さまざまな装置を動かして出口までたどり着くようにプレイヤーを誘導しよう

独特の世界観

Machinarium

作者 Amanita Design
価格 無料

多くの賞を獲得したインディーのアドベンチャーゲーム。ロボットを操作して誘拐された恋人を救い出す。画面に落ちているアイテムを利用しながら、先へ進んでいく。巧妙な仕掛けが数多く用意されている

ブロックを配置してジンから逃げる

ラビリンステップ

作者 Pop
価格 無料

高いところから落ちたり、ジンに追いつかれたりしないようにブロックを階段状に配置しながら先へ進む。アクション要素が高い

ジオラマを完成させる

Puzzrama

作者 Translimit, Inc
価格 無料［課金有］

シルエットをヒントにパーツを合わせていくパズル。完成すると立体化してアニメーションが再生されるのが楽しい

3Dパズル脱出ゲーム

Doors：Awakening

作者 Snapbreak
価格 無料［課金有］

仕掛けが満載の美しい3Dパズル。数々の扉を開けながら、少年を追いかけていくという謎めいたストーリーも魅力

想像力を刺激する形当てパズル

シャドウマティック

作者 Triada Studio Games
価格 無料［課金有］

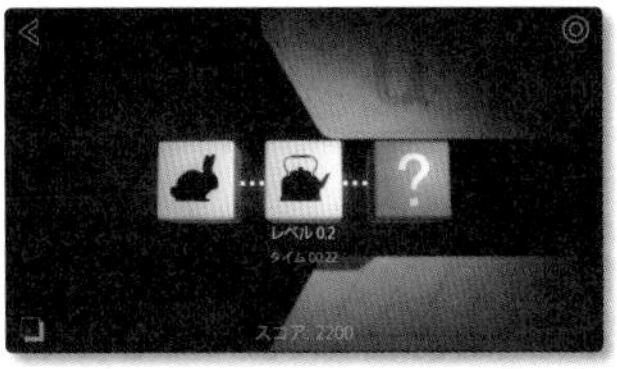

抽象的なオブジェクトを動かして、壁に映る影を見分けのつくシルエットにする。想像力と集中力を使って正解にたどり着こう

Section 142

頭の体操

頭の体操で脳力をアップする

脳は使えば使うほどに、能力を発揮できるようになるといいます。それならば、普段、あまり使っていない部分をゲームで刺激してはどうでしょう。記憶力や計算力、理解力などを鍛えられるかもしれません。最近、頭が固くなってきたと感じている人はぜひ試してください。

リラックスタイムに数独

ナンプレ

作者 Easybrain
価格 無料［課金有］

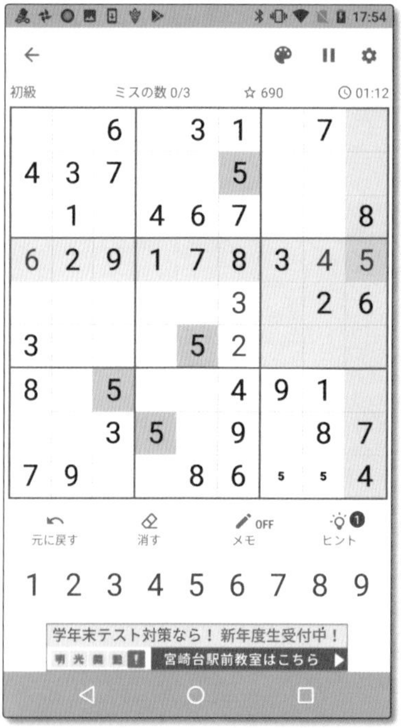

初心者からエキスパートまで、さまざまな難易度の問題を用意した数独アプリ。自動チェックや重複ハイライト機能、ヒントなど、ゲームをしやすくする支援機能を持ち、ディリーチャレンジで毎日遊べる

集中力がアップする

100マス計算

作者 be-style
価格 無料

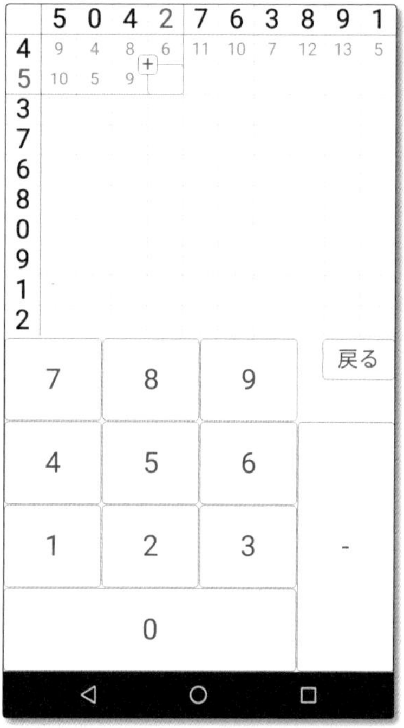

四則演算の100マス計算ができる。子供の学力アップに利用されることが多い100マス計算だが、集中力の強化にも効果的だ。少しずつ反復することで計算力が付き、全国ランキングも表示される

対戦で脳を鍛える

Brain Wars

作者 Translimit, Inc
価格 無料［課金有］

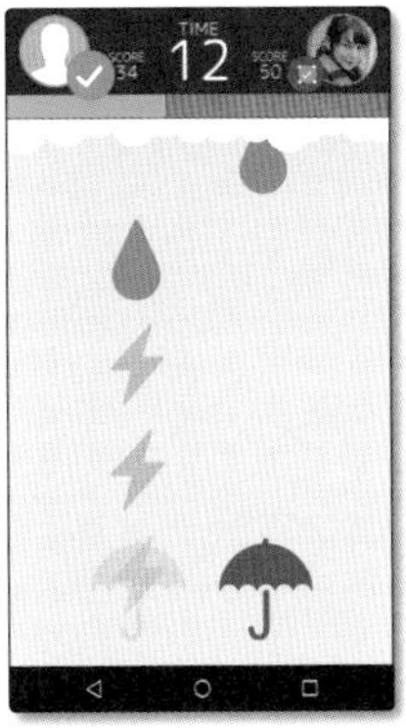

ほかのプレイヤーとミニゲームで対戦しながら脳力を鍛える。ランキング制度で上位者と戦いながらトレーニングできる

999問の脳トレパズル

イラロジ999 無料 ノノグラム

作者 Seventh rank
価格 無料［課金有］

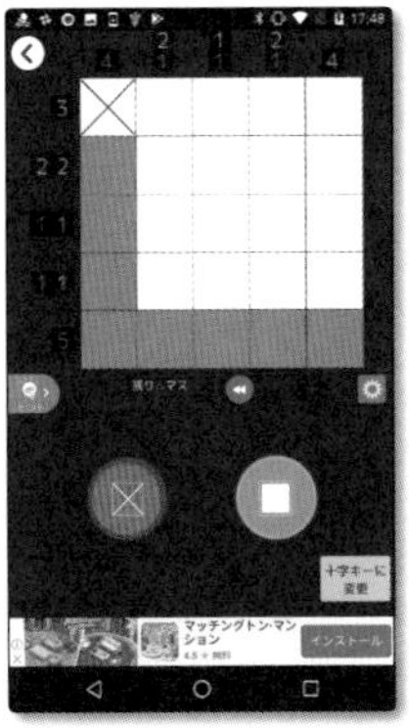

理詰め（ロジック）で解けるイラストパズルを999問収録。5X5のパズルもあり、こちらは初心者におすすめ

IQ110問題に挑戦

頭が良くなる 一筆書き パズルゲーム Fill

作者 MagicAnt.Inc
価格 無料［課金有］

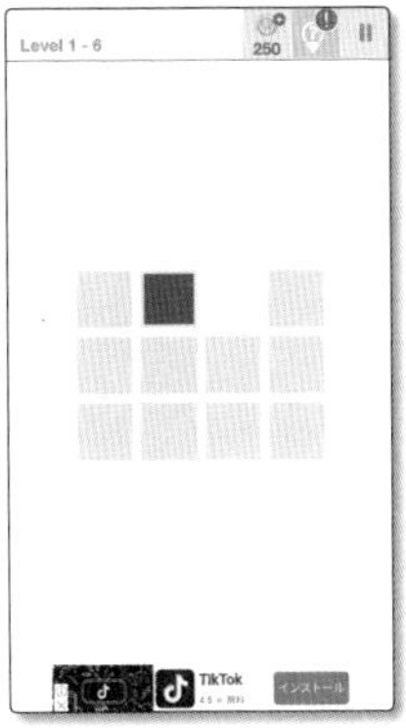

中毒性の高い一筆書きパズル。全2,000問を収録で、最高ランクは13IQ110。難しい問題はヒントも表示できる

クロスワード型パズル

Words of Wonders

作者 Fugo Games
価格 無料［課金有］

マス目に入る単語を、ヒントを手がかりに埋めていく。難易度はなかなか高く、語彙力のトレーニングにもおすすめ

Section 143

スポーツ

スポーツゲームで手に汗握る

スポーツの普遍的なおもしろさは、現実でもゲームでも同じです。野球やサッカー、ゴルフなどのポピュラーなスポーツはゲームでもプレイできます。選手として活躍するのも楽しいですし、監督目線でチームを育成し、最強を目指すことでも達成感を得られるでしょう。

本格敵なアクションベースボール

プロ野球スピリッツ A

作者 KONAMI
価格 無料［課金有］

実写さながらのグラフィックでリアルなプロ野球を追求。投打のアクションも充実しており、選手それぞれの持ち味を活かしながら、チームを勝利に導く。チームと選手の両方の育成が楽しめる

誰でもナイスショット

ゴルフクラッシュ

作者 Playdemic
価格 無料［課金有］

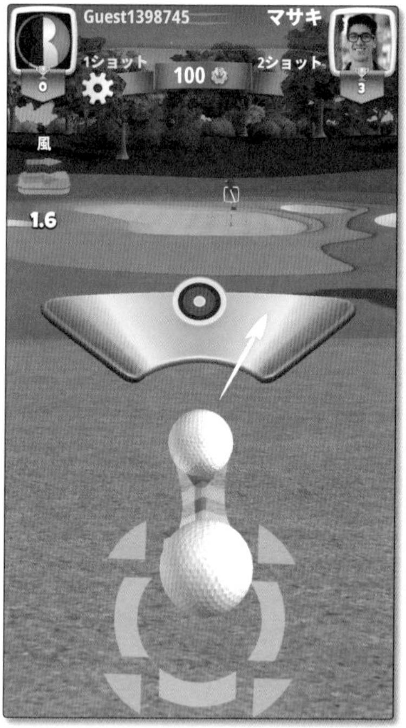

世界中のプレイヤーと対戦できるゴルフゲーム。ボールを引っ張って話すだけのシンプルな操作で、精密なコントロールが可能。1対1やフレンドバトル、期間限定のトーナメントなど多彩なモードを用意

現役スター選手とレジェンドが共演

eFootball ウイニングイレブン 2020

作者 KONAMI
価格 無料［課金有］

大ヒット作「ウイニングイレブン」のモバイル版。実在クラブチームやサッカー選手が実名で登場し、熱い試合を展開

ハイスピードな展開

Table Tennis Touch

作者 Yakuto
価格 無料［課金有］

画面をスワイプする直感的な操作でリアルな卓球が楽しめる。さまざまなゲームモードが用意されており、ミニゲームも多数

爽快なスマッシュをキメる

プロテニス対戦：ゲームオブチャンピオンズ

作者 Wildlife Studios
価格 無料［課金有］

画面をスワイプするだけのシンプルな操作でプレイできるテニスゲーム。トーナメントに参加して対戦プレイが楽しめる

ホホジロザメも釣れてしまう

釣りオン!

作者 Com2uS
価格 無料［課金有］

3Dで描かれたリアルな釣りゲーム。世界各地の釣りスポットと約260種の魚が登場。釣りの知識がゼロでも楽しめる

Section 144

テーブル

テーブルゲームで盛り上がる

将棋や麻雀、トランプなどのテーブルゲームは、昔からあるゲームだけに老若男女問わず、幅広い世代の人たちに愛されています。実力アップするために問題集を解いたり、対戦プレイを楽しんだり、対CPU戦に飽きたら、リアルタイムのマルチプレイも楽しんでみましょう。

変わらないおもしろさを楽しむ

ソリティア

作者 ME2ZEN Solitaire Games
価格 無料

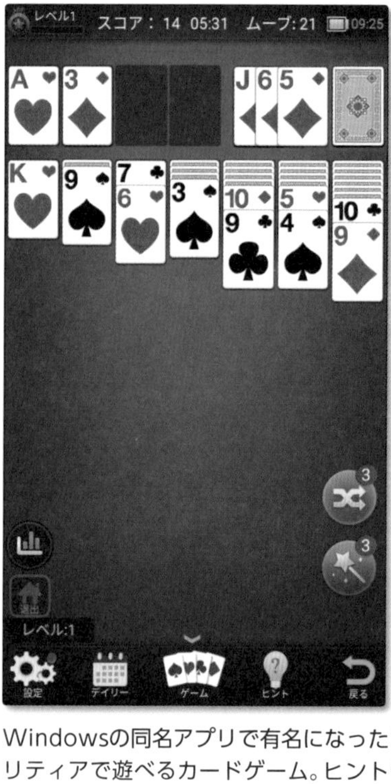

Windowsの同名アプリで有名になったソリティアで遊べるカードゲーム。ヒントやアシスト機能が付いており、スムーズに進めることができる。1枚／3枚めくりやタイムアタックなどのモードで遊べる

40段階の本格AI

ぴよ将棋

作者 STUDIO-K
価格 無料

最高レベルでアマ四～五段の本格AIと対戦ができる将棋アプリ。寄付解析機能を搭載し、対局後の検討や棋譜管理が可能。よさそうな手を教えてくれるヒントもあり、初心者から有段者まで楽しめる

上達に役立つ機能が満載

みんなの囲碁DeepLearning

作者 UNBALANCE Corporation
価格 無料

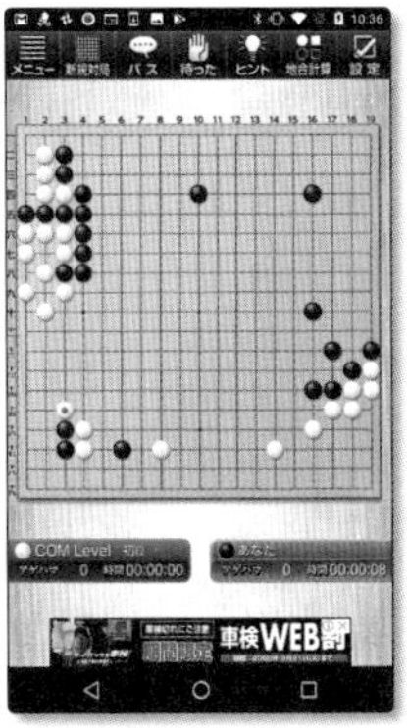

AIを採用した本格囲碁アプリ。14級～三段までのレベルを用意している。9路盤や13路盤に対応し初心者におすすめ

オンライン対戦もできる

リバーシ - ゲームの王様リバーシ

作者 Cross Field Inc.
価格 無料[課金有]

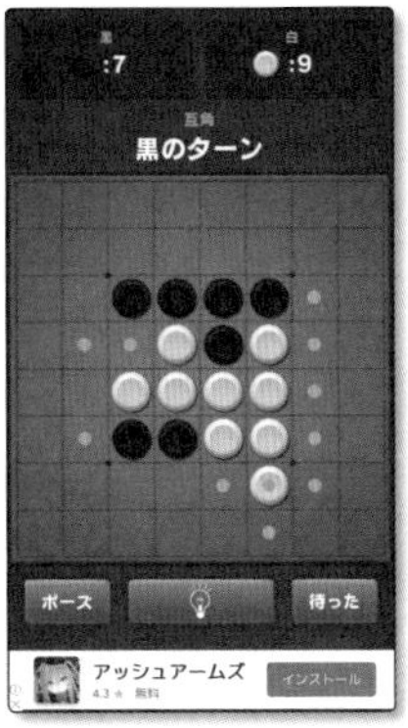

16レベルのCPU戦や1対1が可能なオセロゲーム。対局にはハンデを付けることも可能で、じっくり強くなれる

本格対人麻雀

NET麻雀 MJモバイル

作者 SEGA CORPORATION
価格 無料[課金有]

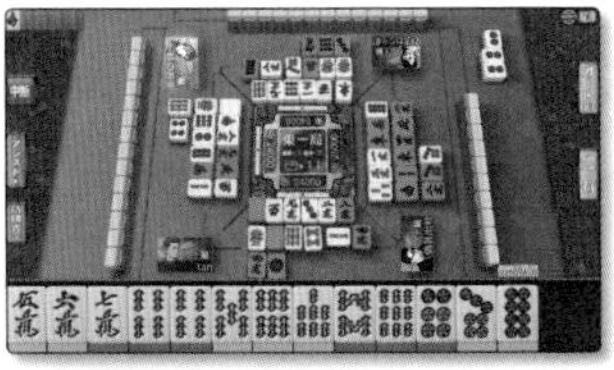

オンライン対戦できる麻雀ゲーム。初段まで無料でプレイできる。トレーニングモードやかんたん操作のアシスト機能も充実

定番のこいこいで遊べる

花札MIYABI

作者 Sorairo, inc.
価格 無料[課金有]

直感的に操作できる花札。札の出せる場所を確認しながらプレイできるアシスト機能が初心者に便利。こいこいも収録している

Section 145

お手軽

お手軽ゲームで集中力を高める

モバイルゲームのよいところは、時間や場所を選ばず手軽にプレイできる点です。画面をタッチまたはフリックするだけのかんたんな操作で、インストール後すぐに遊べるものがほとんどです。ただ、「やさしい」とは限りません。一筋縄ではいかないのが、モバイルゲームの多様性です。

新感覚のシューティング

TIME LOCKER - Shooter

作者 sotaro otsuka
価格 無料[課金有]

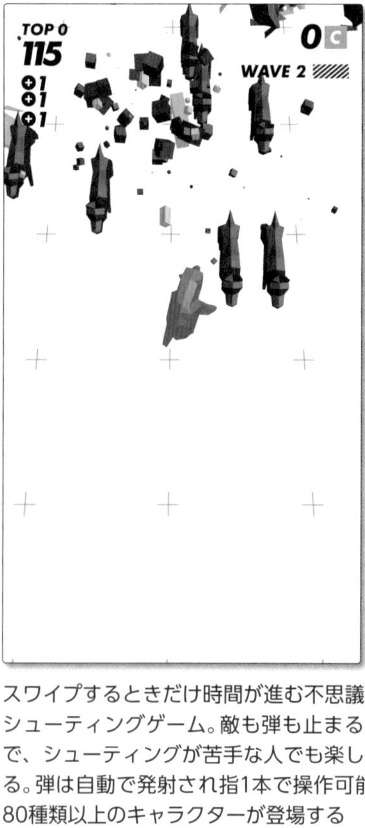

スワイプするときだけ時間が進む不思議なシューティングゲーム。敵も弾も止まるので、シューティングが苦手な人でも楽しめる。弾は自動で発射され指1本で操作可能。80種類以上のキャラクターが登場する

仕掛け満載のアクション

SuperMarioRun

作者 Nintendo Co., Ltd.
価格 無料[課金有]

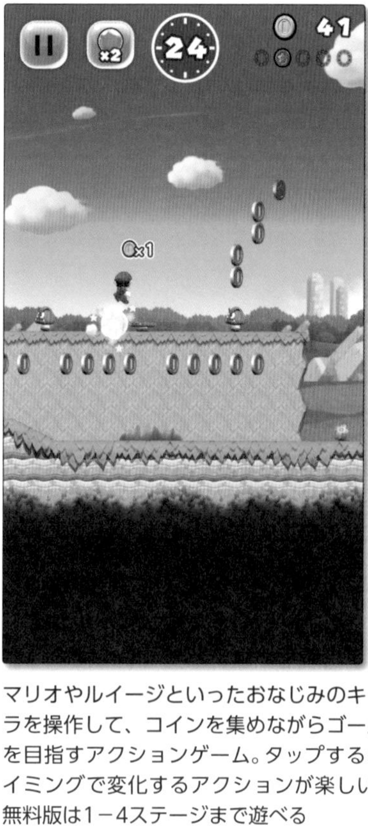

マリオやルイージといったおなじみのキャラを操作して、コインを集めながらゴールを目指すアクションゲーム。タップするタイミングで変化するアクションが楽しい。無料版は1−4ステージまで遊べる

ピアノと伴奏のアンサンブルを奏でる

ピアノタイルステージ

作者 キングソフト株式会社〔KINGSOFT JAPAN, INC.〕
価格 無料［課金有］

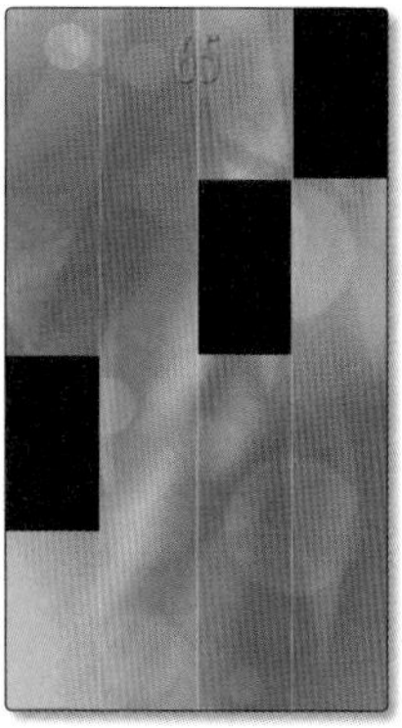

流れてくる黒いタイルだけを叩く音楽ゲーム。一度でもミスするとゲームオーバーになるので、緊張感を持ってプレイできる

ドラマチックな世界観に浸れる

DEEMO

作者 Rayark International Limited
価格 無料［課金有］

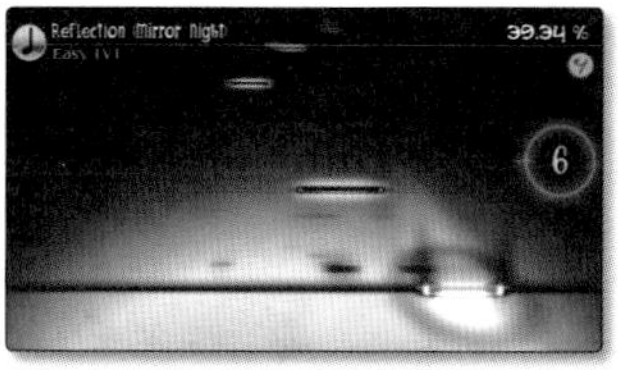

楽曲に合わせて画面をタップ。しっかりした物語展開と重厚な音楽がマッチしている。自分で演奏しているような感覚が心地よい

雰囲気抜群の横スクロールアクション

バッドランド

作者 Frogmind
価格 無料［課金有］

ワンボタンで操作できるアクションゲーム。膨らんだり、縮んだり、分裂したりしながら森の住人を奥地へと導いていく

J-POPやアニソン楽曲が多数

バンドリ! ガールズバンドパーティ!

作者 Craft Egg, Inc.
価格 無料［課金有］

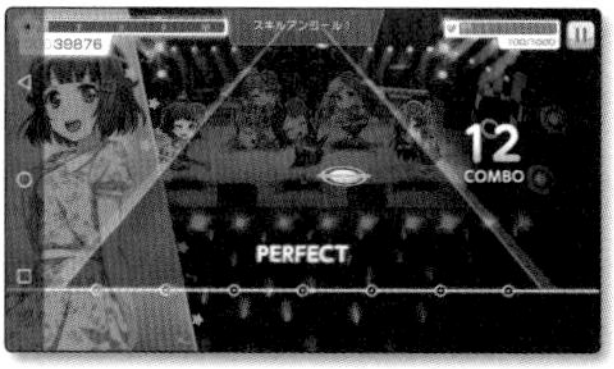

バンドのメンバーと協力してイベントを盛り上げるリズムゲーム。書き下ろしのストーリーと多数のカバー楽曲を堪能できる

Section 146

ストラテジー

やりこみ度の高いゲームに何度も挑戦する

ゲームの世界の奥深さには果てがないように見えます。武器やキャラクターを強化しながら、何度も挑戦して、やっと少し先に進めるというゲームは、プレイするごとにおもしろさがにじみ出てきます。ここでは、やりこみ度が高く、長い時間プレイできるゲームを紹介します。

ハンターかサバイバーを選択

Identity V

作者 NetEase Games
価格 無料［課金有］

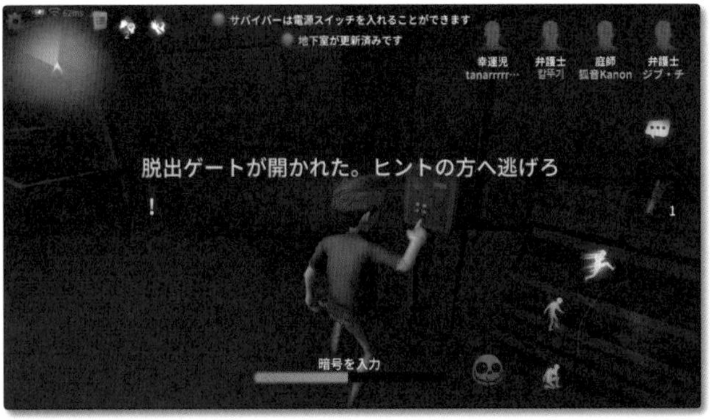

ゴシックな世界観を持つアクションゲーム。1人のハンターと4人のサバイバーに分かれて、鬼ごっこを繰り広げる非対称対戦型マルチプレイが楽しめる。ダークなキャラクターデザインと奇怪なストーリーが魅力

9人の魔王で遊べる

ダンジョンメーカー

作者 GameCoaster
価格 310円

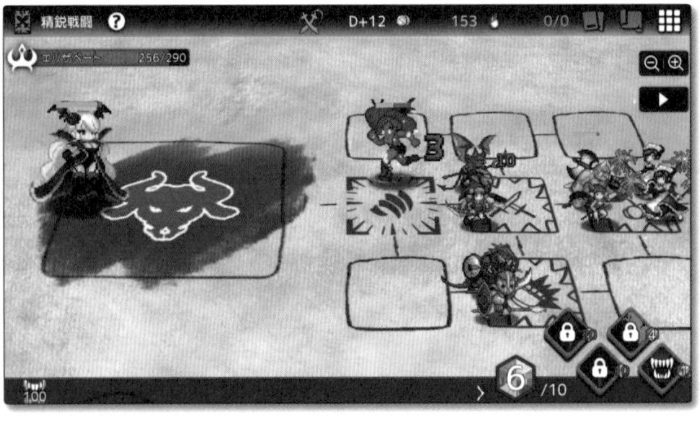

魔王となってダンジョンの運営を行うダンジョンビルドゲーム。ダンジョンに複数の罠や施設を設置して、勇士を迎え撃つ。個性豊かなモンスターが多数登場し、モンスターどうしの相性を考えながら闘う

定番のFPS

Call of Duty : Mobile

作者 Activision Publishing, Inc.
価格 無料［課金有］

100人で対戦するバトルロワイヤルや5対5のチーム戦、ゾンビアクションなどさまざまなモードを用意した定番のFPSゲーム

キモかわにゃんこを育成する

にゃんこ大戦争

作者 PONOS Corporation
価格 無料［課金有］

佐賀県
122/150円

戦闘開始!!
パワーアップ
アイテムのニャンピュータは
操作を自動で行ってくれる
スグレモノにゃ！
でも、ネコ並みの頭脳なので
あまり期待しないでほしいにゃ…

好きなにゃんこを育成しながら敵の城を攻め落とす攻城ゲーム。個性的なキャラクターばかりで楽しめる

対人戦で楽しめる

クラッシュ・ロワイヤル

作者 Supercell
価格 無料［課金有］

矢の雨

対人戦ストラテジー。兵士や弓兵を召喚し、自分の城を守りながら敵の城を撃破する。3分で勝負が決まる手軽さが魅力

最大レベル9999のやりこみ育成

魔界戦記ディスガイアRPG

作者 ForwardWorks Corporation
価格 無料［課金有］

AUTO
WAVE 2/2

「史上最凶やりこみ育成RPG」と銘打ったRPG。レベル9999、ダメージ億超えまで育成できる。オリジナルストーリーで展開

Section 147
ほのぼの

自分のペースでほのぼの楽しむ

何かとせわしなく感じるこの頃、せめてゲームの中ではのんびりしたいと思っている人も多いでしょう。そのようなときは、自分のペースでプレイできるゲームがおすすめです。毎日アプリを開かなくても、ぜんぜん構いません。少しずつプレイを重ねて、ゆっくり前に進んでいきましょう。

キャンプライフを楽しむ

どうぶつの森 ポケットキャンプ

作者 Nintendo Co., Ltd.
価格 無料［課金有］

映画にもなった大人気シリーズのモバイル版。どうぶつたちが暮らす村のキャンプ場の管理人として、まわりのどうぶつたちとの交流を楽しむ。家具を作るなどして、おしゃれなキャンプ場にしてみよう

ユニークなモンスターたちと遊ぶ

ひまつぶモンスターズ

作者 moitititi
価格 無料

モンスターのパーティを編成して世界を滅ぼすRPG。基本的に画面左方向へ進んで戦闘を繰り返していけばよい。モンスターには得手不得手があり、パーティの組み合わせを考えるのが楽しい

✓ 初心者向けのローグライクゲーム

魔女の迷宮

作者 ORANGE CUBE INC.
価格 無料［課金有］

マメタヌキから
2のダメージを受けた！

シンプルなローグライクゲーム。オートセーブでいつでも中断できる。やりこみプレイも楽しめるタイムアタックにも挑戦しよう

✓ ちっさいおっさんに会う

みつけて!おじぽっくる

作者 Appliss inc.
価格 無料［課金有］

3Dで描かれた部屋の中を動き回って、小さなおじぽっくるを見つける。新種のおじぽっくるを見つけてコレクションを増やす

✓ 爬虫類を追い払う

かに戦争

作者 Appxplore（iCandy）
価格 無料［課金有］

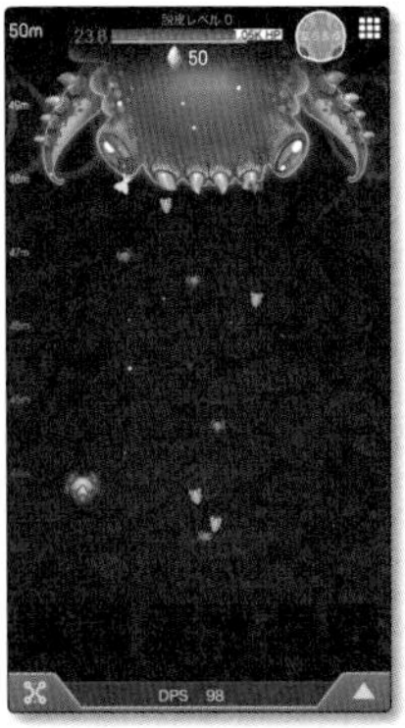

カニたちの能力を引き出して、50種類以上の危険な爬虫類を捕獲する。80種類以上のデザインに進化していく様子が楽しい

✓ ペンギンたちを集める

ペンギンの島

作者 Habby
価格 無料［課金有］

ペンギンたちの生息する様子を観察するゲーム。いろいろな種類のペンギンがいて、かわいいアニメーションを眺められる

Section 148

VR

未来を体験! VRを楽しむ

VR（ヴァーチャルリアリティ）環境が身近で整ってきています。VRの最大の特徴は、これまでにない没入感を体験できることです。スマートフォン用のVRゴーグルは、1,000円前後でも販売しているのでお手軽に体験できます。ここでは、VRコンテンツを楽しめるアプリを集めてみました。

✓クールなVRコンテンツ集

WITHIN

作者 Within
価格 無料

ドキュメンタリーやアニメ、ホラーなどさまざまなジャンルのVRビデオを収録。すべて無料で見ることができ、ノーマルな一眼モード（スマートフォンのみで利用）と二眼モードの両方に対応している

✓高品質なインタラクティブムービー

Google Spotlight Stories

作者 Google LLC
価格 無料

アカデミー賞ノミネート作品やエミー賞受賞作品などを楽しめるムービー集。ヘッドセットやイヤホンと組み合わせることで、没入型のインタラクティブストーリーを楽しめる

VR空間で耳かきしてもらう

なごみの耳かきVR

作者 EISYS, Inc.
価格 無料

なごみちゃんにVR空間で耳かきをしてもらえる癒し系ゲーム。イヤホンを付けると耳元で囁かれているような感覚を体験できる

SAOの「アスナ」と過ごす

ソードアート・オンラインVR LOVELY HONEY DAYS

作者 BANDAI NAMCO Entertainment Inc.
価格 無料［課金有］

「ソードアート・オンライン」のヒロイン「アスナ」と、会話ができるVRアプリ。写真を撮ったりスキンシップすることが可能

360度動画を収録

Gizmo VRプレイヤー

作者 Gizmo VR LTD：Virtual Reality
価格 無料

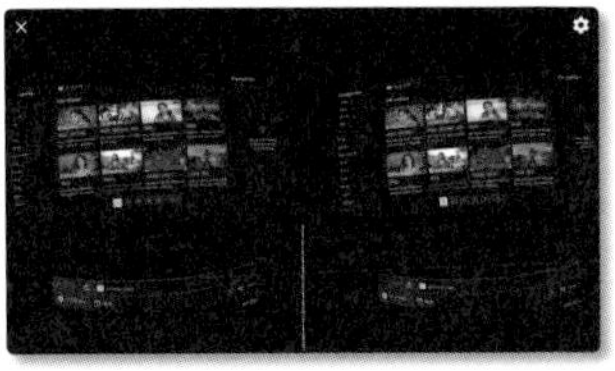

ヘッドセットで体験できる180／360度のVRの動画を見るためのブラウザアプリ。サムネイルから動画を選んで再生できる

手軽に世界旅行を楽しむ

Sites in VR

作者 Ercan Gigi
価格 無料

観光地や遺跡、宇宙など世界中のスポットを選んで、360度のVR画像を表示できる。静止画なので通信量も少ない

索引

数字

050 plus …… 41
100マス計算 …… 298
10年日記 …… 106
1Password …… 260
30days Album …… 59
3分フィットネス …… 122
50カ国語 …… 180
5分の脂肪燃焼運動 …… 123
7分間ホームワークアウト …… 123
8Bit Photo Lab …… 51
88星座図鑑 …… 191

A

A+ ギャラリー …… 61
AbemaTV …… 212
AccuWeather …… 69
Adblockブラウザー …… 120
adidas Running …… 125
Adobe Acrobat Reader …… 248
Adobe Photoshop Express …… 49
Adobe Photoshop Fix …… 56
Adobe Photoshop Mix …… 54
Adobe Scan …… 257
Afterlight …… 51
Airbnb …… 85
AirBrush …… 57
ALBUS …… 62
Amazon Drive …… 255
Amazon Music …… 210
Amazon Photos …… 60
Amazonショッピングアプリ …… 21
Amazonプライム・ビデオ …… 215
antenna …… 229
Anyca …… 77
Any.do …… 242
Apexランチャー …… 267
April …… 54
aProfiles …… 275
AroundMe …… 81
Art Gallery …… 193
ArtIME 日本語入力 …… 271
Asian Art Museum SF …… 193
ATOK …… 270
au PAY …… 101
Aura …… 133
AutomateIt …… 275
auナビウォーク …… 81
AVG …… 281
Avira Security 2020 …… 281
AWA …… 211

B

B612 …… 46
Backlog …… 263
BASE …… 97
Bitmoji …… 32
Blue Mail …… 37
Box …… 255
Brain Wars …… 299
Brother iPrint&Scan …… 259
Busuu でフランス語会話を学習 …… 180
BUYMA …… 105
BuzzFeed …… 233
BuzzVideo …… 213

C

Call of Duty：Mobile …… 307
CamCard Lite …… 257
Camera FV-5 Lite …… 45
Cameringo Lite …… 44
Canon PRINT Inkjet/SELPHY …… 259
Canva …… 251
Chatwork …… 262
CHINTAI …… 110
Cisco Webex Teams …… 262
ClaCal …… 173
Classnote …… 173
Clear …… 173
CloudBeats …… 196
Club J.LEAGUE …… 231
COCOLOLO …… 130
cocorus …… 131
ColorNote …… 244
comolib …… 145
CosmoSia …… 37
CPU-Z …… 283
CREW …… 77
Cross DJ Free …… 204
Cube Escape：Paradox …… 295
Cymera Camera …… 57

D

DAZN …… 214
DEEMO …… 305
DeepSketch …… 53
DELISH KITCHEN …… 22
Diaro …… 107
DiDi …… 76
DiscDj 3D Music Player …… 204
djay FREE …… 205
DJ Mix Pads 2 …… 205
DJ Studio 5 …… 205
Doors：Awakening …… 297
Dropbox …… 255
Dropbox Paper …… 263
dマガジン …… 168

E

edjing Mix …… 205
eFootball ウイニングイレブン 2020 …… 301
Eight …… 256

Enlight Pixaloop ……… 55
EPARKアプリ……… 79
EPARKお薬手帳 ……… 146
Epson iPrint ……… 259
Equalizer Music Player Booster ……… 197
ESET Mobile Security & Antivirus ……… 281
Explorer ……… 277
EyeEm ……… 59
e+（イープラス）……… 237
e食材辞典 for Android……… 138
E・レシピ……… 136

F

Facebook ……… 17
Facetune2……… 57
FACY ……… 105
Famm……… 142
Feedly ……… 234
File Commander ……… 277
Files by Google ……… 277
FiNC ……… 127
flick ……… 271
Flipboard ……… 234
Focusi ……… 175
FOD ……… 213
Foodie ……… 47
Forest……… 162
Fotogenic ……… 57
Fotor ……… 49
FOTOギャラリー ……… 61
FRep ……… 275
FujisanReader ……… 169
FX ニュースまとめ! ……… 223
Fysta ……… 123

G

Gallery Go by Google フォト ……… 61
Gallery Lock ……… 279
GANMA! ……… 167
GDOスコア……… 129
Geek ……… 97
Gizmo VRプレイヤー ……… 311
Gmail ……… 15
Google Arts & Culture ……… 192
Google Keep……… 245
Google Play ブックス ……… 164
Google Spotlight Stories ……… 310
Google カレンダー ……… 240
Google スプレッドシート ……… 249
Google スライド ……… 250
Google ドキュメント……… 249
Google ドライブ ……… 254
Google 日本語入力 ……… 270
Google ニュース……… 220
Google フォト ……… 60
Google翻訳 ……… 88
Googleマイマップ ……… 91
GOキーボード ……… 33
GreenSnap ……… 188
Groupon……… 103
GYAO! ……… 213
Gガイド テレビ番組表……… 236

H

HDカメラ……… 45
HELLO CYCLING ……… 71
hinata ……… 128
HONNE ……… 31
Hootsuite ……… 35
Horizon Camera ……… 46
Huji Cam ……… 47
Hulu ……… 215
HWMonitor PRO ……… 282
Hypocam ……… 47

I

Identity V ……… 306
IFTTT ……… 274
iKnow! ……… 176
Inoreader ……… 235
InShot……… 216
Instagram ……… 17
Instapaper ……… 235
ISS HD Live ……… 191
ITmedia for Android……… 228

J～K

Janetter for Twitter ……… 34
JapanTaxi ……… 77
JARTIC渋滞情報 ……… 75
JCnews ……… 229
Jcoin ……… 101
Journey ……… 107
Kindle……… 24
KKBOX ……… 211

L

LaLa Call ……… 41
Life360 ……… 94
Lifebear カレンダー ……… 241
LIFULL HOMES ……… 111
Lightbot：Code Hour ……… 161
LIMIA ……… 229
LINE ……… 16
LINE Camera ……… 47
LINE Creators Studio ……… 55
LINE MUSIC……… 211
LINE NEWS ……… 227
LINE Pay ……… 100
LINE占い ……… 118
LINEマンガ……… 166
LinkedIn……… 27

LINNÉ LENS 155
LiveFans 196
Lobi 29
Lode Runner 1 293

M

macaroni 137
Machinarium 296
MacroDroid 275
Maipo 124
MAPS.ME 89
meditone 131
Meetup 28
MEGA 255
MEISOON 130
Meitu 53
MENUS 139
Microsoft Excel 248
Microsoft Launcher 266
Microsoft Office Lens 256
Microsoft OneDrive 254
Microsoft OneNote 245
Microsoft Outlook 36
Microsoft PowerPoint 250
Microsoft Teams 263
Microsoft To-Do 242
Microsoft Word 249
Mi File Manager 277
miMind 247
Minecraft 287
minne 99
moguna 137
Moon Book 190
MOV 77
MSN マネー 223
music.jp 201
Musixmatch 199
myBridge 257
myMail 37
mysoundプレーヤー 201
myTuner Radio 209
My日記 107

N

nana 203
NASA 190
National Gallery, London 193
NePLAYER Lite 201
Netflix 214
NET麻雀 MJモバイル 303
News Digest 224
NewsPicks 222
NHK for School 158
NHK WORLD RADIO JAPAN 179
NHKオンデマンド 215
NHK ニュース・防災 112
NHKラジオ らじる★らじる 209
Notebook 245
Nova Launcher ホーム 266

O

OfficeSuite 249
OKURU 65
Onkyo HF Player 200
OTO-Mii 198
Outliner 247

P

PAC-MAN 256 292
PaPatto♪♪ 42
PARKFUL 144
Password Safe and Manager 261
PayPay 100
PCM録音 252
Perfect Piano 207
Phone Doctor Plus 283
Photo Editor 49
Picas 53
Pinterest 59
Pixlr 48
PlayerXtreme Media Player 218
Pocket 235
Pokekara 202
Pokémon GO 286
Polarr フォトエディタ 49
POLYGLOTS 176
Poweramp 197
PowerDirector 217
PPPark! 75
PrinterShare 印刷 258
Prisma 50
PUBG MOBILE 288
Puzzrama 297

Q

Qoo10 97
QuickLyric 199
Quik 217
Quiver 153

R

radiko 208
Radsone Hi-Res Player 200
Reader 164
Real Drum 207
RealLive 197
Relax Melodies 133
RETRIP 83
Retty 78
RoomClip 29
Runkeeper 125

S

SafeInCloud 261
sarah book 63
Scene 58
ScratchJr 161
Screen Master 273
Secure Gallery 279
Seel 65
Shazam 198
SHOPLIST 104
Simeji 32
SimpleMind Lite 246
Simplenote 244
Simpler 39
Simplicity 269
SIS-パス管理 260
Sites in VR 311
Sketch Me! 53
Skype 40
SkyPhone 41
Skyscanner 84
SkyView Lite 191
Slack 263
Sleep as Android 133
Sleep Cycle 20
Sleepo 132
SMARTalk 41
Smule 203
Snapchat 26
Snapseed 48
Snaptee 64
Solid Explorer 276
SoundCloud 199
SoundHound 199
Spark 36
Speechnotes 253
Speedtest.net 283
Spotify 210
StarMaker 203
Star Walk 2 - 子供のための天文学のゲーム 154
Stop Motion Studio 153
Study Gauge 175
Studyplus 174
styleco 127
SuperMarioRun 304
SUUMO 111

T

Table Tennis Touch 301
TBSニュース 226
TED 212
tenki.jp 68
The Room：Old Sins 295
The Weather Channel 69
TIME LOCKER - Shooter 304
TimeTree 241
TLUNCH 79
Todoist 243
ToDo リスト 243
Tokyo Disney Resort App 86
TOLOT 63
TouchMaster 273
TouchRetouch 56
Trello 243
trivago 85
Tumblr 28
TuneIn Radio 208
TVer 24
TV番組一括検索 237
Tweecha Lite 35
Twitter 34

U～V

Uber 76
UBhind 162
Ucカレンダー 241
U-NEXT 215
UNIQLOアプリ 104
VELTRA 89
Viber 40
VideoShow 217
Video & TV SideView 236
viscuit 160
Visited 93
vivipri 63
Vizmato 216
VLC for Android 218
VOA 英語リスニング 179
Voicy 226
VSCO 50

W

Walli 269
Wallpapers HD 269
Wandroid #1 292
Wantedly People 257
Way of life 125
Waze 74
Weblio無料辞書アプリ 170
WeChat 27
wellnote 143
WhatsApp Messenger 27
WiFi アナライザー 282
WITHIN 310
Wnn Keyboard Lab 271
Words of Wonders 299

X～Z

XMind マインドマップ 246
Yahoo! JAPAN 14
Yahoo! MAP 80
Yahoo!カーナビ 74
Yahoo!カレンダー 15

Yahoo!かんたんバックアップ …… 39
Yahoo!きせかえ …… 269
Yahoo!ショッピング …… 96
Yahoo!知恵袋 …… 238
Yahoo!天気 …… 19
Yahoo!ニュース …… 221
Yahoo!乗換案内 …… 19
Yahoo!不動産 …… 110
Yahoo!メール …… 37
Yahoo!リアルタイム検索 …… 35
YAMAP …… 128
Yelp …… 78
YouTube …… 23
YouTube Kids …… 159
YouTube Music …… 23
ZEPETO …… 52

あ行

アオイゼミ …… 174
青空司書 …… 165
青空文庫ビューア Ad …… 165
朝日新聞アルキキ …… 227
朝日新聞デジタル …… 225
アシスタントタッチ …… 274
あすけん …… 126
あそんでまなべる旧国名パズル …… 187
あそんでまなべる人体模型パズル …… 155
あそんでまなべる 日本地図パズル …… 157
頭が良くなる 一筆書き パズルゲーム Fill … 299
アットホーム …… 111
アニ番 …… 237
アバスト …… 281
アパマンショップ …… 111
アプリロック AppLock …… 279
アプリロック（Smart AppLock） …… 278
あみだくじ123 …… 117
アラームモン …… 134
アリの巣コロニー …… 155
アルテ日本語入力キーボード …… 271
暗記メーカー …… 175
行き方案内 …… 70
育ログ …… 146
囲碁アイランド 1 …… 153
いこーよ …… 144
イライラめざまし …… 135
イラロジ999 無料ノノグラム …… 299
ウィキペディア …… 171
ウェザーニュース …… 68
うたって! おどって! アンパンマン …… 151
エアトリ …… 85
映画.com …… 237
英会話リスニング …… 178
英語ニュース リスニング …… 179
英語リスニングナビ …… 179
英単語アプリ mikan …… 177
駅すぱあと …… 73
エピックセブン …… 291
絵本ひろば …… 149
エン派遣 …… 115
お絵かき らくがキッズ …… 153
お絵かき伝言ゲーム! …… 116
オーシャンホーン …… 290
おこしてME …… 135
教えて!goo …… 238
教えて! ドクター …… 147
オタマート …… 99
お天気&おしゃれコーディネート …… 69
降りつぶしroid …… 93
音楽学習のための木琴 …… 207
音感検定アプリ おとあて …… 150
音声メモ …… 253
温泉検索 …… 83
おんぷちゃん …… 150

か行

カーボンフォトラボ …… 51
海外サポート …… 89
外務省 海外安全アプリ 2019 …… 89
顔文字（かおもじ）パック …… 33
カカオトーク …… 27
価格.com …… 97
カクヨム …… 165
家計簿Zaim …… 108
家計簿カケイ …… 109
家計簿レシーピ! …… 108
かけ算九九に挑戦 …… 159
かけ～ぼ …… 109
火山&地震 …… 189
カスペルスキー インターネット セキュリティ … 280
家族アルバム みてね …… 142
かぞくのきろく …… 143
ガソリン価格比較アプリ gogo.gs …… 75
学研のえほんやさん …… 149
かに戦争 …… 309
壁紙 …… 268
壁紙HD …… 268
カメラZOOM FX Premium …… 45
画面そのままロック …… 279
画面のロックと通知iOS 13 …… 273
カラオケJOYSOUND＋ …… 202
カロリDiet …… 127
韓国のレシピ無料 …… 139
漢字拡大 …… 183
漢字検定・漢検漢字トレーニング …… 182
漢字読み方 漢字検索 …… 183
漢字力診断 FREE …… 183
かんたんnetprint …… 258
かんたん・キレイな証明写真 …… 55
簡単ボイスレコーダー …… 252
がんばりタイム …… 175
キーボード トラックパッド …… 251
既読回避アプリのぞきみ …… 33
ギャラクシーアタック：エイリアンシューター… 293
キャラバンストーリーズ …… 290
強震モニタ …… 113
今日の献立 …… 137

強力めざまし …… 135
キョリ測 …… 91
キングスレイド …… 291
愚痴バブル …… 31
クックパッド …… 136
ぐっすリン …… 132
グノシー …… 221
クラッシュ・ロワイヤル …… 307
経県値 …… 93
血圧のーと …… 125
ゲットクラブ …… 117
検索 for Twitter on Android …… 35
高校生 世界史クロスワード …… 187
高速メモ帳 …… 245
荒野行動-スマホ版バトロワ …… 289
呼吸練習 …… 131
国語辞典・英和辞典 一発表示辞書 …… 171
国土地図 …… 91
ココイル …… 94
こちずぶらり …… 90
骨格¦解剖学3D アトラス …… 188
ごっこランド …… 157
ご当地県民クイズ~47都道府県一斉テスト~ …… 185
コトバンク …… 171
子供のためのピアノ …… 151
こどもプログラミング …… 160
ことわざ・四字熟語・難読漢字 学習小辞典 …… 171
コノビー …… 145
ゴルフクラッシュ …… 300
ゴルフニュース速報-GDO …… 231
コントロールセンターIOS13 …… 273

さ行

サイエンス ジャーナル …… 189
サイコロ10 Free …… 117
最重要英単語 for the TOEIC TEST …… 177
雑学・常識問題 9000問 …… 194
ざっくり英語ニュース!StudyNow …… 227
ザ・手相 …… 119
産経プラス …… 225
三省堂辞書 …… 170
サンリオピューロランド公式アプリ …… 87
ジーユー …… 105
ジェットオーディオ …… 201
しおさい-潮見表 …… 129
時間割 for Android …… 172
四季報株アプリ …… 223
自宅トレーニング …… 122
自転車NAVITIME …… 70
自動歩数計・ダイエット・食事カロリー記録計算・体重管理 …… 124
シフト給料計算カレンダー …… 115
シフトボード …… 115
しまうまブック …… 63
しまぐらし …… 31
ジモティー …… 99
写真モノクロカラー …… 51
シャドウマティック …… 297
周期表 2020 …… 189
周辺便利ナビ …… 81
熟睡アラーム …… 134
瞬間日記 …… 106
将棋アプリ将皇 …… 287
少年ジャンプ+ …… 167
常用漢字筆順辞典 FREE …… 182
ジョルテカレンダー …… 240
新江ノ島水族館 …… 87
シンクシンク …… 159
神社がいいね …… 93
シンプル無音カメラ …… 44
シンプルラジオ …… 209
スーパーボイスレコーダー …… 253
すかいらーくアプリ …… 103
スクエアホーム3ランチャー …… 267
スクリーンショットイージー …… 272
スタディサプリENGLISH - TOEIC L&Rテスト対策 …… 177
スタンプ@DECOR …… 33
スパイスレシピ …… 138
スペイン語の学習 …… 181
スペースピンボール …… 293
すべて無料レシピ …… 139
スポーツナビ …… 230
スポーツブル …… 230
スポナビ プロ野球速報 …… 231
スマート幹事くん …… 116
スマートニュース …… 220
スマートランチャー …… 267
スマホで写真年賀状 2020 …… 66
星座表 …… 191
精神年齢診断+ …… 119
世界のすべての国旗 …… 185
世界の地理 …… 185
絶対音感トレーナー …… 151
セブン-イレブンアプリ …… 102
早大時間割 …… 173
ソードアート・オンラインVR LOVELY HONEY DAYS …… 311
ソトシル …… 228
ソラレピ …… 140
ソリティア …… 302

た行

大学生の時間割New …… 172
タスクリスト¦To Doリスト …… 243
脱出アドベンチャーノベル 誰ソ彼ホテル …… 294
脱出ゲーム Island 無人島からの脱出 …… 295
タニタ社員食堂レシピ …… 139
旅のしおり -tabiori- …… 92
タブホ …… 169
ダブミュージックプレイヤー …… 197
ダブルドラゴン4 …… 293
食べログ …… 79
貯まる家計簿 …… 109
タロット・スターズ …… 118
ダンジョンメーカー …… 306
端末仕様確認ツール …… 283
地図マピオン …… 71

地図ロイド …… 91
着信音メーカー & MP3カッター …… 42
中国への扉 …… 181
チューナー&メトロノーム …… 206
釣果記録アングラーズ …… 129
超性格分析 …… 119
チラシミュージアム …… 192
地理3300問 …… 184
地理一問一答 …… 184
ツイキャス・ビュワー …… 26
通貨換算プラス …… 88
通話レコーダー …… 253
月に書く日記 …… 107
ツクレール …… 156
つながらないSNS ilka …… 30
つむぐ挨拶状 …… 66
釣りオン! …… 301
ディープアート エフェクト。 …… 52
ディズニー ツムツム …… 286
デイリーワークアウト …… 123
デザインケース …… 64
デジタルコンパス …… 129
デジタルパペット …… 161
手作り離乳食 …… 147
鉄道博物館アプリ …… 155
テッドで英語の勉強 …… 178
テレ朝news …… 227
テレビ東京ビジネスオンデマンド …… 223
電話帳 A+ …… 39
電話帳X …… 38
電話帳ナビ …… 38
ドイツ語を学ぶ。ドイツ語を話す …… 181
トイレ情報共有マップくん …… 81
トゥギャッター …… 233
東京都防災アプリ …… 113
どうぶつしょうぎ（公式） …… 152
どうぶつの森 ポケットキャンプ …… 308
徳山動物園 …… 87
ドコノコ …… 29
トドさんすう …… 159
ドラゴンクエストウォーク …… 287
トラベルコ マップ …… 83
トリップアドバイザー …… 82

な行

なごみの耳かきVR …… 311
ナンバー合成 …… 59
ナンプレ …… 298
日常英会話表現 …… 177
ニッポン城めぐり …… 187
日本経済新聞 電子版 …… 224
日本史3200問 …… 186
日本史一問一答 …… 187
日本相撲協会公式アプリ「大相撲」 …… 231
にゃんこ大戦争 …… 307
ニュース …… 221
ニュースパス …… 221
ねこアラーム …… 135
ネットワークプリント …… 259
ねとらぼ …… 233
ノートン アプリロック …… 278
ノハナ …… 62
乗換MAPナビ …… 73
乗換案内 …… 72
乗換ナビタイム …… 73

は行

バイクコンピュータ …… 71
背景透明化：写真切り取り …… 55
バイトル …… 114
爆走ドリフターズ …… 289
バスNAVITIME …… 72
バスあと何分? …… 73
パスワードマネージャー …… 261
パッチムトレーニング …… 181
バッドランド …… 305
はてなブックマーク …… 235
花札MIYABI …… 303
ハフィントンポスト …… 232
ハミング …… 126
ハモってね …… 203
ハリー・ポッター：ホグワーツの謎 …… 295
パルケカメラ …… 87
ハルナ アウトライン free …… 247
ハローワーク …… 115
バンドリ! ガールズバンドパーティ! …… 305
犯人は僕です。～露天風呂編～ …… 294
万能電卓 …… 264
ピアノあそび …… 151
ピアノタイルステージ …… 305
ビジネスカレンダー2 …… 241
ビジネス電卓 …… 264
ピタゴラン …… 156
ビデオエディタ …… 217
ひとり会議 …… 247
ひびかけ色のキセキ ～portable～ …… 291
ひまチャット …… 31
ひまつぶモンスターズ …… 308
百人一首 初めてかるた 無料版 …… 152
ぴよ将棋 …… 302
ぴよログ …… 147
ファイアーエムブレム ヒーローズ …… 291
ファイルマネージャー …… 276
ファミペイ …… 101
不安を消す催眠 …… 131
フォトスキャン by Google フォト …… 61
ふつうのビンゴ …… 117
ブッキングドットコム …… 85
物理の理論 …… 189
ブランジスタ …… 169
プレゼンテーションクリエイター …… 251
プレゼンテーションタイマー …… 251
プログラミングゼミ …… 161
プロテニス対戦：ゲームオブチャンピオンズ 301
プロ野球スピリッツ A …… 300
ペンギンの島 …… 309

防災情報 全国避難所ガイド …… 113
防災速報 …… 112
ぼかし丸 …… 58
ポケットフォトブック …… 143
ポケット旅行記 …… 92
星の王子様メッセージ …… 30
ホットペッパーグルメ …… 79
ほぼ日アプリ …… 232

ま行

マイナタリー …… 229
毎日新聞ニュース …… 225
魔界戦記ディスガイアRPG …… 307
マカフィモバイルセキュリティ …… 280
マクドナルド …… 102
魔女の迷宮 …… 309
マップ …… 18
まっぷるリンク …… 83
マネーフォワード ME …… 21
マピオン 超ピンポイント天気 …… 69
魔法の絵本 …… 148
ママタイムズ …… 145
ママパパマップ …… 145
迷わない地図 …… 71
マリオカート …… 287
丸亀製麺 …… 103
マル㊙お絵かき心理テスト …… 119
マンガBANG! …… 167
マンガebookjapan …… 166
マンガSTARS …… 167
ミーテ …… 149
ミーニュー …… 140
水の音 …… 133
道の駅 …… 75
みつけて!おじぽっくる …… 309
名字由来net …… 194
みんカラ …… 29
みんなで早押しクイズ …… 289
みんなの囲碁 DeepLearning …… 303
みんなの経済新聞ニュース …… 222
みんなの国旗クイズ …… 157
みんなのシール …… 65
無音カメラ［最高画質］ …… 45
昔の航空写真地図 …… 90
無料広告ブロッカー ブラウザ …… 120
無料テレビ …… 213
メトロノームのビート …… 207
メモリ解放 …… 284
メモリそうじ専科 …… 284
メルカリ …… 98
もぐたん …… 127
戻るボタン …… 272
森のえほん館 …… 148

や行

ヤフオク! …… 98
有名人 …… 186
ユニクロ UTme! …… 65
ユニバーサル・スタジオ・ジャパン公式アプリ …… 86
ゆめある …… 149
ゆれくるコール …… 113
予防接種スケジューラー …… 147
読み放題プレミアム …… 169
読めないと恥ずかしい漢字 …… 183
読めないと恥ずかしい地名漢字 …… 185

ら行

ライフアフター …… 288
ラクサス …… 105
楽天Kobo …… 165
楽天市場 …… 96
楽天トラベル …… 84
楽天ペイ …… 101
楽天ポイントカード …… 103
楽天マガジン …… 168
楽天ミュージック …… 211
楽天レシピ …… 137
らくな家計簿 …… 109
ラクマ（旧フリル） …… 99
ラジオ FM …… 209
ラビリンステップ …… 297
ランチャーiOS 13 …… 267
リアル・ギター …… 206
リクナビNEXT …… 114
リバーシ - ゲームの王様リバーシ …… 303
ルーヴルガイドツアー …… 193
ルームズ：おもちゃ職人の邸宅 …… 296
るるぶ …… 82
レター …… 143
連絡先の移行/バックアップ …… 39
ロイターニュース …… 225
ロケスマ …… 80
ロケットニュース24 …… 233
ロボフォーム …… 261

わ行

ワールド・オブ・タンクス・ブリッツ …… 289
ワオっち! イングリッシュスクール! …… 158
ワオっち!ランド …… 157
わたしのはらぺこあおむし …… 154

お問い合わせについて

本書に関するご質問については、本書に記載されている内容に関するもののみとさせていただきます。本書の内容と関係のないご質問につきましては、一切お答えできませんので、あらかじめご了承ください。また、電話でのご質問は受け付けておりませんので、必ずFAXか書面にて下記までお送りください。

なお、ご質問の際には、必ず以下の項目を明記していただきますよう、お願いいたします。

① お名前
② 返信先の住所またはFAX番号
③ 書名（今すぐ使えるかんたんEx　Androidアプリ 厳選BESTセレクション［スマートフォン&タブレット対応］）
④ 本書の該当ページ
⑤ ご使用の端末とOSのバージョン
⑥ ご質問内容

なお、お送りいただいたご質問には、できる限り迅速にお答えできるよう努力いたしておりますが、場合によってはお答えするまでに時間がかかることがあります。また、回答の期日をご指定なさっても、ご希望にお応えできるとは限りません。あらかじめご了承くださいますよう、お願いいたします。

問い合わせ先

〒162-0846
東京都新宿区市谷左内町21-13
株式会社技術評論社　書籍編集部
「今すぐ使えるかんたんEx　Androidアプリ
厳選BESTセレクション」　質問係
FAX番号　03-3513-6167　URL：https://book.gihyo.jp/116

お問い合わせの例

FAX

①お名前
技術　太郎
②返信先の住所またはFAX番号
03-××××-××××
③書名
今すぐ使えるかんたんEx
Androidアプリ
厳選BESTセレクション
［スマートフォン&タブレット対応］
④本書の該当ページ
100ページ
⑤ご使用の端末とOSのバージョン
AQUOS zero2
Android 10
⑥ご質問内容
アプリが見つからない

※ご質問の際に記載いただきました個人情報は、回答後速やかに破棄させていただきます。

今《いま》すぐ使《つか》えるかんたんEx《イーエックス》
Android《アンドロイド》アプリ 厳選《げんせん》BEST《ベスト》セレクション
[スマートフォン&タブレット対応《たいおう》]

2020年5月2日　初版　第1刷発行

著者…………………………田中《たなか》　拓也《たくや》、永田《ながた》　一八《かずや》、朝岳《あさたけ》　健二《けんじ》
発行者………………………片岡　巖
発行所………………………株式会社 技術評論社
東京都新宿区市谷左内町21-13
電話　03-3513-6150　販売促進部
　　　03-3513-6160　書籍編集部
装丁デザイン………………神永　愛子（primary inc.,）
本文デザイン………………オンサイト
編集／DTP ………………オンサイト／あおく企画
担当…………………………田中　秀春
製本／印刷…………………日経印刷株式会社

定価はカバーに表示してあります。

落丁・乱丁がございましたら、弊社販売促進部までお送りください。交換いたします。

ISBN978-4-297-11241-7 C3055

Printed in Japan